"十四五"高等职业教育新形态一体化教材

信息技术课程系列

信息安全导论

主　编◎龙　翔　陈　启

副主编◎刘　成　汤　荻　胡　骏　李玉玲　彭　迪　高梦娜

中国铁道出版社有限公司

CHINA RAILWAY PUBLISHING HOUSE CO., LTD.

内 容 简 介

本书是“十四五”高等职业教育新形态一体化教材之一，涵盖了常见的信息安全威胁与计算机安全知识。

本书共五章，包括揭开信息安全的神秘面纱、走进神秘的密码世界、运用安全技术构筑数字防线、树立信息安全风险意识、迎接信息安全新世界等内容。本书力求对信息安全各个层面的概念和内涵进行准确描述，重点部分做到理论与实例相匹配。通过本书的学习，学生不仅能够全面掌握信息安全的基础知识，而且能够增强信息安全意识，提高在日常生活、工作和学习中保障信息安全的能力。

本书适合作为高职院校信息安全技术专业及其他相关专业教材，也可以作为安全从业人员的参考书。

图书在版编目（CIP）数据

信息安全导论/龙翔，陈启主编.—北京：中国铁道出版社有限公司，2024.8

“十四五”高等职业教育新形态一体化教材

ISBN 978-7-113-30879-7

Ⅰ.①信… Ⅱ.①龙…②陈… Ⅲ.①信息安全 - 高等职业教育 - 教材 Ⅳ.① TP309

中国国家版本馆 CIP 数据核字（2024）第 082690 号

书　　名：信息安全导论
作　　者：龙　翔　陈　启

策　　划：徐海英
责任编辑：王春霞　包　宁　　　　**编辑部电话：**（010）63551006
封面设计：尚明龙
责任校对：刘　畅
责任印制：樊启鹏

出版发行：中国铁道出版社有限公司（100054，北京市西城区右安门西街 8 号）
网　　址：https://www.tdpress.com/51eds/
印　　刷：天津嘉恒印务有限公司
版　　次：2024 年 8 月第 1 版　2024 年 8 月第 1 次印刷
开　　本：850 mm×1 168 mm　1/16　**印张：**13.5　**字数：**319 千
书　　号：ISBN 978-7-113-30879-7
定　　价：46.00 元

“十四五”高等职业教育新形态一体化教材

编审委员会

序

2021年十三届全国人大四次会议表决通过的《中华人民共和国国民经济和社会发展第十四个五年规划和2035年远景目标纲要》，对我国社会主义现代化建设进行了全面部署。“十四五”时期对教育的定位是建立高质量的教育体系，对职业教育的定位是增强职业教育的适应性。当前，在百年未有之大变局下，在“十四五”开局之年，如何切实推动落实《国家职业教育改革实施方案》《职业教育提质培优行动计划（2020—2023年）》等文件要求，是新时代职业教育适应国家高质量发展的核心任务。随着新科技和新工业化发展阶段的到来和我国产业高端化转型，必然引发企业用人需求和聘用标准发生新的变化，以人才需求为起点的高职人才培养理念使创新中国特色人才培养模式成为高职战线的核心任务，为此国务院和教育部制定和发布了包括“1+X”职业技能等级证书制度、专业群建设、“双高计划”、专业教学标准、信息技术课程标准、实训基地建设标准等一系列的文件，为探索新时代中国特色高职人才培养指明了方向。

要落实国家职业教育改革一系列文件精神，培养高质量人才，就必须解决“教什么”的问题，必须解决课程教学内容适应产业新业态、行业新工艺、新标准要求等难题，教材建设改革创新就显得尤为重要。国家这几年对于职业教育教材建设加大了力度，2019年，教育部发布了《职业院校教材管理办法》（教材〔2019〕3号）、《关于组织开展“十三五”职业教育国家规划教材建设工作的通知》（教职成司函〔2019〕94号），在2020年又启动了《首届全国教材建设奖全国优秀教材（职业教育与继续教育类）》评选活动，这些都旨在选出具有职业教育特色的优秀教材，并对下一步如何建设好教材进一步明确了方向。在这种背景下，坚持以习近平新时代中国特色社会主义思想为指导，落实立德树人根本任务，适应新技术、新产业、新业态、新模式对人才培养的新要求，中国铁道出版社有限公司邀请我与鲍洁教授共同策划组织了"'十四五'高等职业教育新形态一体化教材"，尤其是我国知名计算机教育专家谭浩强教授、全国高等院校计算机基础教育研究会会长黄心渊教授对课程建设和教材编写都提出了重要的指导意见。这套教材在设计上把握了如下几个原则：

1. 价值引领、育人为本。牢牢把握教材建设的政治方向和价值导向，充分体现党和国家的意志，体现鲜明的专业领域指向性，发挥教材的铸魂育人、关键支撑、固本培元、文化交流等功能和作用，培养适应创新型国家、制造强国、网络强国、数字中国、智慧社会需要的不可或缺的高层次、高素质技术技能型人才。

2. 内容先进、突出特性。充分发挥高等职业教育服务行业产业优势，及时将行业、产业的新技术、新工艺、新规范作为内容模块，融入教材中去。并且为强化学生职业素养养成和专业技术积累，将专业精神、职业精神和工匠精神融入教材内容，满足职业教育的需求。此外，为适应项目学习、案例学习、模块化学习等不同学习方式要求，注重以真实生产项目、典型工作任务、案例等为载体组织教学单元的教材、新型活页式、工作手册式等教材，力求教材反映人才培养模式和教学改革方向，有效激发学生学习兴趣和创新潜能。

3. 改革创新、融合发展。遵循教育规律和人才成长规律，结合新一代信息技术发展和产业变革对人才的需求，加强校企合作、深化产教融合，深入推进教材建设改革。加强教材与教学、教材与课程、教材与教法、线上与线下的紧密结合，信息技术与教育教学的深度融合，通过配套数字化教学资源，满足教学需求和符合学生特点的新形态一体化教材。

4. 加强协同、锤炼精品。准确把握新时代方位，深刻认识新形势新任务，激发教师、企业人员内在动力。组建学术造诣高、教学经验丰富、熟悉教材工作的专家队伍，支持科教协同、校企协同、校际协同开展教材编写，全面提升教材建设的科学化水平，打造一批满足学科专业建设要求，能支撑人才成长需要、经得起实践检验的精品教材。

按照教育部关于职业院校教材的相关要求，充分体现工业和信息化领域相关行业特色，以高职专业和课程改革为基础，编写信息技术课程、专业群平台课程、专业核心课程等所需教材。本套教材计划出版 4 个系列，具体为：

1. 信息技术课程系列。教育部发布的《高等职业教育专科信息技术课程标准（2021 年版）》给出了高职计算机公共课程新标准，新标准由必修的基础模块和由 12 项内容组成的拓展模块两部分构成。拓展模块反映了新一代信息技术对高职学生的新要求，各地区、各学校可根据国家有关规定，结合地方资源、学校特色、专业需要和学生实际情况，自主确定拓展模块教学内容。在这种新标准、新模式、新要求下构建了该系列教材。

2. 电子信息大类专业群平台课程系列。高等职业教育大力推进专业群建设，基于产业需求的专业结构，使人才培养更适应现代产业的发展和职业岗位的变化。构建具有引领作用的专业群平台课程和开发相关教材，彰显专业群的特色优势地位，提升电子信息大类专业群平台课程在高职教育中的影响力。

3. 新一代信息技术类典型专业课程系列。以人工智能、大数据、云计算、移动通信、物联网、区块链等为代表的新一代信息技术，是信息技术的纵向升级，也是信息技术之间及其与相关产业的横向融合。在此技术背景下，围绕新一代信息技术专业群（专业）建设需要，重点聚焦这些专业群（专业）缺乏教材或者没有高水平教材的专业核心课程，完善专业教材体系，支撑新专业加快发展建设。

4. 本科专业课程系列。在厘清应用型本科、高职本科、高职专科关系，明确高职本科服务目标，准确定位高职本科基础上，研究高职本科电子信息类典型专业人才培养方案和课程体系，在培养高层次技术技能型人才方面，组织编写该系列教材。

新时代，职业教育正在步入创新发展的关键期，与之配合的教育模式以及相关的诸多建设都在深入探索。本套教材建设按照“选优、选精、选特、选新”的原则，发挥高等职业教育领域的院校、企业的特色和优势，调动高水平教师、企业专家参与，整合学校、行业、产业、教育教学资源，充分认识到教材建设在提高人才培养质量中的基础性作用，集中力量打造与我国高等职业教育高质量发展需求相匹配、内容和形式创新、教学效果好的课程教材体系，努力培养德智体美劳全面发展的高层次、高素质技术技能人才。

本套教材内容前瞻、体系灵活、资源丰富，是值得关注的一套好教材。

国家职业教育指导咨询委员会委员

北京高等学校高等教育学会计算机分会理事长

全国高等院校计算机基础教育研究会荣誉副会长

2021 年 8 月

前言

没有网络安全，就没有国家安全；没有网络安全人才，就没有网络安全。

早在20世纪80年代，伴随互联网的发展，1987年全球就已出现首例计算机病毒；20世纪90年代至2014年，互联网经过二十余年的快速发展，网络攻击手段不断丰富，攻击内容形式也在不断演化，网络攻击从最初的仅限于单一的计算机病毒、破解口令和利用操作系统已知漏洞等有限的几个方法，演变为篡改、伪造、拒绝服务、恶意软件、安全漏洞等多元化攻击手段，涉及攻击技术包括端口扫描技术、网络监听技术、网络欺诈技术、密码破解技术、拒绝服务技术等。近些年，伴随互联网的高速发展，大规模数据泄露、网络攻击、网络犯罪等信息安全问题也越来越突出，网络信息安全事件在总体数量、规模与影响范围上每年都呈现显著变化，其中尤以数据泄露、技术风险和网络攻击最为突出。

目前，国内的网络安全问题形势严峻，黑客入侵、计算机犯罪、恶意软件侵扰、隐私泄密等都是我们面临的威胁与挑战。随着人工智能、5G网络、物联网、区块链等技术的发展，国家急需大量的高素质信息安全专业人才。2015年6月，为实施国家安全战略，加快网络空间安全高层次人才培养，国务院学位委员会决定在“工学”门类下增设“网络空间安全”一级学科。此举措为我国信息安全学科建设与人才培养迎来了全面高速发展的新阶段。

现在在校的学生，将是接受过良好教育并对国家未来走向产生巨大影响的群体，他们的信息安全素质如果跟不上时代的发展，那么整个国家也很难在未来的数字经济时代成为强国。对此，教育和引导大学生树立信息安全法律观念、正确运用网络已成为推动社会进步的重要举措。

本书力求对信息安全各个层面的概念和内涵进行准确描述，重点部分做到理论与实例相匹配，以便学生深入理解。本书共分五章，分别为揭开信息安全的神秘面纱、走进神秘的密码世界、运用安全技术构筑数字防线、树立信息安全风险意识、迎接信息安全新世界。

第1章从信息安全概述、信息安全威胁建模、信息安全漏洞、信息安全攻击和计算机病毒五个方面介绍了信息安全的基础概念与相关术语。

第2章从密码学基本理论、古典密码、对称密钥密码、公开密钥密码、消息认证、PKI架构、密钥管理七个方面介绍了密码学相关知识。

第3章从网络威胁与防御、设备安全防护、防信息泄露技术、物理隔离技术、容错与容灾技术、Windows系统的安全管理、Linux系统的安全管理、Web应用防护八个方面介绍了主流安全防御设备与系统安全防御技术。

第 4 章从信息安全风险管理、信息安全管理体系标准、信息安全内容监管、信息安全法律法规及道德规范四个方面介绍了安全法规，为学生的素质培养筑牢法规与标准屏障。

第 5 章从云计算安全、大数据安全、物联网与工控安全和人工智能安全四个方面介绍了未来安全发展方向，为学生开阔视野。

本书由湖北生物科技职业学院信息传媒学院组织编写，由龙翔、陈启任主编，刘成、汤获、胡骏、李玉玲、彭迪和高梦娜担任副主编，参与编写的人员还有张衡、赵晓华、李瑞、周全、曹珣、秦志鹏、邓华丽、胡苓苓、李梦井、石柳、杨奎、张文娅、陈德瑞、何方原、李栋、李萌、李泽峰、王发早、柯希望和田维新，以及北京神州数码云科信息技术有限公司徐雪鹏和北京天融信网络安全技术有限公司田祖华。在编写过程中，参考了大量资料，在此，谨向这些资料的作者表示感谢。

由于信息安全技术的快速发展，加之作者水平有限，书中难免存在疏漏和不妥之处，恳请广大读者批评指正。

编　者

2024 年 3 月

目录

网络出版资源明细表

微课

序号	链接内容	页码
1	信息安全概述	2
2	信息安全的定义	3
3	信息安全的实现目标	4
4	信息安全的具体安全威胁	6
5	信息安全的控制类型	7
6	信息安全攻击的演变	8
7	密码学基本理论	29
8	古典密码	36
9	对称密钥密码	41
10	公开密钥密码	46
11	消息认证与数字签名	48
12	PKI构架与组件	51
13	密钥管理与实践	54
14	网络威胁与防御	61
15	设备安全防护	74
16	防信息泄露技术	79
17	物理隔离技术	85
18	容错技术	88
19	Windows系统的安全管理	91
20	Linux系统的安全管理	101
21	Web应用防护	113
22	信息安全风险评估概念	128
23	信息安全风险评估组成要素	129
24	信息安全风险评估流程	130
25	信息安全风险评估方法和工具	133

第1章 揭开信息安全的神秘面纱

学习笔记

知识目标

1. 了解信息安全的定义与实现目标。
2. 熟悉信息安全威胁建模技术。
3. 理解信息安全漏洞的概念、分类和等级。
4. 理解信息安全攻击的概念与分类。
5. 了解计算机病毒的特性与分类。

能力目标

1. 能够理解不同的信息安全控制类型，在面对特定风险时可以正确运用它们。
2. 能够掌握信息安全漏洞产生的原因。
3. 能够理解信息安全攻击的一般过程。
4. 能够理解计算机病毒的原理，并掌握一定的病毒检测防范机制。

素质目标

1. 培养对信息安全领域的兴趣和热爱，激发对信息安全问题的研究和探索。
2. 树立对信息安全问题的重视和警惕，保持对信息安全威胁的敏感性和警觉性，能够树立坚定维护国家网络安全的信念。
3. 培养自主学习和终身学习的意识，能够不断地更新知识和技能，适应信息安全领域的快速发展。
4. 培养良好的职业道德和职业操守，能够遵循相关的安全标准和规范。
5. 培养社会责任感，能够树立推进国家安全建设、筑牢国家网络安全屏障、服务国家和人民发展需求的服务意识。

ISO（国际标准化组织）对信息安全的定义为：为数据处理系统建立和采用的技术、管理上的安全保护，为的是保护计算机硬件、软件、数据不因偶然和恶意的原因而遭到破坏、更改和泄露。

传统的网络安全技术已经不能满足新一代信息安全产业的发展，企业对信息安全的需求不

学习笔记

断发生变化。新数据、新应用、新网络和新计算将成为今后一段时期信息安全的方向和热点，给未来带来新挑战。信息安全问题对于一个国家来说，是涉及政治、军事、社会和经济各方面的综合问题。同时，信息安全问题对于个人来说，也是至关重要的。本章将介绍信息安全的由来，回顾信息安全的发展历程；介绍信息安全的基本概念；说明信息安全是什么、所关注的问题以及面临的挑战是什么。

1.1 信息安全概述

视频

信息安全概述

人类社会在经历了机械化、电气化时代之后，进入了一个崭新的信息化时代。信息作为一种资源，它的普遍性、共享性、增值性、可处理性和多效用性，让其本身对于人类社会生活具有特别重要的意义。根据国际标准化组织的定义，信息安全性的含义主要是指信息的完整性、可用性和保密性。信息安全的实质就是要保护信息系统或信息网络中的信息资源免受各种类型的威胁、干扰和破坏，也就是保证信息的安全性。信息安全是任何国家、政府、部门、行业都必须十分重视的问题，是一个不容忽视的国家安全战略。

信息被传输的方式很多，有计算机局域网、互联网和分布式数据库，有蜂窝式移动网络、分组交换式网络、卫星电视会议、电子邮件及其他各种传输技术。信息在存储、处理和交换过程中，都存在泄密或被截收、窃听、篡改和伪造的可能性。因此，信息安全就需要得到高度重视。

信息安全是信息化时代永恒的需求。信息安全的概念在20世纪经历了一个漫长的历史阶段，90年代以来得到了深化。进入21世纪，随着信息技术的不断发展，信息安全问题也日显突出。如何确保信息系统的安全已成为全社会关注的问题。国际上对于信息安全的研究起步较早，投入力度大，已取得了许多成果，并得到了推广与应用。中国信息安全行业自21世纪初以来经历了三个重要发展阶段（萌芽、爆发和普及阶段），产业规模逐步扩张，带动了市场对信息安全产品和服务需求的持续增长。中国已有一批专门从事信息安全基础研究、技术开发与技术服务工作的研究机构与高科技企业，形成了中国信息安全产业的雏形。另外，政府重视和政策扶持也不断推动中国信息安全产业的快速发展。

目前国内已经发布了大量法律来打击数字犯罪，但是这并不预示着已经完全控制了网络犯罪。有三个方面说明了为何这些活动没有得到完全阻止或抑制，它们包括如何正确识别攻击者、对网络采取的必要保护级别和对攻击者进行上诉。

大多数攻击者伪造了自己的地址和身份，并使用各种方法来掩盖自己的痕迹。许多攻击者侵入网络，提取他们所能寻找的任何资源，然后清除追踪其活动和行为的日志。即使攻击者的活动触发了入侵检测系统（intrusion detection system，IDS）报警，IDS会警告公司某个特定的脆弱性被攻击者所利用，但是它往往无法查明攻击者的真实身份。在攻击受害者之前，攻击者常常会跳跃几个系统，因此追踪他们显得更加困难。许多此类罪犯使用无辜者的计算机代替他们实施犯罪。攻击者会使用下列各种方法在一台计算机上安装恶意软件：电子邮件附件、用户从某个网站下载的木马、利用安全脆弱性等。恶意软件被安装后，它将处于休眠状态，直至攻击者告诉它攻击哪些系统、何时实施攻击。这些被攻破的计算机称为僵尸，在它们上面安装的

学习笔记

软件称为僵尸程序，当攻击者控制几个被攻破的系统时，这就形成了僵尸网络。僵尸网络可用于实施DDoS攻击，传播垃圾邮件或色情图片，或者实施攻击者所希望僵尸程序进行的任何攻击。图 1-1 中列出了大多数常见业务相关的被破坏的网络风险。

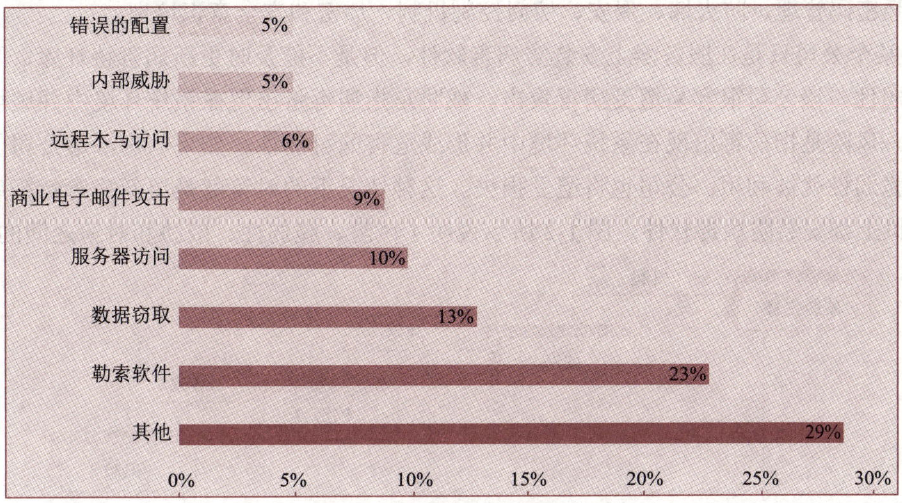

图 1-1 破坏业务的常见风险

1.1.1 信息安全的定义

视 频

信息安全的定义

我们常用术语“脆弱性”“威胁”“风险”“暴露”来表示同样的事情，然而，它们实际上有不同的含义，相互之间也有不同的关系。理解每一个术语的定义是非常重要的，但更重要的是应当理解它们彼此之间的关系。

脆弱性（vulnerability）是指系统中允许威胁来破坏其安全性的缺陷。它是一种软件、硬件、过程或人为缺陷。这种脆弱性可能是在服务器上运行的某个服务、未安装补丁的应用程序或操作系统、没有限制的无线访问点、防火墙上的某个开放端口、任何人都能够进入安全防护薄弱的服务器机房或者未实施密码管理的服务器和工作站。

威胁（threat）是指利用脆弱性而带来的任何潜在危险。利用脆弱性的实体就称为威胁主体。威胁主体识别出特定的脆弱性，并利用其来危害公司或他人。威胁主体可能是通过防火墙上的某个端口访问网络的入侵者、违反安全策略进行数据访问的过程，也可能是某位雇员避开各种控制而将文件复制到介质上，进而可能泄露机密信息。

风险（risk）是威胁源利用脆弱性的可能性以及相应的业务影响。如果某个防火墙有几个开放端口，那么入侵者利用其中一个端口对网络进行未授权访问的可能性就会较大。如果没有对用户进行过程和措施的相关教育，那么用户由于故意或无意犯错而破坏数据的可能性就会较大。如果网络没有安装入侵检测系统，那么在不引人注意的情况下进行攻击且很晚才被发现的可能性就会较大。

暴露（exposure）是造成损失的实例。脆弱性能够导致组织遭受破坏。如果密码管理极为松懈，也没有实施相关的密码规则，那么公司的用户密码就可能会被破解并在未授权状况下使用。如

学习笔记

果没有人监管公司的规章制度，不预先采取预防火灾的措施，公司就可能遭受毁灭性的火灾。

控制（control）或对策（countermeasure）能够消除（或降低）潜在的风险。对策可以是软件配置、硬件设备或措施，它能够消除脆弱性或者降低威胁主体利用脆弱性的可能性。对策的示例包括强密码管理、防火墙、保安、访问控制机制、加密和安全意识培训。

如果某个公司只是在服务器上安装防病毒软件，但是不能及时更新病毒特征库，那么这就是一种脆弱性。该公司很容易遭受病毒攻击。威胁是指病毒将出现在系统环境中并破坏系统的工作能力。风险是指病毒出现在系统环境中并形成危害的可能性。如果病毒渗透公司的系统环境，那么脆弱性就被利用，公司也将遭受损失。这种情况下的对策就是更新病毒特征库，并在所有计算机上都安装防病毒软件。图 1-2 所示说明了风险、脆弱性、威胁和对策之间的关系。

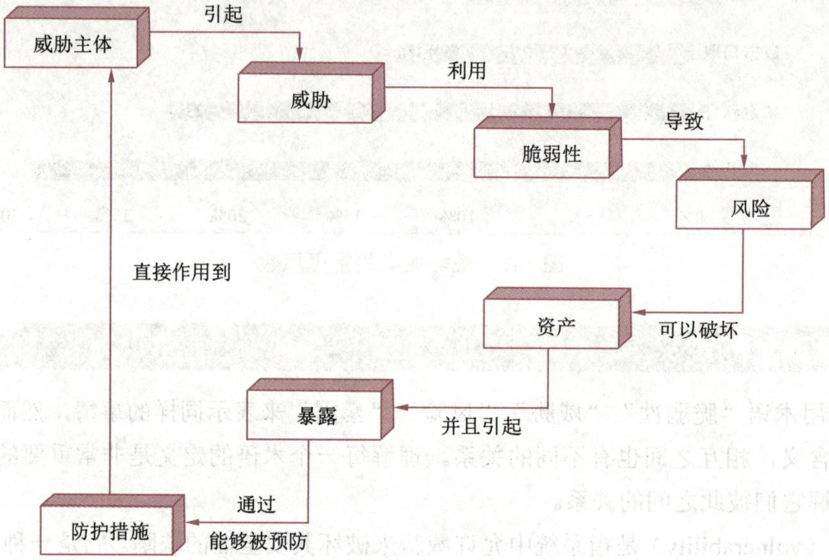

图 1-2　各种安全组件之间的关系

应用正确的对策可以消除脆弱性和暴露，从而能够降低风险。这个公司并不能消除威胁主体，但是可以保护自己，以及防止威胁主体利用系统环境中的脆弱性。许多人忽视这些基本术语，认为在信息安全界它们并非那么重要。但是，你将发现如果安全团队没有就此达成共识，很快就会出现混乱。这些术语代表着安全领域的核心理念，如果混淆这些理念，据此所做的加强安全的任何活动也往往会被混淆。

1.1.2　信息安全的实现目标

1. 机密性

视 频

信息安全的实现目标

机密性（confidentiality）确保在数据处理的每个交叉点上都实施了必要级别的安全保护并阻止未经授权的信息披露。在数据存储到网络内部的系统和设备上时、数据传输时以及数据到达目的地之后，这种级别的保密都应该发挥作用。

攻击者能够通过网络监控、肩窥（shoulder surfing）、盗取密码文件以及社会工程来威胁机密性机制。简单地说，肩窥指的是某人越过其他人的肩膀观察其按键动作或偷看计算机屏幕上显示的数据。社会工程（social engineering）指的是欺骗其他人共享机密信息，例如装扮成已被授权的人访问机密信息。社会工程还可以采用其他许多形式。事实上，任何一对一的通信介质都能够用于执行社会工程攻击。当用户向其他人发送信息而没有加密时，在成为社会工程攻击的牺牲品时，在共享公司商业秘密时，或是在处理机密信息而没有采取额外保护措施时，他们都有意无意地泄露了某些敏感信息。通过以下途径可以提供机密性：在存储和传输数据时进行加密；实施严格的访问控制和数据分类；对职员进行适当的数据保护措施培训。

2. 完整性

完整性（integrity）指的是保证信息和系统的准确性和可靠性，并禁止对数据的非授权更改。硬件、软件和通信机制只有协同工作，才能正确地维护和处理数据，并且能够在不被意外更改的情况下将数据移动到预期的目的地。应当保护系统和网络免受外界的干扰和污染。

实施和提供这种安全属性的系统环境能够确保攻击者或用户错误不会对系统或数据的完整性造成损害。当攻击者在系统中加入病毒、逻辑炸弹或后门时，系统的完整性就会被破坏。随后，它将破坏系统中保存信息的完整性，如使数据出错、恶意修改数据或替换为不正确的数据。严格的访问控制、入侵检测和散列运算可以抗击这些威胁。用户也会经常错误地影响系统或数据的完整性，应当精简用户的能力，只向其提供少数几个选择和功能，这样错误就会减少，而且不会那么严重。也可以限制用户对系统关键文件的查看和访问，又或者是应用程序应当提供检查输入值是否有效且合理的机制。通过这些机制都可以提供完整性。

3. 可用性

可用性（availability）保护确保授权的用户能够对数据和资源进行及时和可靠的访问。网络设备、计算机和应用程序应当提供充分的功能，从而在可以接受的性能级别时以可预计的方式运行。它们应该能够以一种安全而快速的方式从崩溃中恢复，这样生产活动就不会受到负面影响。应该采取必要的保护措施消除来自内部或外部的威胁，这些威胁会影响所有业务处理元素的可用性及工作效率。和生活中的许多其他事情一样，确保组织内部必要资源的可用性听起来容易，实际做起来却很难。网络由众多必须在深夜持续运行的组件（路由器、交换器、DNS服务器、DHCP服务器、代理和防火墙）构成。软件也由众多必须健康运行的组件（操作系统、应用程序和反病毒软件）构成。此外还有很多能够影响到组织运营的环境因素（如大火、洪水、HVAC问题、电子问题）、潜在的自然灾害和物理偷窃或攻击。组织必须完全了解它的运营环境及其在可用性方面的缺陷，才能采取正确的对策。

4. 真实性

真实性（authenticity）对信息的来源进行判断，能对伪造来源的信息予以鉴别。确保信息的内容、来源和传递过程是真实、可靠的。在信息安全中，真实性是一个重要的要求，因为虚假或篡改的信息可能导致误导、损害利益或引发其他安全风险。

5. 不可抵赖性

不可抵赖性（non-repudiation）又称不可否认性，在网络信息系统的信息交互过程中，确

学习笔记

信参与者的真实同一性。即所有参与者都不可能否认或抵赖曾经完成的操作和承诺。利用信息源证据可以防止发信方不真实地否认已发送信息，利用递交接收证据可以防止收信方事后否认已经接收的信息。

1.1.3 信息安全的具体安全威胁

视频

信息安全的具体安全威胁

（1）信息泄露：信息被泄露或透露给某个非授权的实体。

（2）破坏信息的完整性：数据被非授权地进行增删、修改或破坏而受到损失。

（3）拒绝服务：对信息或其他资源的合法访问被无条件地阻止。

（4）未授权访问：某一资源被某个非授权的人，或以非授权的方式使用。

（5）窃听：用各种可能的合法或非法的手段窃取系统中的信息资源和敏感信息。例如对通信线路中传输的信号搭线监听，或者利用通信设备在工作过程中产生的电磁泄漏截取有用信息等。

（6）业务流分析：通过对系统进行长期监听，利用统计分析方法对诸如通信频度、通信的信息流向、通信总量的变化等参数进行研究，从中发现有价值的信息和规律。

（7）假冒：通过欺骗通信系统（或用户）达到非法用户冒充成为合法用户，或者特权小的用户冒充成为特权大的用户的目的。

（8）旁路控制：攻击者利用系统的安全缺陷或安全性上的脆弱之处获得非授权的权利或特权。例如，攻击者通过各种攻击手段发现原本应保密，但是却又暴露出来的一些系统“特性”，利用这些“特性”，攻击者可以绕过防线守卫者侵入系统的内部。

（9）授权侵犯：被授权以某一目的使用某一系统或资源的某个人，却将此权限用于其他非授权的目的，又称“内部攻击”。

（10）特洛伊木马：软件中含有一个觉察不出的有害的程序段，当它被执行时，会破坏用户的安全。这种应用程序称为特洛伊木马。

（11）陷阱门：在某个系统或某个部件中设置的“机关”，使得在特定的数据输入时，允许违反安全策略。

（12）抵赖：这是一种来自用户的攻击，例如，否认自己曾经发布过的某条消息、伪造一份对方来信等。

（13）重放：出于非法目的，将所截获的某次合法的通信数据进行复制，而重新发送。

（14）计算机病毒：一种在计算机系统运行过程中能够实现传染和侵害功能的程序。

（15）人员不慎：一个授权的人为了某种利益，或由于粗心，将信息泄露给一个非授权的人。

（16）媒体废弃：信息被从废弃的磁盘或打印过的存储介质中获得。

（17）物理侵入：侵入者绕过物理控制而获得对系统的访问。

（18）窃取：重要的安全物品，如令牌或身份卡被盗。

（19）业务欺骗：伪造的系统或系统部件欺骗合法用户或系统暴露敏感信息。

1.1.4　信息安全的控制类型

学习笔记

视 频

信息安全的控制类型

正确运用控制措施能降低组织面临的风险，控制包含三种类型：管理控制、技术控制和物理控制。管理控制（administrative control）因为通常是面向管理的，所以经常被称为“软控制”。安全文档、风险管理、人员安全和培训都属于管理控制。技术控制（technical control）又称逻辑控制，由软件或硬件组成，如防火墙、入侵检测系统、加密、身份识别和身份验证机制。物理控制（physical control）用来保护设备、人员和资源，保安、锁、围墙和照明都属于物理控制。

正确运用这些控制措施才能为企业提供深度防御，深度防御是指以分层的方法综合使用多个安全控制类型，如图 1-3 所示。由于入侵者在获得访问关键资产前将不得不穿越多个不同的保护机制，因此多层防御能将渗透成功率和威胁降到最低。例如，A 公司按照分层模型采用的物理控制措施包括围墙、外部上锁的门、闭路监控、保安、内部上锁的门、上锁的服务器房间、物理防护的计算机（线缆锁）。

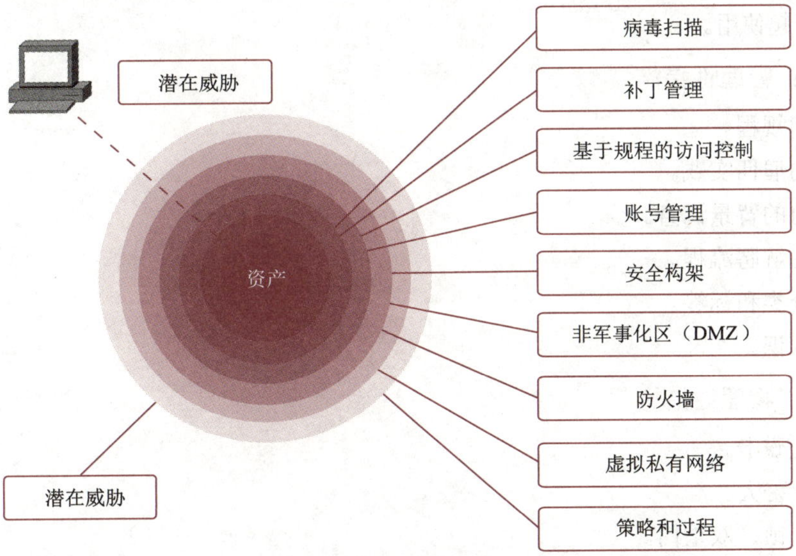

图 1-3　深度防御

技术控制措施通常会采用防火墙、入侵检测系统、入侵防御系统、恶意代码防御、访问控制、加密等分层方法部署应用。

实际采用的控制类型必须与公司面临的威胁相对应，保护的层数必须与资产的敏感程度相对应。根据经验判断，资产越敏感，部署的保护层数越多。可以运用不同的控制类型—— 管理控制、技术控制和物理控制。但这些控制措施如何发挥作用呢？在我们寻求措施保护我们的环境时，需要理解每个控制措施的不同功能。

安全控制措施的不同功能有：预防性、检测性、纠正性、威慑性、恢复性和补偿性。更好地理解安全控制措施的不同功能后，在特定条件下就能作出明智的决定，选择最合适的控制措施。下面是六种不同的安全控制功能。

◎ 预防性：避免意外事件的发生。

学习笔记

◎检测性：帮助识别意外活动和潜在入侵者。

◎纠正性：意外事件发生后修补组件或系统。

◎威慑性：威慑潜在的攻击者。

◎恢复性：使环境恢复到正常的工作状态。

◎补偿性：能提供不可替代的控制方法。

一旦完全理解不同控制措施的作用，在应对特定风险时，就能正确运用它们。

当查看某个环境的安全结构时，效率最高的方法是使用预防性安全模型，然后使用检测、纠正和恢复机制支撑这个模型。最初，是想在麻烦开始前预防它们，但必须能够在麻烦出现时快速行动并应对它们。因为预防一切是不可行的，所以如果不能预防麻烦，就必须能够快速检测它们。这就是为什么预防性和检测性控制措施必须一起实施且应该相互补充的原因。深入分析一下：不能够预防的则必须能够检测到，同时，如果能检测到，意味着不能预防。因此，应该采取纠正性措施，确保下一次发生时能够预防。综上所述，预防性措施、检测性措施和纠正性措施应该一起使用。

1. 预防：管理性措施

◎策略和规程。

◎高效的雇佣实践。

◎聘用前的背景调查。

◎受控的解聘流程。

◎数据分类和标签。

◎安全意识。

2. 预防：物理性措施

◎证件、磁卡。

◎警卫、警犬。

◎围墙、锁、双重门。

3. 预防：技术性措施

◎密码、生物识别、智能卡。

◎加密、安全协议、回拨系统、数据库视图、受约束的用户界面。

◎杀毒软件、访问控制列表、防火墙、入侵防御系统。

1.1.5 信息安全攻击的演变

视频

信息安全攻击的演变

数字世界给社会带来的另一类复杂性，表现在定义需要保护哪些资产、进行到何种保护程度的复杂性上。在商业世界中，需要保护的资产已经发生了改变。以前，许多公司希望保护的资产是有形资产（如设备、建筑物、制造工具和库存等）。如今，公司必须将数据添加到它们的资产表中而且数据通常位于这个列表的最顶端，它们包括：产品蓝图、医疗信息、信用卡号码、个人信息、商业秘密、军事部署及策略等。公司面临巨大挑战，不仅需要保护数字格式的数据，而且需要定义何为敏感数据以及保存这些数据的位置。

在网络发展初期，黑客活动被视为一项挑战性的游戏，而且没有任何伤害企图。攻击者攻破大型网站的目的是在黑客同行之间炫耀。之后，病毒创作者编写出了不断复制或执行某种无害行为的病毒，但是，今天这些趋势已经呈现更加险恶的目的。

尽管还是有以黑客攻击作为乐趣的“脚本小子”（script kiddie）和其他人存在，但有组织犯罪已经出现在人们的视野中，并且显著加大了所造成损失的严重程度。过去，“脚本小子”会扫描成千上万个系统，以寻找某个可供利用的特殊脆弱性。攻击者只是想利用这个脆弱性，在它所在的系统和网络上“玩耍”。然而今天的攻击者出于特殊的原因而寻找特定的目标，而且往往受利益驱使。它们尝试实施攻击，并保持隐秘，从而截获信用卡号、电话号码和个人信息进行欺诈和身份盗窃。图 1-4 显示了利用所盗窃信息的各种方式。

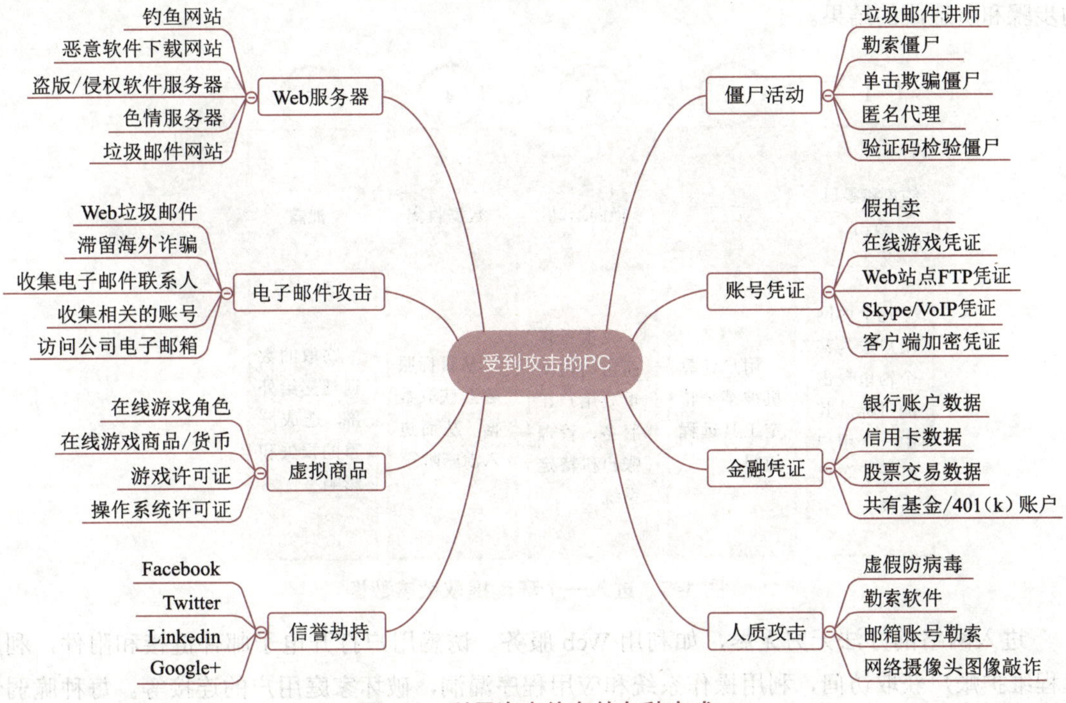

图 1-4　利用盗窃信息的各种方式

许多时候黑客只是扫描系统，寻找正在运行的脆弱服务或者在电子邮件中发送恶意链接给毫无防备的受害者，他们是在试图寻找可以进入任何网络的方法。

在计算机界，称第二类攻击者为“高级持续性攻击”（advanced persistent threat，APT）。术语中的“高级”指 APT 具有广博的知识、能力和技巧。“持续性”指攻击者并不急于发起攻击，而是等到最有利的时间和攻击方向才发动攻击，从而确保其行为不被发现。APT 不同于普通攻击者的地方在于 APT 往往是一群攻击者，而不是一个黑客，他们既有知识又有能力，寻找一切可以利用的途径进入他们正在寻找的环境。APT 非常专注和积极，可以主动且成功地利用各种各样不同的攻击方法渗透网络，然后在环境中站稳脚跟之后便悄悄隐藏起来。这类攻击由人参与协调，而不是自动注入其负载的病毒类威胁。APT 目标明确且具体，往往组织周密、资

学习笔记

金充足，因此成为最大的威胁。

APT通常是自定义开发的恶意代码，专门为目标而构建，一旦渗入环境，便有多种藏身方法，它也可能自我复制，成为多形体，拥有几个不同的“锚”，所以即使被发现，也很难被消灭。一旦该代码被安装，通常建立隐蔽的后台通道（和普通的僵尸一样），这样攻击者本人可以远程控制它。这种远程控制功能使攻击者可以遍游网络，不断地访问关键资产。

APT 渗透通常很难用主机型解决方案检测出来，因为攻击者让代码经历了一系列测试，可以抵挡市场上最新的检测应用程序的检测。检测这类威胁的常用方法是改变网络流量。因为今天的环境中应用了好几种技术来检测这类流量，所以 APT 也可能有多个控制中心与之通信，这样，如果一个连接被检测并移除，它还有一条活跃的通道可供使用。APT 可能实现一些虚拟私有网络连接（VPN），这样其在传输过程中的数据不会被检测到。图 1-5 所示为 APT 活动常用的步骤和所造成的结果。

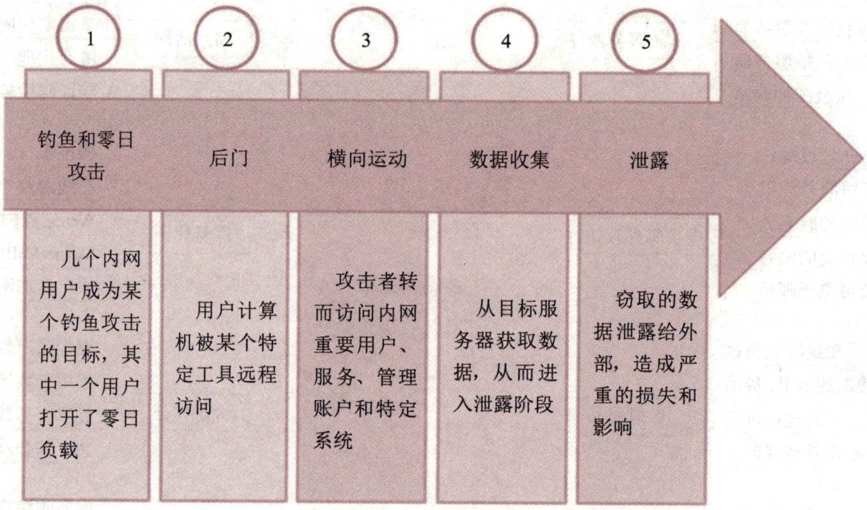

图 1-5　进入一个环境提取敏感数据

进入网络的办法无穷无尽，如利用 Web 服务、诱惑用户打开电子邮件链接和附件，利用远程维护账户获取访问，利用操作系统和应用程序漏洞，破坏家庭用户的连接等。每种脆弱性都有自己的修复办法（补丁、正确配置、意识、适当的凭证实践和加密等）。不仅这些修复办法需要到位，还需要充分有效地意识到形势，需要有更好的能力能够及时判断出网络正在发生什么事情，这样才能快速精准地抵御侵害。

信息安全的战场从“敲敲打打”型的攻击转到了“缓慢而坚决”型的攻击。就像军事进攻行为的变化和变形一样，目标不断在变化，整个安全行业也必须跟上这种变化。我们发现，以感染尽可能多的系统为目的而创建的病毒数量已经开始下滑。据估计，这些无害的恶意软件行为将继续减少，而更加危险的恶意软件的数量则开始增加。这种更危险的恶意软件具有更强的针对性，拥有更加强大的负载，通常是安装后门或僵尸程序，或者上传 rootkit。

因此，虽然攻击的复杂程度继续增加，但是这些攻击的危险性也不断增加。到目前为止，存在如下一些打击计算机犯罪遇到的困难：互联网为攻击者提供的匿名性；攻击者正组织起来实施更加复杂的攻击；法律体系正努力跟上这些犯罪类型；公司现在仅仅将数据视为必须保护的资产。所有这些复杂性都对恶意攻击者有利，如果面临发生在不同国家的攻击，那么又该如何应对这种复杂性呢？

1.2 信息安全威胁建模

在开发有效的防御之前，必须了解所重视的资产，以及针对它们的威胁。虽然“威胁建模”这个术语有多个定义，但为了便于讨论，在这里将它定义为：描述威胁源对资产可实施的不利影响的过程。当为面临的威胁构建一个模型时，会将它们放入现实状态中来考虑，因此只考虑可能会发生的合理威胁是非常重要的。如果不这样做，那么会分散有限的资源，无法很好地保护资产。很多组织正在加紧威胁情报工作，威胁情报正在成为一种资源，不仅被风险团队使用，也被安全运营、开发甚至管理团队使用。我们将威胁模型与风险评估分开讨论来突出这样一个事实，即威胁建模不仅服务于风险评估工作，它还让一个组织了解潜在的领域。

为了使防御力量更好地发挥作用，需要考虑有什么人（或什么事情）会导致降级、破坏或毁灭，对信息系统进行清查和分类是这个过程的一个关键的早期阶段。在对威胁进行建模时，对系统中固有的漏洞特别关注，这些漏洞可能会导致其机密性、完整性或可用性受到破坏。然后要考虑这样一个问题：“谁想要利用这个漏洞，为什么？”这样，就可以仔细研究潜在对手，以及他们的动机和能力。最后，需要确定特定的威胁源是否有方法来利用漏洞攻击我们的资产。

1.2.1　脆弱性

人类构建的一切都容易受到某些东西的影响。特别是，信息系统即使在最好的防御情况下，也充满了脆弱性。为正确分析脆弱性，回顾一下信息系统很有用，它由信息、过程和能与计算机系统进行交互的人员构成。

1. 信息

在几乎每种情况下，信息系统中的核心信息对于潜在对手来说都是最有价值的资产。计算机信息系统（computer information system，CIS）中的信息被表示为数据。该信息可以被存储（静态数据）、在系统组件之间传输（运动中的数据）或被系统主动使用（正在使用的数据）。在每种状态下，这些信息会表现出不同的漏洞。

静态数据：内部人员把这些数据复制到 U 盘，并提供给未授权人员，从而损害其机密性

传输中的数据：数据被网络上的外部人员进行拦截和修改，然后继续传送（称为中间人攻击），从而损害其完整性。

使用中的数据：恶意进程利用“检查时间 / 使用时间（TOC/TOU）”或“竞争条件”漏洞删除数据，从而损害其可用性。

学习笔记

2. 过程

过程几乎总是由软件发起。因此，过程漏洞可以被看成一种特定的软件漏洞。我们将在后面详细介绍这些内容。然而，作为安全专业人员，了解在软件系统中运行的业务流程，并广泛地考虑其安全问题，这一点是非常重要的。

3. 人员

一般情况下，人被视为安全链中最薄弱的环节。无论是否同意这一点，重要的是要考虑到系统中人员导致的特定漏洞。通过大量的攻击来看，主要有如下三种方法实现。

社会工程：这是使某人违反安全程序或策略的过程，通常涉及人际交往、电子邮件和短信。

社交网络：社交网络的普及使用，为潜在的攻击者提供了可以通过利用人来获取的直接信息（如勒索）或间接信息（如制作包含可被单击链接的电子邮件）。

密码：使用彩虹表，弱密码可以在瞬间被破解，并且很容易受到字典或蛮力攻击。即使是强密码，在站点和系统之间重复使用也是很脆弱的。

1.2.2 威胁

不仅要识别组织和系统中存在的漏洞，更重要的是还要能够识别攻击这些漏洞的威胁源。国际标准化组织和国际电工委员会在其 ISO/IEC 27000 标准中，将威胁定义为“不良事件的潜在原因，可能会对系统或组织造成损害”。虽然这听起来有点模糊，但重要的是，它包括了广泛的可能性。

最明显的威胁源就是恶意攻击者，他们会故意探测我们的系统，寻找漏洞进行利用。然而，越来越多的组织开始详细地分析威胁。许多组织有专门小组来搜集网络威胁情报，以便对特定的网络犯罪团体进行单独标记、跟踪和了解。

内部人员是另一个重要的威胁源，他们可能是恶意的或粗心的。恶意的内部人员会受到一些因素的驱动，最常见的就是不满或经济利益。随着 2012 年斯诺登泄露大量机密数据，组织越来越多地强调识别和减轻内部威胁源的技术和程序。虽然特定的内部人员掌握着这些信息，然而注意那些非特定的内部人员同样重要，特别是如果他们属于上一节描述的脆弱性之一，他们就是危险的。最后，非人类的威胁源也一样重要，自然事件可能比任何人类的攻击更具破坏性。它们还迫使信息系统安全专业人员考虑不符合常规的威胁。

1.2.3 攻击

如果漏洞在网络的一端，而威胁源在另一端，那么攻击会将它们联系在一起。换句话说，如果特定的威胁（如心怀不满的员工）想要利用一个特定的漏洞（如公司总裁的电子邮件收件箱），但是缺乏这样做的手段，攻击可能就不会发生，那么这种情况不会成为威胁模式的一部分。如果不知道谁执行攻击，以及攻击针对哪个漏洞，就不可能确定攻击的可行性。这显示了构成威胁模型核心的三个重要组成部分：存在的漏洞、可行的攻击和有能力的威胁。

通常，有多种方法来完成特定的目标。例如，如果心怀不满的员工想窃取总裁邮箱内容，可以通过访问电子邮件服务器获取密码，或窃取总裁的智能手机或笔记本计算机实现。访问电子邮件服务器可以通过使用管理凭证或黑客入侵实现。要获取凭证，可以使用蛮力破解或社会工程。由每个决策点创建的分支建立一个所谓的“攻击树”，其中一个示例如图 1-6 所示。每个叶节点表示必须满足的特定条件来使得父节点有效。例如，要有效获取邮箱凭证，该员工必须已经窃取了网络访问令牌。鉴于员工已经获得了凭证的条件，他将能够窃取总裁信箱的内容。那么一个成功的攻击就是攻击者从叶节点到根节点的一个遍历过程。

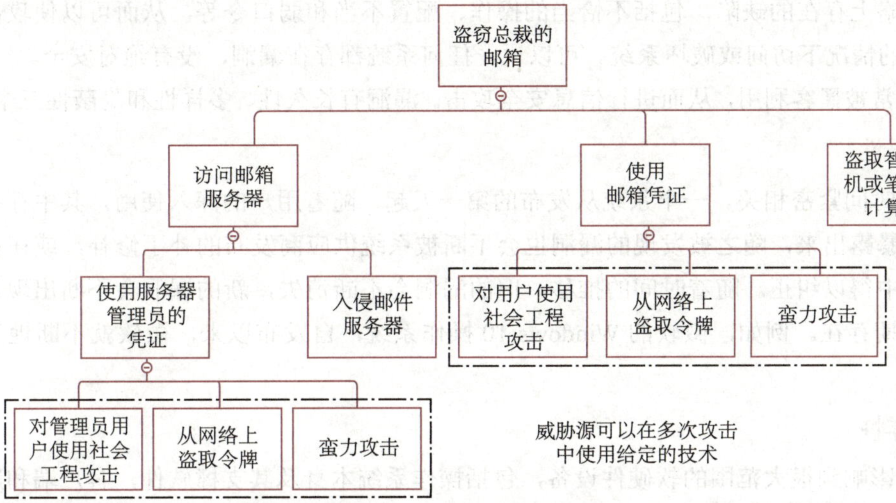

图 1-6　一个简单的攻击树

1.2.4　消减分析

组织的攻击树生成通常需要大量的资源投入。每个“漏洞 - 威胁 - 攻击”组合都可以使用攻击树进行详细描述，所以你最终需要得到尽可能多的树。为了缓解识别出的每个攻击，通常需要在每个叶节点进行控制或防护。由于一次攻击会产生许多叶节点，因此这具有乘法效应，可能会使整个工作变得非常困难。然而，攻击树本身也产生了被称为“消减分析”的技术。

在威胁建模的背景下，消减分析有两个方面：一个方面是减少我们必须考虑的攻击数量；另一个方面是减少攻击带来的威胁。减少攻击数量方面可以通过图 1-6 中所展示的攻击示例来说明。为了满足登录邮件服务器或用户邮箱的条件，攻击者可以使用完全相同的三种技术。这意味着我们可以通过找到这些共同点来减少需要消减的条件数量。当你认为这三个示例条件适用于各种其他攻击时，你可以非常快速地将条件数量消减为可管理的数量。

消减分析的第二个方面是确定减轻或排除我们确定的攻击方式。这正是使用攻击树让我们受益的地方。回顾一下，每个树只有一个根节点，但是有很多个叶节点和内部节点。当你实施减轻技术时，你越接近根节点，则你能使用一个控件来缓解来自叶节点的攻击就越多。这使你能够轻松找出最有效的技术来保护整个组织。

学习笔记

1.3 信息安全漏洞

1.3.1 漏洞的概念

漏洞是指任何会引起系统的安全性受到破坏的事物，是在硬件、软件、协议的具体实现或系统安全策略上存在的缺陷，包括不恰当的操作、配置不当和弱口令等，从而可以使攻击者能够在未授权的情况下访问或破坏系统。可以说，任何系统都存在漏洞，没有绝对安全。

漏洞经常被黑客利用，从而进行信息安全攻击。漏洞有长久性、多样性和隐蔽性三个特性。

1. 长久性

漏洞与时间紧密相关。一个系统从发布的第一天起，随着用户的深入使用，其中存在的漏洞会被不断暴露出来，随之被发现的漏洞也会不断被系统供应商发布的补丁修补，或在以后发布的新版本中得以纠正。随着时间的推移，旧的漏洞会不断消失，新的漏洞会不断出现。漏洞问题也会长期存在。例如，微软的 Windows 10 操作系统，自发布以来，微软就不断地给系统打补丁升级。

2. 多样性

漏洞会影响到很大范围的软硬件设备，包括操作系统本身及其支撑软件，客户端和服务器软件，网络路由器和安全防火墙等。也就是说，在这些不同的软硬件设备中都可能存在不同的漏洞问题。在不同种类的软、硬件设备，同种设备的不同版本之间，由不同设备构成的不同系统之间，以及同种系统在不同的设置条件下，都会存在各自不同的漏洞问题。

3. 隐蔽性

漏洞是在系统具体使用和实现过程中产生的错误，只有能威胁到系统安全的错误才是漏洞。许多错误在通常情况下并不会对系统安全造成危害，只有在某些条件下被人利用时才会影响系统安全。漏洞不是自己出现的，而是被使用者发现的。攻击者往往是系统漏洞的发现者和使用者。从某种意义上讲，是攻击者使网络系统变得越来越安全。

这里需要注意漏洞与不同安全级别计算机系统之间的关系。受信任计算机系统评价基准（trusted computer system evaluation criteria）将一个计算机系统可接受的信任程度加以分级，即计算机系统的安全性能由高而低划分为 A、B、C、D 四大等级。理论上说，系统的安全级别越高，该系统就越安全。但其实漏洞是独立于操作系统本身的理论安全级别而存在的。并不是说，系统所属的安全级别越高，该系统中存在的漏洞就越少。而是在安全性较高的系统当中，入侵者如果希望进一步获得特权或对系统造成较大的破坏时，必须要克服更大的障碍。

1.3.2 漏洞产生的原因

如今在 Internet 上，网络的安全性问题越来越严重。一方面，黑客利用安全漏洞引起的安全事件数量呈上升趋势。另一方面，似乎越是大型软件，其后推出的补丁数量也呈上升趋势，其中大部分补丁是针对漏洞的。漏洞产生的原因，归纳起来有以下几个方面。

1. 早期 Internet 设计的缺陷

Internet 设计的初衷是相互交流，实现资源共享。设计者并未充分考虑网络安全需求。Internet 的开放性使得其在短期内得到蓬勃发展。也正因如此，攻击者能快速、低成本地对网络进行攻击，而把自己隐藏起来，不被觉察和跟踪。

2. 网络开源

网络的开源使得攻击者技术不断提高，攻击的教程和工具在网上可以轻易找到。这样，造成攻击事件增多，而且攻击早期不易被网络安全人员发觉。

3. 软件自身缺陷

随着 Internet 的发展，各种各样新型、复杂的网络服务和软件层出不穷，这些服务和软件在设计、部署和维护上都可能存在各种安全问题。为保证在市场竞争中占得先机，任何设计者都不能保证产品中没有错误，这就造成了软件本身存在的漏洞。同时，商业系统为迎合用户需求的易用性、维护性等要求，大多数情况下，不得不牺牲安全性和可靠性。

1.3.3　漏洞的分类和等级

1. 漏洞的分类

千里之堤，溃于蚁穴。黑客一旦找到网络中的薄弱环节，就能轻而易举地闯入系统。所以，了解系统中哪里存在安全隐患，并及时修补漏洞至关重要。通常，“蚁穴”主要表现在软件或协议设计存在缺陷、软件或协议实现的漏洞以及系统或网络配置不当等方面。具体表现在以下几个方面。

（1）软件或协议设计存在缺陷。协议是定义网络上计算机会话和通信的规则，如果协议的设计存在漏洞，那么无论使用该协议的应用服务设计得多完美，它仍然是存在漏洞的。如 TCP/IP 的缺陷，TCP/IP 现在已经广为应用，它早期设计存在的不足造成的安全漏洞在所难免，如 Smurf 攻击、IP 地址欺骗等。然而，最大的问题在于 IP 协议是非常容易“轻信”的，就是说入侵者可以随意地伪造及修改 IP 数据包而不被发现。IPSec 协议可以用来克服这个不足，但还没有得到广泛应用。

（2）软件或协议实现的漏洞。即使是协议设计得足够完美，但在实现过程中引入漏洞也是不可避免的。如邮件协议的一个实现中能够让攻击者通过与受害主机的邮件端口建立连接，达到欺骗受害主机执行非法任务的目的，或者使入侵者具有访问受保护文件和执行服务器程序的权限。这样的漏洞往往导致攻击者不需要访问主机的凭证就能够从远程控制服务器。

（3）系统或网络配置不当。许多系统安装后都有默认的安全配置信息，默认配置往往存在不足。所以管理员要及时更改配置，避免入侵者利用这些配置对服务器进行攻击。如 FTP 的匿名账号就曾给不少管理员带来麻烦。又如，有时为了测试使用，管理员会在机器上打开一个临时端口，但测试完后却忘记了禁止它，这样就会使入侵者有漏洞可钻。通常的解决策略是：除非一个端口是必须使用的，否则应该关闭此端口。

学习笔记

2. 漏洞的等级

一般来说，漏洞威胁的类型基本上决定了它的严重性，根据漏洞所造成的影响和危害程度可把严重性分成高、中、低三个级别。

（1）低级别漏洞，允许拒绝服务的漏洞。这种攻击几乎总是基于操作系统的。也就是说，这些漏洞存在于操作系统网络传送本身。当存在这种漏洞时，必须通过软件开发者或销售商的弥补予以纠正。

（2）中级别漏洞，允许本地用户非法访问的漏洞。这种漏洞一般在多种平台的应用程序中发现，大多数中级别漏洞是由应用程序的缺陷引起的。

（3）高级别漏洞，允许远程用户未经授权访问的漏洞。高级别漏洞是威胁性最大的漏洞。大多数高级别漏洞是由于较差的系统管理或设置有误造成的。例如，远程和本地管理员权限应该对应高级，普通用户权限，权限提升、读取受限文件、远程和本地拒绝服务对应中级，远程非授权文件存取，恢复、欺骗、服务器信息泄露对应低级。但很多时候要具体情况具体分析，如果一个被广泛使用的软件存在弱口令问题，有口令恢复漏洞，应该属于中高级。

1.4 信息安全攻击

1.4.1 信息安全攻击的概念

随着 Internet 的日益普及，进入网络的计算机数量迅速增加，网络的入侵问题也随之凸显。所谓网络的入侵是指对接入网络的计算机系统的非法入侵，即攻击者未经合法的手段和程序而取得了使用该系统资源的权限。网络入侵的目的有多种：或者是取得使用系统的存储能力，处理能力以及访问其存储内容的权限；或者是作为进入其他系统的跳板；或者是想破坏这个系统（使其毁坏或丧失服务能力）。网络入侵是目前最受关注也是影响最大的信息安全攻击行为，但是信息安全攻击并不仅有网络入侵一种，信息安全攻击是指对网络系统的机密性、完整性、可用性、可控性和抗抵赖性产生危害的行为。这些行为可抽象地分为四种基本情形：信息泄露攻击、完整性破坏攻击、拒绝服务攻击和非法使用攻击。

1.4.2 信息安全攻击的分类

信息安全攻击的方式不同，产生的攻击类型不同，最后导致的攻击结果也不同。

从攻击的方式来看，有利用系统本身的漏洞进行的攻击，有利用各种命令和工具进行的攻击，有利用虚假的 IP 地址进行欺骗性的攻击，有利用恶意代码或病毒进行的攻击，也有利用网络部署的缺陷和防范措施的不到位进行的攻击。

从攻击的类型来看，有通过单个计算机进行的攻击，也有通过控制僵尸网络以多个计算机进行的攻击；有间歇式的攻击，也有连续式的不间断的攻击；有隐秘的攻击，也有非隐秘式的攻击。

从攻击导致的结果来看，轻者导致受攻击者运行速度变慢，无法提供正常的服务，重者系统崩溃。

通过将攻击的方式与攻击类型相结合，攻击类型主要有拒绝服务攻击、利用型攻击、信息收集型攻击和假消息攻击等。

1. 拒绝服务攻击

拒绝服务（denial of service，DoS）攻击是目前最常见的一种攻击类型。从信息安全攻击的各种方法和所产生的破坏情况来看，DoS 算是一种很简单但又很有效的进攻方式。它的目的就是拒绝用户的服务访问，破坏组织的正常运行，最终使网络连接堵塞，或者服务器因疲于处理发送者发送的数据包而使服务器系统的相关服务崩溃，无法给合法用户提供服务。

常见的 DoS 攻击主要有以下几种类型。

（1）死亡之 ping（ping of death）。

（2）泪滴（Teardrop）。

（3）UDP 洪水（UDP flood）。

（4）SYN 洪水（SYN flood）。

（5）Land 攻击。

（6）Smurf 攻击。

（7）Fraggle 攻击。

（8）畸形消息攻击。

2. 利用型攻击

利用型攻击是一类试图直接对用户的机器进行控制的攻击，最常见的有口令猜测、特洛伊木马、缓冲区溢出三种。

（1）口令猜测。一旦黑客识别了一台主机而且发现了基于 NetBIOS、Telnet 或 SSH 等服务的可利用的用户账号，成功的口令猜测可实现对机器控制。

（2）特洛伊木马。特洛伊木马是一种或是直接由一个黑客或是通过一个不会令人起疑的用户秘密安装到目标系统的程序。一旦安装成功并取得管理员权限，安装此程序的人就可以直接远程控制目标系统。最有效的一种称为后门程序，恶意程序包括 NetBus、BackOrifice 和 BO2k，用于控制系统的良性程序如 NetCat、VNC 和 RDP。

（3）缓冲区溢出。由于在很多的服务程序中大意的程序员使用如 strcpy() 和 strcat() 等不进行有效位检查的函数，最终可能导致恶意用户编写一小段程序来进一步打开安全豁口，然后将该代码缀在缓冲区有效载荷末尾，这样，当发生缓冲区溢出时，返回指针指向恶意代码，系统的控制权就会被夺去。

3. 信息收集型攻击

信息收集型攻击并不对目标本身造成危害，但这类攻击会为进一步入侵提供有用的信息。主要包括扫描技术、体系结构刺探和利用信息服务等。

（1）地址扫描。运用 ping 等程序探测目标地址，对此做出响应的表示其存在。

学习笔记

（2）端口扫描。通常使用一些软件，向大范围的主机连接一系列 TCP 端口，扫描软件报告它成功地建立了连接的主机所开放的端口。

（3）反向探测。黑客向主机发送虚假消息，然后根据返回 host unreachable 消息特征判断出哪些主机是存在的。目前由于正常的扫描活动容易被防火墙侦测到，黑客转而使用不会触发防火墙规则的消息类型，这些消息类型包括 RESET 消息、SYN-ACK 消息、DNS 响应包等。

（4）操作系统探测。黑客使用具有已知响应类型的数据库的自动工具，对来自目标主机的数据包传送所做出的响应进行检查。由于每种操作系统都有其独特的响应方法，例如，Windows 和 Linux 的 TCP/IP 堆栈具体实现有所不同，因此通过将此独特的响应与数据库中的已知响应进行对比，黑客经常能够确定出目标主机所运行的操作系统。

（5）DNS 区域传送。DNS 协议不对区域传送或信息性的更新进行身份认证，这使得该协议被他人以一些不同的方式加以利用。如果你维护着一台公共的 DNS 服务器，黑客只需实施一次区域传送操作就能得到你所有主机的名称以及内部 IP 地址。

（6）Finger 服务。黑客使用 finger 命令刺探一台 Finger 服务器以获取关于该系统的用户信息。

4. 假消息攻击

用于攻击目标配置不正确的消息，主要包括 DNS 高速缓存污染和伪造电子邮件。

（1）DNS 高速缓存污染。由于 DNS 服务器与其他名称服务器交换信息的时候并不进行身份验证，这就使得黑客可以将不正确的信息掺进来并把用户引向黑客自己的主机。

（2）伪造电子邮件。由于 SMTP 并不对邮件发送者的身份进行鉴定，因此黑客可以对内部客户伪造电子邮件，声称是来自某个客户，声称是认识并能取得信任的人，邮件可能附带上可安装的特洛伊木马程序，或者是一个引向恶意网站的链接。

1.4.3 信息安全攻击的一般过程

了解信息安全攻击过程，可以更好地做好网络安全防范工作。通过总结，可以将信息安全攻击归纳为以下八个步骤。

（1）攻击者的身份和位置隐藏。利用被侵入的主机作为跳板，如在计算机内安装代理软件作为跳板，盗用他人的账号和伪造 IP 地址假冒用户身份。

（2）收集攻击目标信息。主要方法有口令攻击、端口扫描、漏洞检测、对目标系统进行整体安全性分析，还可利用如 AWVS 和 Nessus 等报告软件收集目标信息。

（3）挖掘漏洞信息。常用的技术有系统或应用服务软件漏洞、主机信任关系漏洞、目标网络的使用者漏洞、通信协议漏洞和网络业务系统漏洞。

（4）获取目标访问权限。通过一切办法获得管理员口令。

（5）隐蔽攻击行为。包括连接隐藏、进程隐藏和文件隐藏等。

（6）实施攻击。攻击主要包括修改删除重要数据、窃听敏感数据、停止网络服务和下载敏感数据等。

（7）开辟后门。主要有放宽文件许可权、重新开放不安全的服务（如 TFTP 等）、修改系统的配置（如系统启动文件等）、替换系统本身的共享库文件、修改系统的源代码、安装各种特洛伊木马和建立隐蔽信道等。

（8）清除攻击痕迹。主要方法有篡改日志文件中的审计信息、改变系统时间造成日志文件数据紊乱以迷惑系统管理员，删除或停止审计服务进程、干扰入侵检测系统正常运行和修改完整性检测标签等。

1.5 计算机病毒

早在 Internet 出现以前，计算机病毒就已经是计算机系统安全的重要威胁。随着网络的普及，计算机病毒技术网络化的趋势明显，出现了诸如蠕虫等专门利用网络进行传播的新型病毒。与此同时，以特洛伊木马为代表的恶意软件也成为信息安全攻击中的重要手段。这两种手段往往在信息安全攻击中被综合使用，如通过病毒获取系统控制权，随后植入木马以实现对系统的远程控制或用户信息的窃取。

1.5.1　计算机病毒概述

“计算机病毒”最早出现在弗雷德·科恩（Fred Cohen）1984 年的论文中。20 世纪 70 年代中期，大卫·杰洛德（David Gerrold）在其科幻小说 *When Harlie was One* 中，描述了一个叫“病毒”的程序和与之对战的叫“抗体”的程序，从此“计算机病毒”一词被广泛接受。真实病毒的雏形出现在 20 世纪 60 年代初，美国麻省理工学院的一些青年研究人员，利用业务时间玩一种他们自己创造的计算机游戏。做法是某个人编制一段小程序，然后输入到计算机中运行，并销毁对方的游戏程序。这样的程序已经具备了病毒初级特征。

简单地说，计算机病毒是一种人为制造的、在计算机运行中对计算机信息或系统起破坏作用的程序，通常这种程序不是独立存在的，它隐蔽在其他可执行程序之中，既有破坏性，又有传染性和潜伏性。在我国 1994 年发布的《中华人民共和国计算机信息系统安全保护条例》中对病毒的定义是：“编制或者在计算机程序中插入的破坏计算机功能或者毁坏数据，影响计算机使用，并能自我复制的一组计算机指令或者程序代码。”

1.5.2　计算机病毒的特性

计算机病毒通常具有以下几个方面主要特性。

（1）寄生性。通常计算机病毒不是完整的程序，因此需要依附在某种类型的文件上，这种特性称为病毒的寄生性，被病毒依附的文件称为宿主文件。例如，CIH 病毒便把自己拆分成数段，然后寄生在 Windows PE 类可执行文件中。

（2）可执行性。虽然计算机病毒不是完整的程序，但是通过宿主文件的使用或执行，病毒代码可以在被感染的计算机内得到运行的机会，寻机获得系统的控制权，并实施传染性和破

学习笔记

坏性行为等。

（3）传染性。传染性是病毒的基本特征。同样，计算机病毒也会通过各种渠道从已被感染的计算机扩散到未被感染的计算机，在某些情况下造成被感染的计算机工作失常甚至瘫痪。计算机病毒是一旦进入计算机并得以执行后，就会搜寻其他符合其传染条件的程序或存储介质，确定目标后再将自身代码植入其中，达到自我繁殖的目的。计算机病毒可通过各种可能的渠道进行传染，如早期的病毒主要通过软盘传播，目前病毒传染的主要方式已经转向通过电子邮件、即时通信工具、系统漏洞等网络途径。

（4）潜伏性。一个精心设计的计算机病毒程序，通常不会在进入系统后马上发作，而是长时间隐藏在合法文件中，对其他系统进行传染。病毒的潜伏性越好，在系统中的存在时间就会越长，病毒的传染范围就会越大。

（5）可触发性。因某个事件或数值的出现，诱使病毒实施感染或进行攻击的特性称为可触发性。病毒既要隐蔽又要维持潜在的破坏性，就必须具有可触发性。因此病毒具有预定的触发条件，这些条件可以是时间、日期、文件类型或某些特定数据等。病毒运行时，触发机制检查预定条件是否满足，如果满足启动感染或破坏动作，使病毒进行感染或攻击；如果不满足，使病毒继续潜伏。如"米开朗基罗"病毒的得名，就是因其在艺术大师米开朗基罗的生日那天（3月6日）发作。

（6）破坏性。所有计算机病毒都是一种可执行程序，当病毒程序执行时都会对计算机系统产生一定的影响，这就是病毒的破坏性。计算机病毒的破坏性主要取决于设计者的目的，如果病毒设计者的目的在于彻底破坏系统正常运行的话，计算机病毒可以毁掉系统的部分数据，也可以破坏全部数据并使之无法恢复，甚至可以导致系统的完全瘫痪。如CIH病毒可通过破坏某些计算机主板上的BIOS系统，使计算机硬件系统失效。

（7）不可预见性。从对病毒的检测方面来看，病毒还有不可预见性。不同种类的病毒，它们的代码千差万别，由于病毒的制作技术在不断提高，而反病毒技术始终滞后于病毒技术，因此不可能存在一种反病毒技术能够一劳永逸地消除计算机病毒问题。

除上述特性外，一些计算机病毒还具有特殊属性，主要包括：

（1）针对性。一些计算机病毒是针对特定的计算机和特定的操作系统的。例如，有针对IBM PC及其兼容机的，有针对Apple公司Macintosh的，还有针对UNIX操作系统的。例如，2010年首度在伊朗核电站控制系统中发现的"震网"病毒，便是一种专门针对西门子工业控制系统的超级病毒。

（2）衍生性。这是指利用某种病毒的传染和破坏原理，生成一种不同于原版本的新的计算机病毒（又称变种），这就是计算机病毒的衍生性。这种特性提供了一种设计新病毒的捷径，病毒的衍生性使得新病毒的开发周期缩短，病毒的查杀难度加大，具有衍生性的病毒往往会造成更大的危害。

1.5.3 计算机病毒的分类

从计算机病毒问世以来，发展非常迅速，从已经发现的计算机病毒来看，小到只有几十条指令，大到上万条指令组成。它们有的传播速度快，有的潜伏期长，有的感染计算机的所有程序和数据，有的进行自我复制占据磁盘空间，有的具有强大的破坏性。因此，认识这些复杂多样的病毒需要对其分类。由于病毒的多样性，无法使用单一的分类方法，因此可以从不同的角度进行分类。

1. 按照计算机病毒侵入的系统分类

（1）DOS系统下的病毒：这类病毒出现最早，广泛流行于20世纪八九十年代，如“小球”病毒、“大麻”病毒、“黑色星期五”病毒等，随着DOS操作系统退出计算机应用领域，目前这类病毒已经销声匿迹。

（2）Windows系统下的病毒：随着20世纪90年代Windows的普及，Windows下的病毒便开始广泛流行。CIH病毒就是一个经典的Windows病毒。

（3）UNIX系统下的病毒：UNIX系统应用非常广泛，许多大型系统均采用UNIX作为其主要操作系统，Morris蠕虫是一个UNIX下的经典病毒，也是世界上首个网络蠕虫病毒。

2. 按照计算机病毒的链接方式分类

（1）源码型病毒：这种病毒主要攻击高级语言编写的程序，该病毒在高级语言所编写的程序编译前插入到源程序中，经编译成为合法程序的一部分。

（2）嵌入型病毒：这种病毒是将自身嵌入现有程序，把病毒的主体程序与其攻击的对象以插入的方式链接。

（3）外壳型病毒：这种病毒将其自身包围在被侵入的程序周围，对原来的程序不作修改。这种病毒最为常见，易于编写，也易于发现，一般测试文件的大小即可查出。

（4）操作系统型病毒：这种病毒利用自己的程序代码加入或取代部分操作系统代码进行工作，具有很强的破坏力，可以使整个系统瘫痪。“圆点”病毒和“大麻”病毒就是典型的操作系统型病毒。

3. 按照计算机病毒的破坏性质分类

（1）良性计算机病毒：良性病毒是指其不包含对计算机系统产生直接破坏作用的代码。这类病毒为了表现其存在，只是不停地进行扩散，从一台计算机传染另一台，并不破坏计算机内的数据。有些只是表现为恶作剧。这类病毒取得系统控制权后，会导致整个系统的运行效率降低，系统可用内存总数减少，使某些应用程序暂时无法执行。

（2）恶性计算机病毒：恶性病毒是指在其代码中包含损伤和破坏计算机系统的操作，在其传染或发作时会对系统产生直接的破坏作用。这类病毒有很多，如CIH病毒。当该病毒发作时，以2 048个扇区为单位，从硬盘主引导区开始依次往硬盘中写入垃圾数据，直到硬盘数据被全部破坏为止。

4. 按照计算机病毒的寄生部位或传染对象分类

（1）磁盘引导型病毒：磁盘引导区传染的病毒主要是用病毒的全部或部分逻辑取代正常的引导记录，而将正常的引导记录隐藏在磁盘的其他地方。由于引导区是磁盘能正常使用的先决条件，因此，这种病毒在运行之初（如系统启动时）就能获得系统控制权，其传染性较大。

由于在磁盘的引导区内存储着需要使用的重要信息，因此，如果对磁盘上被移走的正常引导记录不进行保护，在运行过程中就会破坏引导记录。

（2）操作系统型病毒：操作系统是计算机应用程序得以运行的支持环境，由 .SYS、.EXE 和 .DLL 等可执行程序及程序模块构成。操作系统型病毒就是利用操作系统中的一些程序及程序模块寄生并传染的病毒。通常，这类病毒成为操作系统的一部分，只要计算机开始工作，病毒就处在随时被触发的状态。而操作系统的开放性和不完善性为这类病毒的出现与传播提供了方便。

（3）感染可执行程序的病毒：通过可执行程序传染的病毒通常寄生在可执行程序中，一旦程序执行病毒就会被激活，病毒程序首先被执行，并将自身驻留在内存中，然后设置触发条件进行传染。

（4）宏病毒：宏病毒是一种寄存于文档或模板的宏中的计算机病毒，主要存在于 Microsoft Office 办公软件中。一旦打开这样的文档，宏病毒就会被激活并转移到计算机上，且驻留在模板中。此后，所有自动保存的文档都会感染上这种宏病毒，而且，如果其他用户打开了已感染病毒的文档，宏病毒又会转移到该用户的计算机中。

上述四种病毒也可以归于两大类：一是存在于引导扇区的计算机病毒；二是存在于文件的计算机病毒。

5. 按照计算机病毒的传播介质来分类

（1）单机病毒：单机病毒感染的途径是移动存储介质的交叉使用，如计算机使用带病毒 USB 盘、移动硬盘，病毒传入计算机的硬盘，感染系统；在受感染的计算机上使用 USB 盘或移动硬盘时又被传入存储介质，并以之为中介，传给其他的计算机系统。

（2）网络病毒：网络病毒的传播介质不再是移动存储载体，而是计算机网络，利用系统的安全漏洞进行传播，这种病毒的传染能力更强，破坏力更大。

新型病毒也可能综合了以上若干特征，这样的病毒常被称为混合型病毒。

1.5.4 计算机病毒的原理

目前，病毒传播方式网络化已经成为主流，并被作为信息安全攻击的主要手段，因此研究和掌握病毒的工作原理，以降低病毒对网络安全的危害具有重要的意义。

病毒的种类和数量巨大，但其基本的程序模块构成和传染机制相同。病毒程序一般由主控模块、感染模块、触发模块和破坏模块构成，如图 1-7 所示。

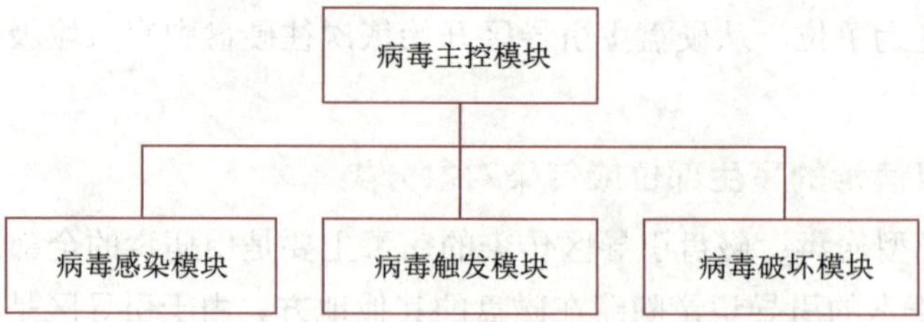

图 1-7 病毒程序模块构成

（1）主控模块。主控模块是整个病毒程序的控制中枢，通过该模块来协调其余模块的工作。当病毒程序获得运行机会时，首先执行的便是主控模块。其完成的基本操作包括以下几个方面：

① 调用感染模块，选择符合条件的目标进行感染。

② 调用触发模块，判断触发条件是否满足。

在执行上述操作的过程中，主控模块还需要完成运行环境信息收集、运行环境准备、反清除等操作。如扫描系统的软硬件环境，获取 CPU、内存、硬盘等硬件信息，扫描操作系统的安全漏洞、反病毒软件安装情况等。内存驻留型病毒需要完成寻找内存的驻留区域、植入病毒代码和修改中断向量表等操作。

（2）感染模块。感染模块负责病毒代码的传播工作，为了防止重复感染同一宿主文件，当病毒感染宿主程序时，通常把一个唯一的感染标志写入宿主程序，表明该程序已被感染。在感染模块执行时会根据感染标志以及文件类型等条件选择感染目标，其过程如下：

① 寻找感染目标。

② 检测目标中是否存在感染标志。

③ 条件满足则实施感染，将病毒代码植入目标。

设定感染标志一方面可以为病毒代码传播提供判断条件，另一方面也为反病毒软件提供了检测病毒的依据。同时根据这一特性，在正常文件中人为地植入特定病毒的感染标志可以起到对病毒的免疫作用，如针对 CIH 病毒的免疫程序便基于这样的工作原理。

（3）触发模块。该模块通过判断预定的触发条件是否满足来控制病毒的感染和破坏活动。常见的触发条件包括时间和日期触发、键盘触发、启动触发、中断访问触发等。其主要的操作为检查预定的触发条件，并返回判断结果。

（4）破坏模块。该模块负责实施具体的破坏工作，其结构上一般分两部分：一部分负责判断破坏条件；另一部分则执行具体的破坏操作。常见破坏操作包括：

① 攻击硬盘主引导区、Boot 扇区、FAT 表、文件目录。

② 占用和消耗内存空间，占用 CPU 时间。

③ 侵占和删除存储空间。

④ 改动系统配置，攻击 CMOS。

⑤ 使系统操作和运行速度下降。

⑥ 格式化整个磁盘，格式化部分磁道和扇区。

⑦ 干扰打印机的正常工作。

⑧ 扰乱计算机键盘的正常操作。

⑨ 干扰、改动屏幕的正常显示。

⑩ 攻击邮件、阻塞网络，攻击文件，包括非法阅读、添加、删除文件和数据。

1.5.5　计算机病毒检测防范

彻底消除计算机病毒在现阶段是不可能的，因此病毒检测与防范对于计算机系统安全显得尤为重要。常见的病毒检测方法主要有以下几类。

学习笔记

1. 外观检测法

计算机病毒侵入计算机系统后，通常会使计算机系统的某些部分发生变化，进而引发一些异常现象，如屏幕显示的异常现象、系统运行速度的异常、打印机并行端口的异常和通信串行口的异常等。虽然不能准确地判断系统感染了何种计算机病毒，但是可以根据这些异常现象判断计算机病毒的存在，尽早发现计算机病毒，便于及时有效地进行处理。外观检测法是计算机病毒防治过程中起着重要辅助作用的一个环节，可通过其初步判断计算机是否感染了病毒。

2. 系统或文件对比法

计算机病毒感染系统和文件时，必然引起系统或文件的变化，既包括长度的变化，又包括内容的变化，因此，将无毒的系统或文件与被检测的系统或文件的长度和内容进行比较，即可发现计算机病毒。长度比较和内容比较法有其局限性，仅检查可疑系统或文件的长度和内容是不充分的，因为存在以下两种情况：

（1）长度和内容的变化可能是合法的，有些正常操作可以引起长度和内容变化，如系统文件的升级。

（2）某些计算机病毒（如 CIH 病毒）感染文件时，宿主文件长度可保持不变。

以上两种情况下，长度比较法和内容比较法不能区别程序的正常变化和计算机病毒攻击引起的变化，不能识别保持宿主程序长度不变的计算机病毒，无法判定为何种计算机病毒。

3. 特征代码法

计算机病毒签名是一个特殊的识别标记，它不是可执行代码，并非所有计算机病毒都具备计算机病毒签名。某些计算机病毒判断主程序是否受到感染是以宿主程序中是否有某些可执行代码段落做判断。因此，人们也采用了类似的方法检测计算机病毒。在可疑程序中搜索某些特殊代码，即为特征代码段检测法。计算机病毒程序通常具有明显的特征代码，特征代码可能是计算机病毒的感染标记（由字母或数字组成串），如“快乐的星期天”计算机病毒代码中包含“Today is Sunday”。

4. 校验和法

由于病毒在感染系统文件时，需要改写宿主文件的内容，检测宿主文件的当前内容的校验和与原始保存的校验和是否一致，就可以发现文件是否被计算机病毒感染，这种方法称为校验和法。采用这种方法既可以发现已知计算机病毒，也可以发现未知计算机病毒。在一些计算机病毒检测工具中，除了采用计算机病毒特征代码法之外，还纳入校验和法，以提高其检测能力。

但是，校验和法不能识别计算机病毒的种类。与系统文件对比法的不足类似，由于计算机病毒感染并非造成宿主文件内容改变的唯一原因，所以校验和法误报率很高，而且针对所有系统文件的内容计算校验和也会影响程序运行速度。

5. 启发式代码扫描技术

启发式代码扫描又称启发式智能代码分析，它将人工智能的知识和原理运用到计算机病毒检测当中，运用启发式扫描技术的计算机病毒检测软件，实际上就是以人工智能的方式实现的动态反编译代码分析、比较器，通过对程序有关指令序列进行反编译，逐步分析、比较，根据其动机判断其是否为计算机病毒。例如，有一段指令调用了格式化盘操作的 BIOS 指令，那么这段程序就高度可疑，应该引起警觉，尤其是这段指令之前没有从命令行取参数选项的操作，又没有要求用户交互性输入继续进行的操作指令，那么这段程序就显然是计算机病毒或恶意破坏的程序。

6. 其他方法

其他计算机病毒检测与分析方法还包括虚拟机技术、沙箱技术、动态陷阱技术、预扫描技术以及近年来出现的云杀毒技术等。总之，作为信息安全研究的重要研究领域，反病毒技术将随着计算机病毒技术的发展而不断进步。

从用户的角度出发，为了减少计算机病毒对系统安全的影响，需要做好以下几个方面的防范工作：

（1）养成及时下载最新系统安全漏洞补丁的习惯，从根源上杜绝利用系统漏洞攻击计算机的病毒。

（2）将应用软件升级到最新版本，避免病毒利用应用软件漏洞进行木马病毒传播。

（3）选择功能完备的杀毒软件，定期升级杀毒软件病毒库和对计算机进行病毒查杀。

（4）不要随便打开来源不明的电子邮件，特别是邮件中的附件，以免受到病毒的侵害。

（5）上网浏览时一定要开启杀毒软件的实时监控功能，并不要随意访问陌生网站，以免遭到网页脚本病毒的侵害。

（6）定期做好重要资料的备份，以免造成重大损失。

扩展阅读

方向决定前途，道路决定命运。坚持中国特色国家安全道路，是总体国家安全观的重要内容，是新时代国家安全的道路选择。当前，我国国家安全内涵和外延比历史上任何时候都要丰富，时空领域比历史上任何时候都要宽广，内外因素比历史上任何时候都要复杂。坚持总体国家安全观，坚定不移走中国特色国家安全道路，是顺应国内国际形势新变化、开创国家安全工作新局面的迫切需要。

今日之中国，已进入新发展阶段，发展基础更加坚实，发展条件深刻变化，经济实力、科技实力、综合国力和人民生活水平跃上新台阶。世界之变、时代之变、历史之变正以前所未有的方式展开，随着信息技术日新月异的发展，近些年来，各企业在信息化应用和要求方面也在逐步提高，信息网络覆盖面也越来越大，网络的利用率稳步提高。利用计算机网络技术与各重要业务系统相结合，可以实现无纸办公，有效地提高了工作效率，如外部门户网站系统、内部网站系统、办公自动化系统、营销管理系统、配网管理系统、财务管理系统、生产管理系统等。然而信息化技术给我们带来便利的同时，各种网络与信息系统安全问题也逐渐暴露出来。

计算机网络中存储、传输和处理的信息多种多样，许多是敏感信息，甚至是国家机密，如

学习笔记

政府宏观调控决策、商业经济信息、股票证券、科研数据等重要信息。由于网络安全漏洞等原因，可能会造成信息泄露、信息窃取、数据篡改、数据破坏、计算机病毒发作、恶意信息发布等事件，由此造成的经济损失和社会危害难以估量。

尽管网络的重要性已经被广泛认同，但对网络信息安全的忽视仍很普遍，缺乏网络信息安全意识的状况仍然十分严峻。不少企事业单位极为重视网络硬件的投资，但没有意识到网络信息安全的重要性，对网络信息安全的投资较少。这也使得目前不少网络信息系统都存在先天性的安全漏洞和安全威胁，有些甚至产生了非常严重的后果。

震网病毒（Stuxnet）是世界上首个以直接破坏现实世界中工业基础设施为目标的蠕虫病毒，称为网络“超级武器”。震网病毒于2010年7月开始暴发，截至2010年9月底，包括印度、俄罗斯在内的许多国家都发现了这个病毒。据统计，当时全球有约45 000个网络被该病毒感染，其中60%的受害主机位于伊朗境内，并已造成伊朗核电站推迟发电。近年来，一款名为“想哭”的勒索病毒于2017年5月在全球范围内疯狂传播。

大众汽车集团美国公司（VWGoA）披露了一起数据泄露事件，表示他们的一家供应商曾在2019年8月至2021年5月期间在互联网上泄露大量未受保护的客户数据。大众美国公司在事件通报中表示，“导购数据库中包含潜在客户的联系信息与电话号码，而销售数据库中的数据则更为丰富，具体涵盖车辆识别号、商业编号、驾驶人信息以及车辆信息。”这批泄露的数据主要影响到美国及加拿大多家奥迪与大众授权经销商的330万购车客户。

2023年11月，OpenAI开发者大会闭幕不久，万众瞩目的ChatGPT却遭到黑客组织的DDoS攻击，多次发生严重的业务中断，给依赖该公共大语言模型的开发者、创业公司、企业和用户敲响了警钟。数以千万计的ChatGPT用户发现无法正常访问ChatGPT服务（包括网站、App和API），会看到“似乎出了点问题”“生成回应时出错”“网络故障”等错误提示。OpenAI官方确认了服务中断的原因是遭遇DDoS攻击，导致其API和ChatGPT服务在过去24小时内遭受了“周期性中断”。

互联网已经渗透人们生活的方方面面，习近平总书记主持召开中央网络安全和信息化领导小组第一次会议时指出“没有网络安全就没有国家安全”，在频发的安全事件催化下，网络信息安全已经上升到国家战略高度。无论是互联网还是局域网，单位还是个人，网络信息安全的目标是全方位在防范各种威胁以确保网络信息的保密性、完整性和可用性。一个足够强大的安全体系必不可少。

“患生于所忽，祸起于细微”，没有意识到风险是最大的风险。事实上，我们面临的网络安全问题，很多是意识问题。一些工作人员对网络安全的认识还不到位，有的重发展轻安全、重建设轻防护；有的认为关起门来搞更安全，不愿立足开放环境搞安全；有的认为网络安全离自己很远、与自己无关。在信息时代，网络安全是整体的而不是割裂的，是动态的而不是静态的，是开放的而不是封闭的，是相对的而不是绝对的，是共同的而不是孤立的。树立正确的网络安全观，不断强化网络安全意识，在头脑中真正筑起网络安全的“防火墙”，我们才能打牢国家网络安全的地基。

树立正确的网络安全观，筑牢国家网络安全屏障，必须按照习近平总书记提出的明确要求，做好各项重点工作：加强信息基础设施网络安全防护，加强网络安全信息统筹机制、手段、平台建设，加强网络安全事件应急指挥能力建设，积极发展网络安全产业，做到关口前移，防患于未然；落实关键信息基础设施防护责任，行业、企业作为关键信息基础设施运营者承担主体防护责任，主管部门履行好监管责任；依法严厉打击网络黑客、电信网络诈骗、侵犯公民个人隐私等违法犯罪行为，切断网络犯罪利益链条，持续形成高压态势，维护人民群众合法权益；深入开展网络安全知识技能宣传普及，提高广大人民群众网络安全意识和防护技能。这样，我们才能补齐短板，夯实基础，整体提升国家网络安全的“水位”。

小　结

信息安全是信息的影子，哪里有信息哪里就存在信息安全问题。

信息和信息技术改变着人类的生活和工作方式。离开计算机、网络和手机等电子信息设备，人们将无法生活和工作。信息早已成为当今最具活力的生产要素和最重要的战略资源，以信息安全为核心的信息系统构成了国家重要的基础设施。

信息安全已经成为影响国家安全、社会稳定和经济发展的决定性因素之一，因此，作为新时代新青年更应该肩负时代使命，完成好信息安全对应内容的学习。

练　习

1. 信息安全的基本属性是（　　　　）。

A. 保密性

B. 真实性

C. 完整性、不可抵赖性、可用性、可控制性

D. A、B、C 都是

2. 从风险的观点来看，计算机系统的主要弱点是（　　　　）。

A. 内部计算机处理　B. 系统的输入 / 输出　C. 通信和网络　D. 外部计算机处理

3. 从风险的管理角度来看，以下不可取的方法是（　　　　）。

A. 接受风险　B. 分散风险　C. 转移风险　D. 拖延风险

4. 计算机信息的实体安全包括环境安全、设备安全和（　　　　）三个方面。

A. 运行安全　B. 媒体安全　C. 信息安全　D. 人事安全

5. 确保信息没有非授权泄露，即确保信息不泄露给非授权的个人、实体或进程，不为其所用，是指（　　　　）。

A. 完整性　B. 可用性　C. 保密性　D. 抗抵赖性

6. 计算机病毒有哪些危害？

7. 计算机系统的安全目标有哪些？

8. 什么是计算机系统？

第2章 走进神秘的密码世界

学习笔记

知识目标

1. 了解密码学基本概念及发展历史。
2. 理解密码学的机密性、完整性、身份认证、不可否认性、可用性等概念。
3. 熟悉密码学比较经典加密算法和现代加密算法的优缺点及异同。
4. 理解哈希函数的原理及应用。
5. 理解对称密钥算法原理及过程。
6. 理解常见公开密钥算法的类别及加解密的过程。

能力目标

1. 能够掌握各种密码算法的原理和设计方法，包括对称密码算法、非对称密码算法、哈希函数等。

2. 能够掌握各种密码协议的原理和设计方法，包括密钥协商协议、身份认证协议、数字签名协议等。

3. 能够分析和评估密码算法和协议的安全性，包括对密码算法和协议的攻击和防御策略。

4. 能够将密码学应用于实际场景中，设计和实现安全的通信和信息系统，包括网络通信安全、数据库安全、云计算安全等。

5. 能够掌握密钥管理、密码设备管理等方面的知识和技能，能够制定和实施安全的密码管理策略。

素质目标

1. 培养对信息安全和隐私保护的意识，以及对密码学在保护数据安全中的重要性的认识。
2. 培养分析和解决密码学问题的能力，以及对密码学领域中的伦理和法律问题的敏感性。
3. 培养团队合作和沟通能力，以便在实际情境中应用密码学技术。
4. 培养持续学习和更新密码学知识的习惯，以跟上密码学领域的发展和变化。

密码学是研究编制密码和破译密码的技术科学。研究密码变化的客观规律，应用于编制密码以保守通信秘密的称为编码学；应用于破译密码以获取通信情报的称为破译学，编码学和破

学习笔记

译学总称密码学。

密码学研究如何隐秘地传递信息。在现代特别指对信息以及其传输的数学性研究，常被认为是数学和计算机科学的分支，和信息论也密切相关。密码学的首要目的是隐藏信息的含义，并不是隐藏信息的存在。密码是通信双方按约定的法则进行信息特殊变换的一种重要保密手段，目前已被应用于生活的各种场所，如自动柜员机的芯片卡、计算机使用者存取密码、电子商务等。

本章将介绍密码学的概念和发展历史、密码系统以及如何使用密码学保密数据、如何发现当前加密数据算法的弱点和各种加解密算法的原理及其加解密过程，让大家对密码学有更深层的理解。

2.1 密码学基本理论

2.1.1 密码学概念

视频

密码学基本理论

密码学研究的是如何保证信息系统的安全。它以认识密码变换的本质、研究密码保密与破译的基本规律为对象，主要以可靠的数学方法和理论为基础，对解决信息安全中的机密性、数据完整性、认证和身份识别、信息的可控性以及不可抵赖性等提供理论基础。

经典密码学主要包括两个既对立又统一的分支，即密码编码学和密码分析学。研究密码变化的规律并用于编制密码以保护信息安全的科学，称为密码编码学；研究密码变化的规律并用之于破译密码以获取信息情报的科学，称为密码分析学，又称密码破译学。前者是实现对信息保密的，后者是实现对信息反保密的，密码编码和密码分析是一对矛和盾的关系。俗话说“道高一尺，魔高一丈”，两者的对立促进了密码学的飞速发展。现代密码学除了包括密码编码学和密码分析学两个主要学科外，还包括近几十年才形成的新分支，即密码密钥学。它是密码的核心部分，密钥作为研究对象的学科，密钥管理包括密码的产生、分配、存储、保护、销毁等环节，在保密系统中至关重要。上述三个分支学科构成了现代密码学的主要学科体系。

密码系统通常从以下三个独立的方面进行分类。

（1）按明文转换成密文的操作类型可分为置换密码和易位密码。所有加密算法都是建立在两个通用原则之上的，即置换和易位。置换是将明文的每个元素（比特、字母、比特或字母的组合）映射成其他元素。易位是对明文的元素进行重新布置。没有信息丢失是其基本要求，也就是说，所有操作都是可逆的。大多数系统都涉及多级置换和易位。

（2）按明文的处理方法可分为分组密码和序列密码。分组密码又称块密码，一次处理一块输入元素，每个输入块生成一个输出块。序列密码又称流密码，对输入元素进行连续处理，每次生成一个输出块。

（3）按密钥的使用个数可分为对称密码体制和非对称密码体制。如果发送方使用的加密密钥和接收方使用的解密密钥相同，或者从其中一个密钥易于得出另一个密钥，这样的系统就称为对称的、单密钥或常规加密系统。如果发送方使用的加密密钥和接收方使用的解密密钥不

学习笔记

相同，从其中一个密钥难以推出另一个密钥，这样的系统就称为不对称的、双密钥或公钥加密系统。

假如密码学是一部关于 Alice、Bob 和 Eve 三人的故事。Alice 和 Bob 相互发送消息，而 Eve 则企图获取 Alice 和 Bob 之间的交谈内容。由于 Alice 和 Bob 都清楚 Eve 的意图，所以他们都尽量防止 Eve 获取他们的消息的内容。这个故事就是经典的通信模型，如图 2-1 所示。

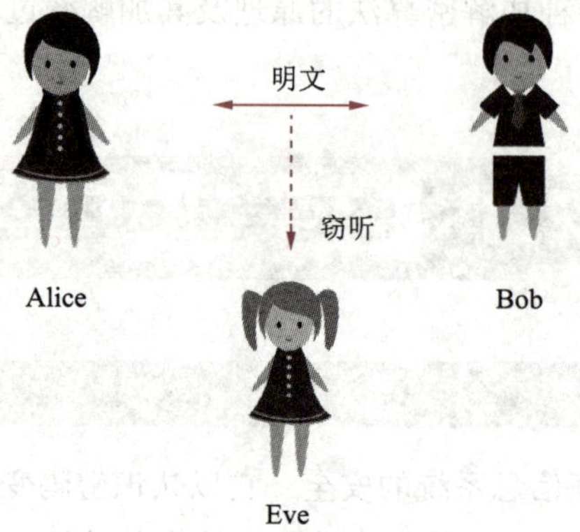

图 2-1　经典的通信模型

Alice 和 Bob 相互发送的消息称为明文，因为这些文字对任何人都是可读的。当他们第一次开始通信时，所发送的明文没有任何保护。但他们很快就发现，如果不对这些消息进行任何保护，包括 Eve 在内的任何人都可以阅读它们，因此，为了防止 Eve 阅读他们的明文消息，Alice 和 Bob 决定以某种方式对消息进行保密，这种方式就是他们自己可以还原明文，而 Eve 则不能。以这种方式隐藏消息从而使其内容保密的过程称为加密。经加密后的消息称为密文。从密文还原明文的过程称为解密。加密和解密过程由某种算法决定并由一个密钥（key）控制，该密钥只有 Alice 和 Bob 才拥有。Alice 用该密钥对其明文加密，然后将密文发送给 Bob。Bob 利用同一密钥将密文解密成明文。即使 Eve 截获了该密文，该密文对她来说也是毫无意义的，因为她没有密钥。这一过程如图 2-2 所示。

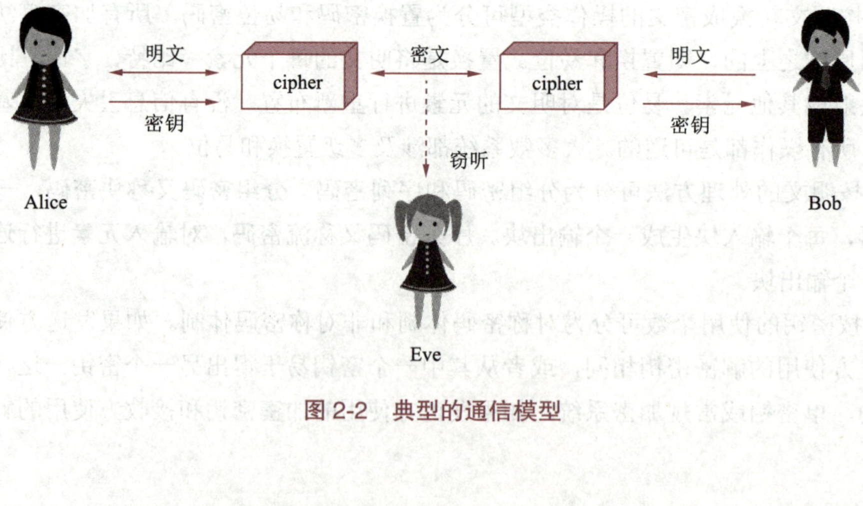

图 2-2　典型的通信模型

Alice和Bob所面临的问题是，Eve不仅聪明，而且很有能力。一旦他们使用某种加密方法后，Eve要破解这种加密法只是时间问题。这就是说，Eve总是可以不用密钥来还原明文，或从密文中还原密钥。这就迫使Alice和Bob尝试更加复杂的加密方法。因此，Alice、Bob和Eve的故事是没有结尾的。Alice和Bob总是企图领先Eve一步，而Eve则总是以更高明的方法破解这种加密法。下面学习一些基本术语。

2.1.2　发展历史

密码学是在编码与破译的斗争实践中逐步发展起来的，并随着先进科学技术的应用，已成为一门综合性的尖端技术科学。它与语言学、数学、电子学、声学、信息论、计算机科学等有着广泛而密切的联系。它的现实研究成果，特别是各国政府现用的密码编制及破译手段都具有高度的机密性。

密码学进行明密变换的法则称为密码的体制。指示这种变换的参数称为密钥。它们是密码编制的重要组成部分。密码体制的基本类型分为四种：

（1）错乱，按照规定的图形和线路，改变明文字母或数码等的位置成为密文。

（2）代替，一个或多个代替表将明文字母或数码等代替为密文。

（3）密文用预先编定的字母或数字密码组，代替一定的词组单词等变明文为密文。

（4）加乱，用有限元素组成的一串序列作为乱数，按规定的算法，同明文序列相结合变成密文。以上四种密码体制，既可单独使用，也可混合使用，以编制出各种复杂度很高的实用密码。

20世纪70年代以来，一些学者提出了公开密钥体制，即运用单向函数的数学原理，以实现加、脱密密钥的分离。加密密钥是公开的，脱密密钥是保密的。这种新的密码体制，引起了密码学界的广泛注意和探讨。

利用文字和密码的规律，在一定条件下，采取各种技术手段，通过对截取密文的分析，以求得明文，还原密码编制，即破译密码。破译不同强度的密码，对条件的要求也不相同，甚至很不相同。

只需重排密码表26个字母的顺序，允许密码表是明码表的任意一种重排，密钥就会增加到4×10^{27}种，我们就有超过4×10^{27}种密码表。破解就变得很困难。

公元9世纪，阿拉伯的密码学家阿尔·金迪，提出解密的频度分析方法，通过分析计算密文字符出现的频率破译密码。

公元16世纪中期，意大利的数学家卡尔达诺发明了卡尔达诺漏格板，覆盖在密文上，可从漏格中读出明文，这是较早的一种分置式密码。

公元16世纪晚期，英国的菲利普斯利用频度分析法成功破解苏格兰女王玛丽的密码信，信中策划暗杀英国女王伊丽莎白，这次解密将玛丽送上了断头台。几乎在同一时期，法国外交官维热纳尔提出著名的维热纳尔方阵密表和维热纳尔密码，这是一种多表加密的替代密码，可使阿尔·金迪和菲利普斯的频度分析法失效。

公元1863年，普鲁士少校卡西斯基首次从关键词的长度着手将它破解。英国的巴贝奇通过仔细分析编码字母的结构也将维热纳尔密码破解。

公元20世纪初，第一次世界大战进行到关键时刻，英国破译密码的专门机构“40号房间”利用缴获的德国密码本破译了著名的“齐麦曼电报”，促使美国放弃中立参战，改变了战争进程。1918年，美国数学家吉尔伯特·维那姆发明一次性便笺密码，它是一种理论上绝对无法破译的加密系统，被誉为密码编码学的圣杯。但产生和分发大量随机密钥的困难使它的实际应用受到很大限制，从另一方面来说安全性也更加无法保证。

第二次世界大战中，在破译德国著名的“恩格玛（Enigma）”密码机密码过程中，原本是以语言学家和人文学者为主的解码团队中加入了数学家和科学家。计算机之父亚伦·图灵（Alan Turing）就是在这个时候加入了解码队伍，发明了一套更高明的解码方法。同时，这支优秀的队伍设计了人类的第一部计算机来协助破解工作。显然，越来越普及的计算机也是军工转民用产品。美国人破译了被称为“紫密”的日本“九七式”密码机密码。靠前者，德国的许多重大军事行动盟军都能事先掌握；靠后者，美军炸死了偷袭珍珠港的元凶日本舰队总司令山本五十六。

同样在二次世界大战中，印第安纳瓦约土著语言被美军用作密码，从吴宇森导演的《风语者》中能窥其一二。所谓风语者，是指二战时美国特别征募使用的印第安纳瓦约通信兵。在二次世界大战日美的太平洋战场上，美国海军军部让北墨西哥和亚利桑那州印第安纳瓦约族人使用纳瓦约语进行情报传递。纳瓦约语的语法、音调及词汇都极为独特，不为世人所知道，当时纳瓦约族以外的美国人中，能听懂这种语言的也就一二十人。这是密码学和语言学的成功结合，纳瓦约语密码成为历史上从未被破译的密码。

1975年1月15日，对计算机系统和网络进行加密的DES（data encryption standard，数据加密标准）由美国国家标准局颁布为国家标准，这是密码术历史上一个具有里程碑意义的事件。1976年，当时在美国斯坦福大学的惠特菲尔德·迪菲（Whitfield Diffie）和马丁·赫尔曼（Martin E.Hellman）两人提出了公开密钥密码的新思想（论文*New Direction in Cryptography*），把密钥分为加密的公钥和解密的私钥，这是密码学的一场革命。

1977年，美国的利维斯（Ronald L.Riverst）、沙米尔（Adi Shamir）和阿德勒曼（Leonard M.Adleman）提出第一个较完善的公钥密码体制——RSA体制，这是一种建立在大数因子分解基础上的算法。

1985年，英国牛津大学物理学家戴维·多伊奇（David Deutsch）提出量子计算机的初步设想，这种计算机一旦造出来，可在30 s内完成传统计算机要花上100亿年才能完成的大数因子分解，从而破解基于大数因子分解产生公钥来加密的RSA算法。

同一年，美国的贝内特（Bennet）根据他关于量子密码术的协议，在实验室第一次实现了量子密码加密信息的通信。尽管通信距离只有30 cm，但它证明了量子密码术的实用性。与一次性便笺密码结合，同样利用量子的神奇物理特性，可产生连量子计算机也无法破译的绝对安全的密码。

2003年，位于日内瓦的ID Quantique公司和位于纽约的Maggio技术公司，推出了传送量子密钥的距离超越了贝内特实验中30 cm的商业产品。日本电气公司实现了150 km传送距离的演示。IBM、富士通和东芝等企业也在积极进行研发。目前，市面上的产品能够将密钥通过光纤传送几十千米。

2.1.3 重要术语

密钥：分为加密密钥和解密密钥。

明文：没有进行加密，能够直接代表原文含义的信息。

密文：经过加密处理之后，隐藏原文含义的信息。

加密：将明文转换成密文的实施过程。

解密：将密文转换成明文的实施过程。

密码算法：密码系统采用的加密方法和解密方法，随着基于数字密码技术的发展，加密方法一般称为加密算法，解密方法一般称为解密算法。

直到现代以前，密码学几乎专指加密算法：将普通信息（明文，plaintext）转换成难以理解的资料（密文，ciphertext）的过程；解密算法则是其相反的过程：由密文转换回明文；加解密包含了这两种算法，一般加密即同时指称加密与解密的技术。

加解密的具体运作由两部分决定：一个是算法，另一个是密钥。密钥是一个用于加解密算法的秘密参数，通常只有通信者拥有。历史上，密钥通常未经认证或完整性测试而被直接使用在密码机上。

密码协议是使用密码技术的通信协议。近代密码学者多认为除了传统上的加解密算法，密码协议也一样重要，两者为密码学研究的两大课题。在英文中，cryptography 和 cryptology 都可代表密码学，前者又称密码术。但更严谨地说，前者指密码技术的使用，而后者指研究密码的学科，包含密码术与密码分析。密码分析是研究如何破解密码学的学科。但在实际使用中，通常都称密码学，而不具体区分其含义。

口语上，编码常意指加密或隐藏信息的各种方法。然而，在密码学中，编码有更特定的意义：它意指以码字取代特定的明文。编码已经不再被使用在严谨的密码学，它在信息论或通信原理上有更明确的意义。在汉语口语中，计算机系统或网络使用的个人账户口令也常被以密码代称，虽然口令亦属密码学研究的范围，但学术上口令与密码学中所称的钥匙并不相同，即使两者间常有密切的关联。

密码学是构建和分析不同加密和解密方法的科学。该科学实际上包含两部分。密码学是构建功能更强大、更有效的新的加密和解密方法的科学。密码分析学则是发现已有加密法的弱点，以使不用密钥就能还原成明文的科学。本章介绍了这两部分内容。你将学习如何保护数据、如何发现当前数据加密法的弱点。了解加密的不同方法让你更容易发现某些加密算法的弱点。另外，只有理解加密解析法，才可能判断给定加密法的价值。这就是说，任何一位优秀的密码师必须站在 Eve 的角度，以便判断他们的加密算法的安全性。首先必须区分的是编码和加密这两个术语。因为有时会错误地用它们来描述同一过程。这两者都是用来加密信息的方法，但它们是以完全不同的方式进行的。编码法就是用字、短语或数字替代明文。例如，bomb 可能在消息中以数字 1508 的形式出现。从码文还原明文不存在算法或密钥。生成码文或还原明文需要

学习笔记

一本编码簿，它列出了所有数字（或替代字符）和与之相对应的明文字、短语或字母。加密法则是使用算法或密钥来加密信息。如果一段时间内频繁使用某种编码法，由于编码簿的大小有限，终将给系统的安全性带来威胁。而且，编码的任何改动都需要重新印刷和发布一本新的厚厚的编码簿。潜在的敌人就可能获得发布的编码簿，从而破解编码。而对加密计算密钥的改动，则安全得多。发布一个密钥比邮寄一本厚的编码簿更容易，风险也更小。因此，编码法现今使用很少，但这并不意味着管理多密钥的过程就容易。

任何关于加密法的讨论都必须从加密学的通用原理开始，也就是说，必须假定窃听者具有加密数据所使用的算法知识。这就意味着，不要以为加密算法是新的或是对外人是未知的，数据就是安全的。只有加密算法的密钥是安全的，数据才是安全的。永远不要指望敌人不明白你的数据的加密原理。应总是假定他们知道加密算法的详细细节。这就称为 Kirchhoff’s 规律，这也是佛兰德的密码员 Auguste Kirchhoff’s 在他 19 世纪的著作 *Cryptographies Militaries* 中所列举的加密系统必具的六条要求之一。这六条要求现在仍认为是所有加密算法的基础：

（1）加密系统在实际中应是不可破解的，尽管不是理论上不可破解的。

（2）破解加密系统时不能打扰通信者。

（3）密钥应无须做记录即可记住，并容易修改。

（4）密码应能够用电报传输。

（5）设备或文档应一个人即可携带或操作。

（6）系统应很容易操作，无须掌握一长串的规则或进行专门培训。

20 世纪 40 年代，Claud Shannon 提出了一个常用的评估概念。他认为一个好的加密法应具有模糊性和扩散性。模糊性意味着加密法应隐藏所有局部模式，也就是说，语言的任何识别字符都应变模糊。加密法应将可能导致破解密钥的提示性语言特征进行隐藏。扩散性要求加密法将密文的不同部分进行混合，使任何字符都不在其原来的位置。

密码分析法在 Alice 和 Bob 面临创建一个安全的加密法的同时，Eve 也不得不紧跟他们的脚步。Eve 利用所有工具和她所收集的辅助信息，来破解所获取的密文，让你掌握如何发现加密法的弱点，这就是密码分析的目的。有一点很重要，必须明白，那就是密码分析是一把双刃剑。破解知识可用在好的方面，也可用在坏的方面。学习密码分析法的重要因素是：它是评估新的加密法的必需工具，它在保护国家安全上起着至关重要的作用。另一方面，它也可能成为危害他人隐私的工具。

2.1.4 密码体制及其安全性

在密码学中，有一个五元组（明文，密文，密钥，加密算法，解密算法），对应的加密方案称为密码体制。

明文：是作为加密输入的原始信息，即消息的原始形式，所有可能明文的有限集称为明文空间。

密文：是明文经加密变换后的结果，即消息被加密处理后的形式，所有可能密文的有限集称为密文空间。

密钥：是参与密码变换的参数，一切可能的密钥构成的有限集称为密钥空间。

加密算法：是将明文变换为密文的变换函数，相应的变换过程称为加密，即编码的过程。

解密算法：是将密文恢复为明文的变换函数，相应的变换过程称为解密，即解码的过程。

对于有实用意义的密码体制而言，必须满足加密算法得到的密文总是能用一定的解密算法恢复出原始的明文。而密文消息的获取同时依赖于初始明文和密钥的值，如图2-3所示。

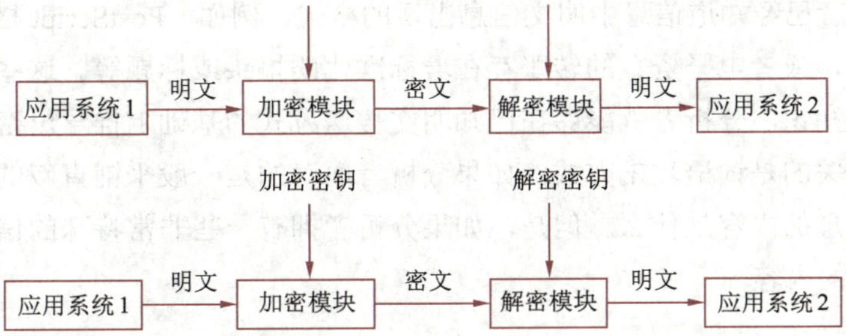

图2-3 加密与解密过程示意图

一个密码体制的安全性涉及以下两方面的因素。

所使用的密码算法的保密强度。密码算法的保密强度取决于密码设计水平、破译技术等。密码系统所使用的密码算法的保密强度是该系统安全性的技术保证。

密码算法之外的不安全因素。即使密码算法能够达到实际不可破译，攻击者仍有可能通过其他非技术手段（如用金钱收买密钥管理人员）攻破一个密码系统。这些不安全因素来自管理或使用中的漏洞。实际使用中，根据Kirchhoff's假设，一个密码系统的安全性应该不依赖于对密码算法的保密，而依赖于对密钥的保密。一个实用的密码系统还应该易于实现和使用。

对于密码分析，破译者已知的东西只有两样，即加密算法、待破译的密文。设计一个密码算法的目的是在实际中解决某些安全问题，因而要求其保密强度在Kirchhoff's假设下至少达到实际安全性的要求。在此假设下，根据密码分析者破译时已具备的条件，把对密码系统的常见攻击分为五种基本类型。

（1）唯密文攻击：只知道密文，只能通过统计特性分析其中的规律来破译，攻击破译的强度较小。

（2）已知明文攻击：得到一些给定的“明文-密文对”进行攻击。

（3）选择明文攻击：攻击者可以选定任何的明文，让其进行加密，得到相应的密文，形成“明文-密文对”进行攻击，以确定未知密钥。也就是说攻击者在已知明文的基础上，可以构造已知明文攻击中的“明文-密文对”以外的“明文-密文对”。

（4）选择密文攻击：攻击者可以利用解密机，按他所选的密文解密出相应的明文。双钥体制下，类似于选择明文攻击，他可以得到任意多的“明文-密文对”，对密码进行分析。也就是说在已知明文攻击的基础上，可以任意构造密文，得到相应的明文，即拥有解密机器的权限，得到解密后的明文，有可能随手构造的密文，解密之后有实际的意义。

（5）选择文本攻击：就是选择密文攻击和选择明文攻击的结合，能构造任意的明文/密文，得到相应的密文/明文。

学习笔记

这些破译是以分析人员所知的信息总量为基础的。在一些情况下，分析人员可能根本就不知道加密算法，但一般可以认为已经知道了加密算法。这种情况下，最可能的破译就是用暴力攻击（又称穷举攻击）尝试各种可能的密钥。如果密钥空间很大，这种方法就行不通了，因此，必须依赖于对密文本身的分析，通常会对它使用各种统计测试。唯密文攻击是最困难的，因为破译者可以利用的信息最少。但是，在很多情况下，分析者能够捕获一些或更多的明文信息及其密文，或者分析者已经知道信息中明文信息出现的格式。例如，PostScript 格式中的文件总是以同样的方式开始，或者电子资金的转账存在着标准化的报头或标题等。这些都是已知明文的示例，拥有了这些知识，分析者就能够在已知明文传送方式的基础上推导出密钥。与已知明文的攻击方式密切相关的是词语攻击方式。如果分析者面对的是一般平铺直叙的加密消息，则它几乎就不能知道消息的内容是什么。但是，如果分析者拥有一些非常特殊的信息，就有可能知道消息中其他部分的内容。

2.1.5 经典加密法与现代加密法

加密法的内容分为两大类：经典加密法和现代加密法。经典加密法就是以单个字母为作用对象的加密法，而现代加密法则是以明文的二元表示为作用对象。以这种方式描绘其区别，更能清楚地明白经典加密法是有历史原因的，而现代加密法更多的是实用。每种类型的加密法又根据生成密文所使用的算法本质，可以进一步分类。

历史上经典加密法有两种基本类型。一种是替换加密法，每个密文字母被其他字母替换，也就是说，每个明文字母 a 可能被密文字母 c 替代。希伯来人所使用的就是这种加密法。另一种是换位加密法，明文中的每个字母没有改变，但它们在密文中的位置进行了重新排列，也就是说，单词 next 在密文中可能成了 xent。

现代加密算法大致分为两大类，分别是：对称加密算法和非对称加密算法。其中对称加密算法还分为分组密码和流密码。对称钥匙加密系统是加密和解密均采用同一把秘密钥匙，而且通信双方都必须获得这把钥匙，并保持钥匙的秘密。非对称密钥加密系统采用的加密钥匙（公钥）和解密钥匙（私钥）是不同的。还有一部分算法是用来对数据做提炼的，为消息提供完整性服务。有消息认证码（MAC）和产生消息哈希值的散列函数。

2.2 古典密码

视频

古典密码

古典密码时期一般认为是从古代到 19 世纪末，这个时期生产力水平低，加密、解密方法主要以纸、笔或者简单的器械来实现，在这个时期提出和使用的密码称为古典密码。古典密码是密码学发展的初级阶段。尽管古典密码大都较简单，但由于其安全性差，目前应用很少。研究古典密码的原理，有助于理解、构造和分析近代密码。替代和置换是古典密码中用到的两种基本处理技巧，它们在现代密码学中也得到了广泛使用。替代密码则是将明文中的字符替代成其他字符。把明文中的字母重新排列，字母本身不变，但其位置改变了，这样编成的密码称为

学习笔记

置换密码。最简单的置换密码是把明文中的字母顺序倒过来，然后截成固定长度的字母组作为密文。

2.2.1　替代密码

替代密码是明文中的每一个字符被替换成密文中的另一个字符。接收者对密文做反向替换就可以恢复出明文。古典密码学中采用替代运算的典型密码算法，有单码加密、多码加密等。

最早的一个单码加密法是希腊作家 Polybius 在大约公元前 200 年发明的。该加密法称为 Polybius 方格，因为它将字母表的字母填充在一个正方形中，并给行和列加编号。每个字母由对应的行号和列号来替代。从英语字母表来看，Polybius 方格如图 2-4 所示。

	1	2	3	4	5
1	a	b	c	d	e
2	f	g	h	i	k
3	l	m	n	o	p
4	q	r	s	r	u
5	v	w	x	y	z

图 2-4　Polybius 方格

注意，由于只有 25 个位置，所以去除了字母“j”，因为“j”是低出现频率字母，在明文中出现得较少，并不会影响文字的可读性。比如“Polybius”加密后的结果为“53 43 13 45 21 42 54 34”。此种加密法可用标准关键词攻击法来破解。在密文中使用数字（而不是字母）也不能隐藏其潜在的出现频率特性，这只是换成了数字而已。尽管频率分析能发现其弱点，单码加密法还是沿用了很多年。

Vigenère 加密法实际上是自动密钥加密法的一个简化形式（自动密钥的概念将在本章的后面介绍）由 Blaise de Vigenère 于 16 世纪中期开发的。该加密法的历史一直失传，直到 19 世纪后期才被重新发现。由于某些原因，那时的密码学家将自动密钥加密法中功能较弱的版本冠以 Vigenère 之名：这样的后果是，这种较低级的加密法，由于来历不明，即使是在其基本弱点被暴露后的很长时间内也未能被破解。然而，Vigenère 加密法成了历史上最著名的多码加密法之一，今天仍旧把它作为多码加密法的一个基本范例。

Vigenère 加密法是基于关键词的加密系统，但不是像单码关键词加法那样使用关键词来定义替换模式的，关键词写在明文的上面，并不断重复书写，这样每个明文字母都与一个关键词的字母关联。例如，如果关键词为 hold，而明文为 thisisthepaintext，那么，关键词与明文的关联如图 2-5 所示。

h	o	l	d	h	o	l	d	h	o	l	d
t	h	i	s	i	s	t	h	e	p	l	a

图 2-5　字母关联图

学习笔记

每个明文字母与关键词的一个字母配对。例如，第一个明文字母 t 与关键词的字母 h 配对。而明文倒数第 4 个字母 t 与关键词的字母 l 配对。利用图 2-6 所示的 Vigenère 表，这些字母对就可用来确定明文字符的加密结果。用密钥字母确定表的行，而明文字母确定表的列，表中行列交叉处的字母就是用来替代明文字母的密文字母。

	A	B	C	D	E	F	G	H	I	J	K	L	M	N	O	P	Q	R	S	T	U	V	W	X	Y	Z
A	A	B	C	D	E	F	G	H	I	J	K	L	M	N	O	P	Q	R	S	T	U	V	W	X	Y	Z
B	B	C	D	E	F	G	H	I	J	K	L	M	N	O	P	Q	R	S	T	U	V	W	X	Y	Z	A
C	C	D	E	F	G	H	I	J	K	L	M	N	O	P	Q	R	S	T	U	V	W	X	Y	Z	A	B
D	D	E	F	G	H	I	J	K	L	M	N	O	P	Q	R	S	T	U	V	W	X	Y	Z	A	B	C
E	E	F	G	H	I	J	K	L	M	N	O	P	Q	R	S	T	U	V	W	X	Y	Z	A	B	C	D
F	F	G	H	I	J	K	L	M	N	O	P	Q	R	S	T	U	V	W	X	Y	Z	A	B	C	D	E
G	G	H	I	J	K	L	M	N	O	P	Q	R	S	T	U	V	W	X	Y	Z	A	B	C	D	E	F
H	H	I	J	K	L	M	N	O	P	Q	R	S	T	U	V	W	X	Y	Z	A	B	C	D	E	F	G
I	I	J	K	L	M	N	O	P	Q	R	S	T	U	V	W	X	Y	Z	A	B	C	D	E	F	G	H
J	J	K	L	M	N	O	P	Q	R	S	T	U	V	W	X	Y	Z	A	B	C	D	E	F	G	H	I
K	K	L	M	N	O	P	Q	R	S	T	U	V	W	X	Y	Z	A	B	C	D	E	F	G	H	I	J
L	L	M	N	O	P	Q	R	S	T	U	V	W	X	Y	Z	A	B	C	D	E	F	G	H	I	J	K
M	M	N	O	P	Q	R	S	T	U	V	W	X	Y	Z	A	B	C	D	E	F	G	H	I	J	K	L
N	N	O	P	Q	R	S	T	U	V	W	X	Y	Z	A	B	C	D	E	F	G	H	I	J	K	L	M
O	O	P	Q	R	S	T	U	V	W	X	Y	Z	A	B	C	D	E	F	G	H	I	J	K	L	M	N
P	P	Q	R	S	T	U	V	W	X	Y	Z	A	B	C	D	E	F	G	H	I	J	K	L	M	N	O
Q	Q	R	S	T	U	V	W	X	Y	Z	A	B	C	D	E	F	G	H	I	J	K	L	M	N	O	P
R	R	S	T	U	V	W	X	Y	Z	A	B	C	D	E	F	G	H	I	J	K	L	M	N	O	P	Q
S	S	T	U	V	W	X	Y	Z	A	B	C	D	E	F	G	H	I	J	K	L	M	N	O	P	Q	R
T	T	U	V	W	X	Y	Z	A	B	C	D	E	F	G	H	I	J	K	L	M	N	O	P	Q	R	S
U	U	V	W	X	Y	Z	A	B	C	D	E	F	G	H	I	J	K	L	M	N	O	P	Q	R	S	T
V	V	W	X	Y	Z	A	B	C	D	E	F	G	H	I	J	K	L	M	N	O	P	Q	R	S	T	U
W	W	X	Y	Z	A	B	C	D	E	F	G	H	I	J	K	L	M	N	O	P	Q	R	S	T	U	V
X	X	Y	Z	A	B	C	D	E	F	G	H	I	J	K	L	M	N	O	P	Q	R	S	T	U	V	W
Y	Y	Z	A	B	C	D	E	F	G	H	I	J	K	L	M	N	O	P	Q	R	S	T	U	V	W	X
Z	Z	A	B	C	D	E	F	G	H	I	J	K	L	M	N	O	P	Q	R	S	T	U	V	W	X	Y

图 2-6 Vigenère 表

例如，上面示例的第一对是 ht。在 Vigenère 表中查找 t 列和 h 行，找到结果密文字母 a。重复这个过程，可以生成图 2-7 所示密文。

密钥 h o l d h o l d h o l d h o l d h o
明文 t h i s i s t h e p l a i n t e x t
密文 a v t v p q e k l d w d p b e h d h

图 2-7 密文图

注意，密文 v 出现了两次，一次是替代明文 h，另一次是替代明文 s，这个示例就体现了多码加密法的基本性质，即同一个密文字母可以用来表示多个明文字母。要破解 Vigenère 加密法，需颠倒该查找过程。利用写在明文上面的密钥和密钥 - 密文对，在 Vigenère 表中确定相应的明文。要实现这些，找到由密钥确定的行，扫描该行，直至找到密文字母，该密文字母所在列的第一个字母就是明文字母。

2.2.2 置换密码

置换密码加密过程中明文的字母保持相同，但顺序被打乱了，又称换位密码。这里介绍一种较常见的置换处理方法：将明文按行写在一张格纸上，然后按列的方式读出结果，即为密文；为了增加变换的复杂性，可以设定读出列的不同次序（该次序即为算法的密钥）。

在置换密码中，明文的字母相同，但出现的顺序被打乱了，经过多步置换会进一步打乱字母顺序。但由于密文字符与明文字符相同，密文中字母的出现频率与明文中字母的出现频率相同，密码分析者可以很容易辨别。如果将置换密码与其他密码技术结合，则可以得出十分有效的密码编码方案。

置换加密法有各种有趣的历史，从希腊人使用的 sky tale 加密法到美国国内战争中联军使用的加密法。但置换加密法的使用并没有到此为止。在加密历史中，置换加密法在很长时间中都有其位置。事实上它们仍在使用。例如，第一次世界大战时期，德国使用过一种著名而复杂的双重换位加密法。首先将一个关键词短语转换成一个数字序列。例如，如果明文为 we are discovered save yourself，其数字短语为 431526，然后将这些列项写在相同的数字序列下面，最后，按列的顺序读取这些字母，其生成密文为 actor ever easel wire rose devas，如图 2-8 所示。

4	3	1	5	2	6
w	e	a	r	e	d
i	s	c	o	v	e
r	e	d	s	a	v
e	y	o	u	r	s
e	l	f			

图 2-8　sky tale 加密法

通常会生成没有完全填充满的列空位，这使得密码分析员破解更加困难，但是，在第一次世界大战爆发之前，法国已经开始准备加密工作了，为其提供了大量人力和资源。他们最初的成就是开发了一个功能强大的无线通信分析系统。法国人的努力得到了回报，他们可以破解和阅读德国用双重换位加密法加密的很多消息。在第一次世界大战期间，德国军队从“换位加密法”改成了“替换加密法”。到了 1916 年，他们又换回到了“换位加密法”。这一次他们采用了旋转方格。旋转方格首次出现在兴登堡（Hindenburg）于 1796 年写的一本书中，并很快就流行开来。因此，18 世纪末期使用很频繁，后来又在第一次世界大战时期被德国使用。图 2-9 所示为一个典型的旋转方格和一些样本明文（this is an example of a turning grille for us）。如果将旋转方格放在明文上面，那么显示的第一个密文集就如图 2-10 至图 2-13 所示。这些密文按行的顺序可写为 hinxetios，最终的密文为 hinxetios iampouile tseanrlfu salfrnggr。

t	h	i	s	i	s
a	n	e	x	a	m
p	l	e	o	f	a
t	u	r	n	i	n
g	g	r	i	l	l
e	f	o	r	u	s

图 2-9　典型旋转方格示例与明文

学习笔记

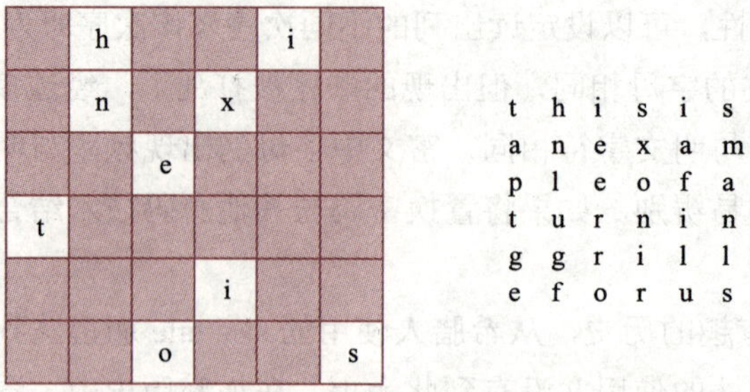

图 2-10　未旋转时的旋转方格示例与明文

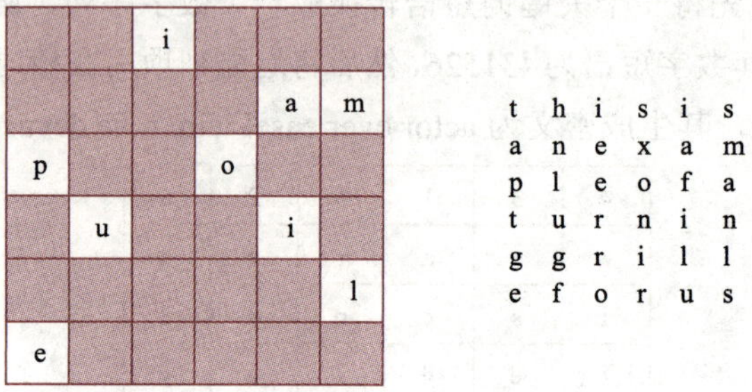

图 2-11　旋转方格第 1 次旋转与明文

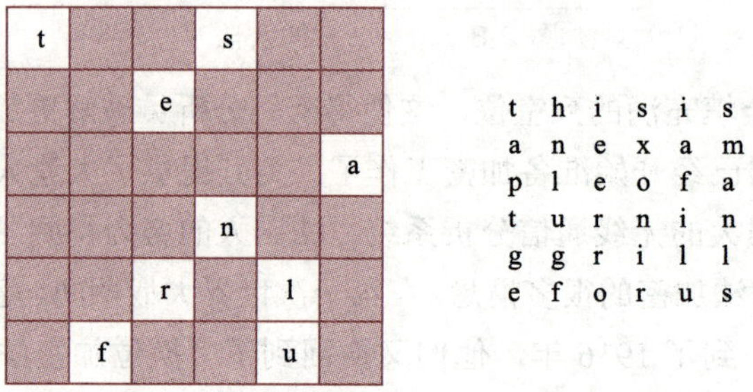

图 2-12　旋转方格第 2 次旋转与明文

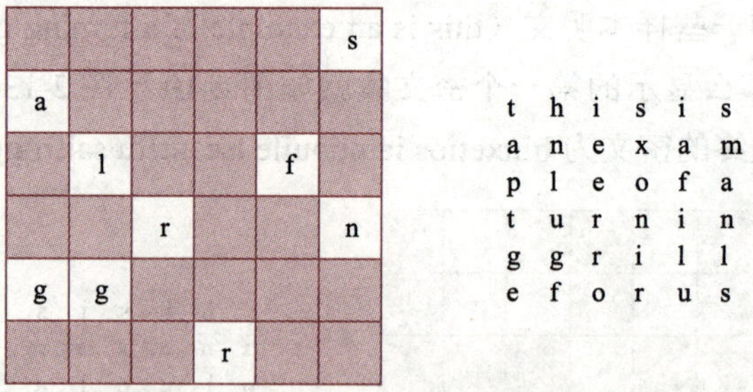

图 2-13　旋转方格第 3 次旋转与明文

旋转方格的解密过程很简单，只需要每次顺时针旋转 90° 将对应的密文填入空白格，即可恢复明文。由于置换密码算法有两个优点：一是换位密码算法有广阔的密钥空间，二是置换变换是一种极易实现的快速变换，因此它还不会被人们遗忘。

学习笔记

总之，随着密码分析技术和计算能力的迅猛发展，明文和密文在变换过程中仅在位置上的移动是远远不够的，还必须要有码值上的变化。原始的换位密码算法在抗攻击方面的最大弱点是它不能抵抗差分攻击。若要抵抗差分攻击，明文密文之间必须要有很好的混合与扩散性质。因此，实用的换位密码算法必须借助某种代替变换作为辅助手段，以此加强明密文变换间的非线性，以便抵抗一些现代密码攻击方法。

2.3 对称密钥密码

2.3.1　对称密钥密码基础

视 频

对称密钥密码

对称加密算法又称传统密码算法、秘密密钥算法或单密钥算法。对称加密算法的加密密钥能够从解密密钥中推算出来；反过来也成立。在大多数对称算法中，加密与解密密钥是相同的，它要求发送者和接收者在安全信道之前商定一个密钥。对称算法的安全性依赖于密钥，如图2-14所示。

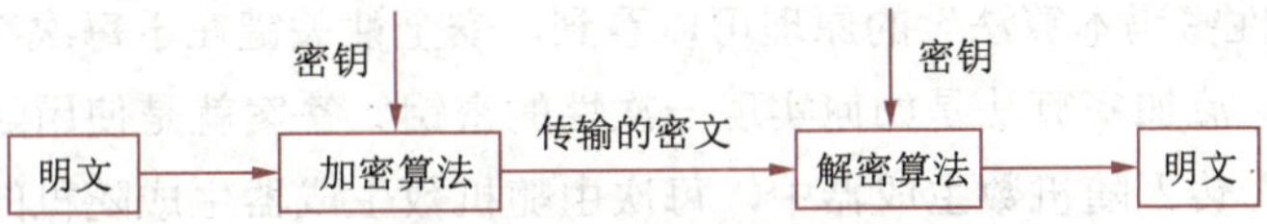

图 2-14　对称加密算法框图

在人类历史上，消息的传递是靠人工完成的。交通工具仅限于步行或骑马。因此，消息到达目的地很慢。如果消息很重要，就要求某些保护措施，可能会进行加密（也是由手工完成的）。还需要有护卫人员。如果消息被截获，无论护卫人员是否能回来报告，一个不争的事实是，敌人都获得该消息了。随着电报技术的发展，消息可以迅速发送到很远的地方，而不再需要送信人。但是，敌人可能窃听电路，与目标接收方同时接收到消息。如果不对发送消息进行保护，谁也不知道消息是否被截获了。可以将电报线路保护起来，以尽量减少损失。在这种情况下，消息的安全度降低了。加密作为保护重要信息的一种手段就显得更重要了。随着无线电的问世，无须电线，消息就可以很快地发送到遥远的地方了。消息的来源地和目的地也更有机动性，可以从一个地方移动到另一个地方仍保持联系。这种变化的代价是使消息完全失去了安全性，敌人随时都可能在“偷听”。加密成了信息保护的关键，它是确保偷听到消息但无法理解的唯一方法。今天，计算机改变了一切。无论信息是什么形式，数量有多大，发送的距离多远，都可能被人共享（或截获）。现在，加密对保护个人隐私和国家安全都是至关重要的。计算机不仅改变了信息的管理方法，也改变了隐藏信息的方法。新的加密法是基于计算机的特征而不是语言结构。新加密法设计与使用的焦点放在二进制（位）而不是字母上。目前计算机的一些特征不仅改变了信息的存储方法，也改变了信息的加密方法，根据这些特征，对称加密算法分两大类，即流加密算法和块加密算法。

学习笔记

2.3.2 流加密法

流加密算法又称序列密码，算法的大概原理是，每次加密都通过密钥生成一个密钥流，解密也是使用同一个密钥流，明文与同样长度的密钥流进行异或运算得到密文，密文与同样的密钥流进行异或运算得到明文。流加密算法是以“一次性密码本算法”为雏形演变出来的加密算法，“一次性密码本算法”很重要的一个特性就是密钥使用的“一次性”。一次性密码本的操作核心是异或运算，明文和同样长度的密钥进行异或运算，得到密文，密文根据加密时使用的密钥进行异或运算，解密得到明文。举个例子，假如明文是 00100110 11110110 11110110 11100110，使用的加密密钥是 10011110 10100110 11010110 11001110，那么明文与密钥进行加密“异或运算”，得到的密文就是 10111000 01010000 00100000 00101000，之后密文通过同样的密钥进行“异或运算”，即可解密出明文 00100110 11110110 11110110 11100110。这就是“一次性密码本算法”的原理，其保证安全性的方法是，每一次加密解密后，下一次加密解密会更换不同的密钥，也就是每次都更换密钥。对于同一个明文信息，每一次加密都会使用不同的密钥，这样即使别人掌握了其中一个密钥和密文，他也无法确定这个密文是否为通过这个密钥加密生成的，无法确定该密文使用这个密钥解密出的就是原始明文。

由上面“一次性密码本算法”的原理可以看到，安全性关键在于每次都要更换密钥，这个密钥就是一次性的。流加密算法是如何实现一次性的密钥？答案就是使用随机数生成器。将密钥作为“内部状态”传入随机数生成器中，每次由随机数生成器生成随机的密钥流，然后明文和密文都使用相同的密钥流进行异或运算加密和解密。

流加密算法的实际应用出现在 1917 年，由 AT&T 公司的 Gilbert Vernam 提出的。这是他首次建议在明文流中使用 XOR 操作。他的这一发现成为后来的 Vernam 加密法。在 Vernem 加密法中，明文由穿孔纸带组成，其中穿孔表示一个标记（就相当于现在的 1），空点表示一个空位（相当于现在的 0）。在穿孔纸带上，字符是由 5 个标记和空位序列表示的，这很像现在使用的 ASCII 码。Vernam 加密法的密钥是一个纸带，其上有随机分布的标记和空位。明文纸带与密钥纸带并行。一次读取这两条纸带上的两个位置，如果同为标记或同为空位，那么密文纸带就为空位；如果不同，那么密文纸带就为标记。也就是说，今天的流加密算法就是没有纸带的 Vernam 加密法。最初，Vernam 使用的是一个 8 英尺（1 英尺 =30.48 cm）长的纸带环生成密钥。Vernam 的同事认为这样生成的密钥不够长，不能提供适当的安全性。他建议使用两个不同长度的密钥纸带、用一条随机纸带加密另一条随机纸带，并将其结果作为一个二级密钥，用于实际的明文加密。如果一条随机纸带含有 50 个字符，另一条有 49 个，那么就有 2 450（即 49×50）种随机字符可用作实际的加密密钥。但是，尽管进行了这样的改善，仍然满足不了 Vernam 加密法随机密钥的需要。贝尔实验室的数学家和工程师克劳德·香农开始了通信研究。其研究工作的结果令人惊骇。他提出了通信理论的基础，开发了加密法的度量标准，形式化了“对手通过套看密文无法获得明文的任何东西”这一概念，并证明 Vernam 加密法是不可破解的。密钥的获取必须是完全随机的，并永不重复使用（因此称为一次性纸板）。香农证明，对于一个随机的不重复的密钥，不仅加密法不可破解，就是经验丰富的攻击者也无法还原明文。有这样一个传言，早期，华盛顿与莫斯科之间的电传热线使用的是一次性纸板。但是，由于需要大量的密钥，今天一次性纸板已经不再使用了。现在人们使用的是伪随机密钥生成器。

2.3.3　块加密法

块加密算法又称分组密码算法，从字面意思就可以知道，它把加密和解密序列分成了一个个分组，最后把每一块序列合并到一起，形成明文或者密文。根据不同的分组加密方式，每个分组之间可以有联系，也可以没有联系。在今天所使用的加密法中，块加密法是最常见的类型。正如其名字所表示的那样，块加密法每次作用于固定大小的位块（而流加密法正好相反，它一次只加密一个位），如图 2-15 所示。

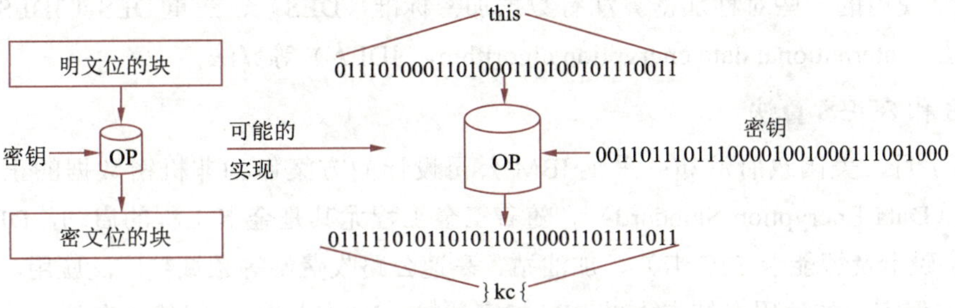

图 2-15　块加密法的常见结构

块加密法将明文分成 m 个块：M_1，M_2，…，M_n。它对每个块执行相同的变换，从而生成个密文块 C_1，C_2，…，C_n。块的大小可以是任意数目的位，但通常是很大的数目（为 64 位或更多位的倍数）。例如，块加密法以每块为 32 个位的方式接收明文单词。它以一个 32 位的密钥在块上操作，生成 32 位块的密文。密文表示的字符串为“}kc{”。明文的下一个 32 位块将映射到密文的另一个 32 位块。这些加密法是对整个明文操作的，包括空格、标点符号和特殊字符，而不仅仅是字符。

对于一个大的块，块加密法很像经典多图加密法，如 Playfair 加密法，也是将两个或多个明文字符映射到一个密文块。因此，块加密法具有多图加密法那种抵抗频率分析攻击法的能力。另一方面，如果块的大小只有 8 位（即是 1 个字符），那么块加密法就不比经典单码变换加密法好到哪里去了。看上去一些经典加密法（如 Vigenère 加密法）也可以称为块加密法，因为 Vigenère 加密法的关键词也可以定义块的大小。但这些加密法不是块加密法的原因是，在块加密法中，密文块的所有位与明文块的所有位有关。正是这个原因体现了现代块加密法的最重要特征。如果明文的单个位发生了改变，那么密文块的位平均有一半要发生改变。这种情况在 Vigenère 加密法中不会发生（单个位和单个字符的明显不同除外），在 Vigenère 加密法中，明文块中单个字符的改变只是导致密文块中单个字符的改变。

在加密法的悠久历史中，块加密法只占一小段。但是，在其短暂的历史上，块加密法出现了一些有趣又令人困惑的道德和伦理的两难境界。Clipper 芯片是最困难问题之一。问题是在 1992 年因 AT&T 公司而起的。当时 AT&T 公司发布了 3600 TSD（telephone security device，电话安全设备），一种商用的用 DES 加密的电话附加设备的产生。美国政府尤其是 FBI 和美

学习笔记

国国家安全局 NSA 表示对 TSD 的反对。由于合法的电话机是反犯罪和反恐的一个有力武器，美国政府担心 TSD 将削弱它的这种能力。NSA 采取的第一步是说服 AT&T 公司使用一种名为 Clipper 的硬件加密芯片，以换取政府购买的保证。NSA 买下整个 TSD 产品，并支付 AT&T 公司换用 Clipper 芯片的修缮费。这只是一个权宜之计，事实证明，美国政府花了相当的时间来考虑设计与 AT&T 公司的 TSD 类似的替代品。为防不测，NSA 开发了一种保密的加密算法，称为 Skipjack，并将它嵌入在了 Clipper 芯片中。直到 1998 年人们才将 Skipjack 归类。它是一种类似于 DES 的块加密法，使用一个 80 位的密钥，作用于 64 位的块。它具有 32 轮的加密。

2.3.4 常见对称密钥算法

目前经常使用的一些对称加密算法有数据加密标准（DES）、三重 DES（3DES）和国际数据加密算法（international data encryption algorithm， IDEA）等算法。

1. DES 和 3DES 算法

1977 年 1 月，美国政府颁布：采纳 IBM 公司设计的方案作为非机密数据的正式数据加密标准 DES（Data Encryption Standard）。随着三金工程尤其是金卡工程的启动，DES 算法在 POS、ATM、磁卡及智能卡（IC 卡）、加油站、高速公路收费站等领域被广泛应用，以此来实现关键数据的保密，如信用卡持卡人的 PIN 加密传输，IC 卡与 POS 间的双向认证、金融交易数据包的 MAC 校验等，均用到 DES 算法。

DES 算法的入口参数有三个：Key、Data、Mode。其中 Key 为 8 字节共 64 位，是 DES 算法的工作密钥；Data 也为 8 字节共 64 位，是要被加密或被解密的数据；Mode 为 DES 的工作方式，有两种，即加密或解密。在通信网络的两端，双方约定一致的 Key，在通信的源点用 Key 对核心数据进行 DES 加密，然后以密码形式在公共通信网（如电话网）中传输到通信网络的终点，数据到达目的地后，用同样的 Key 对密码数据进行解密，便再现了明码形式的核心数据。这样，便保证了核心数据（如 PIN、MAC 等）在公共通信网中传输的安全性和可靠性。通过定期在通信网络的源端和目的端同时改用新的 Key，便能更进一步提高数据的保密性。

随着计算机技术的发展，DES 算法已经不再安全，现在使用较多的算法为 3DES，3DES 是 DES 加密算法的一种模式，它使用 3 条 64 位的密钥对数据进行三次加密。3DES（即 triple DES）是 DES 向 AES 过渡的加密算法（1999 年，NIST 将 3DES 指定为过渡的加密标准），是 DES 的一个更安全的变形。它以 DES 为基本模块，通过组合分组方法设计出分组加密算法。假设 Ek() 和 Dk() 代表 DES 算法的加密和解密过程，K 代表 DES 算法使用的密钥，P 代表明文，C 代表密表，这样，3DES 加密过程为：C=Ek3(Dk2(Ek1(P)))，3DES 解密过程为：P=Dk1((EK2(Dk3(C)))。K_1、K_2、K_3 决定了算法的安全性，若三个密钥互不相同，本质上就相当于用一个长为 168 位的密钥进行加密。多年来，它在对付强力攻击时比较安全。若数据对安全性要求不那么高，K_1 可以等于 K_3。在这种情况下，密钥的有效长度为 112 位。

2. RC4 流密码算法

RC4 流密码算法是现今最为流行的流密码，应用于 SSL（secure socks layer）、WEP。RC4

生成一种称为密钥流的伪随机流，它同明文通过异或操作相混合以达到加密的目的。解密时，同密文进行异或操作。其密钥流的生成由两部分组成：KSA（the key-scheduling algorithm）和PRGA（the pseudo-random generation algorithm）。由于RC4算法加密采用XOR，所以一旦密钥序列出现重复，密文就有可能被破解。推荐使用RC4算法时，必须对加密密钥进行测试，判断其是否为弱密钥。

3. TEA算法

TEA（tiny encryption algorithm）算法分组长度为64位，密钥长度为128位。采用Feistel网络。其作者推荐使用32次循环加密，即64轮。TEA算法简单易懂，容易实现。但存在很大的缺陷，如相关密钥攻击。由此提出一些改进算法，如XTEA。

4. IDEA算法

分组密码IDEA明文和密文的分组长度为64位，密钥长度为128位。IDEA共使用52个16位的子密钥，由输入的128位密钥生成。加密过程由8个相同的加密步骤（加密轮函数）和一个输出变换组成。而解密过程与加密过程相同。解密与加密唯一不同的地方就是使用不同的子密钥。首先，解密所用的52个子密钥是加密的子密钥相应于不同操作运算的逆元，其次，解密时子密钥必须以相反的顺序使用。

5. Blowfish算法

Blowfish算法是一个64位分组及可变密钥长度的分组密码算法，该算法是非专利的。Blowfish算法基于Feistel网络（替换/置换网络的典型代表），加密函数迭代执行16轮。分组长度为64位，密钥长度可以从32位到448位。算法由两部分组成：密钥扩展部分和数据加密部分。密钥扩展部分将最长为448位的密钥转化为共4 168字节长度的子密钥数组。其中，数据加密由一个16轮的Feistel网络完成。每一轮由一个密钥相关置换和一个密钥与数据相关的替换组成。

6. AES算法

AES（advanced encryption standard，高级加密标准），用于替代DES成为新一代的加密标准。具有128位的分组长度，并支持128、192和256位的密钥长度。Rijndael算法与AES的唯一区别在于各自所支持的分组长度和密码密钥长度的范围不同。Rijndael是具有可变分组长度和可变密钥长度的分组密码，其分组长度和密钥长度均可独立地设定为32位的任意倍数，最小值128位，最大256位。而AES将分组长度固定为128位，而且仅支持128、192和256位的密钥长度，分别称为AES-128，AES-192，AES-256。

解密密钥必须和加密密钥相同是对称密钥算法的一个弱点，这就产生了如何安全地分发密钥的问题。传统上是由一个中心密钥生成设备产生一个相同的密钥对，并由人工信使将其传送到各自的目的地。对于一个拥有许多部门的组织来说，这种分发传送方式是不能令人满意的，尤其是出于安全方面的考虑需要经常更换密钥时更是如此。此外，两个完全陌生的人要想秘密通信，就必须通过实际会面来商定密钥；否则别无他法。1976年，Diffie和Hellman提出了一种全新的加密思想——公开密钥算法，很好地解决了这个问题。

学习笔记

2.4 公开密钥密码

2.4.1 公开密钥密码概念

视频

公开密钥密码

在已经介绍过的所有经典和现代加密法中，一个主要的问题是密钥。它们都只有一个密钥，这个密钥既用来加密，也用来解密。这看上去很实用也很方便。但问题是，每个有权访问明文的人都必须具有该密钥。密钥的发布成了这些加密法的一个弱点。因为如果一个粗心的用户泄露了密钥，那么就等于泄露了所有密文。这个问题在一种新型的加密法中得到了解决，那就是公钥加密算法。该算法是由 Diffie-Hellman 于 1976 年提出的。这种加密法有两个不同的密钥：一个用来加密，另一个用来解密。加密密钥可以是公开的，每个人都可以使用它来加密，只有解密密钥是保密的。这也称为不对称密钥加密法。为了形象地描述这个问题，让我们假设 Bob 是处在这样一个虚拟世界中：所有电话机都是成对连接的，只用一个按钮来保护个人隐私。这样就不需要标准号码链了，因为每部电话机都只与另外一部相连。这意味着，要与 Alice 通话，Bob 就必须与她共享一对电话机。如果 Bob 想与 Paul 通话，他们就得共享另一对电话机。最后，可怜的 Bob 就得携带大量的电话机了。当然，每条电话连接都很安全，除非某部电话机被 Eve 拾到了。如果 Bob 必须为每个要发送的消息都用不同的密钥，这就相当于他与每个人通话必须有一部不同的电话机一样。也就是说，他就得有与 Alice 通信的密钥，有与 Paul 通信的密钥，等等。最后，他要么忘记了这些密钥，要么写在某个可能被 Eve 发现的地方。管理密钥成了一个严峻而困难的问题，就像是不得不携带大量的电话机一样。当然，Bob 并不需要携带多部电话机，因为在现实世界中，他所需要的是一部可以拨打多个号码的电话机，以及一本记录着电话号码的电话簿。现实世界中的 Bob，他多轻松，他只需一部电话机即可。这在很多方面与公钥的概念相似。加密密钥保存在公开场所，这样任何人都可以查找所需的密钥。

2.4.2 公钥的加密解密过程

Alice 和 Bob 希望使用公钥加密法是因为它有多个密钥。他们喜欢这种新系统在于，他们每人都将拥有一个保密密钥和一个公钥。Bob 将公钥给 Alice，与 Alice 共享该密钥。他们甚至将该密钥写在“公钥簿”上。Eve 也可以获得该公钥。这既不会泄露 Bob 的内容，也不会泄露 Alice 的内容。公钥（PK）系统的优点是，一旦共享了公钥，Alice 就可以发送消息给 Bob，该消息使用 Bob 的公钥进行了加密。只有 Bob 才能解密该消息，因为只有 Bob 才有相应的私钥。公钥的加密解密过程如图 2-16 所示。

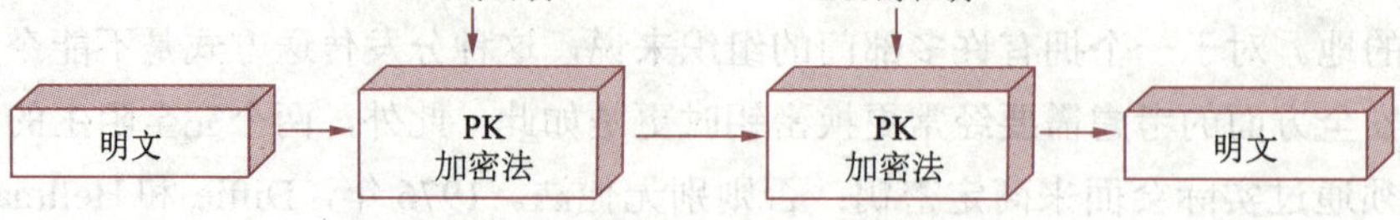

图 2-16　公钥的加密解密过程

一个 PK 系统的要求如下：

（1）它应很容易生成公钥和私钥。

（2）它应很容易加密和解密。

从公钥很难得出私钥，利用密钥和公钥很难得出明文。公钥这概念的真正贡献是，它减少了网络用户必须管理的密钥数。比如使用 AES 之类的对称加密系统，每对通信连接要求 1 个会话密钥。如图 2-17（a）所示是一个包含 5 个用户的网络，如果使用对称加密法进行通信，总共需要 10 个保密密钥，每个用户都得记住（并保密）4 个密钥。但是，在公钥系统中，每个用户只需记住他们自己的私钥，从公共场所查找所需的公钥即可。公钥的另一个优点是当有一个新用户加入网络组中时不需要额外增加大量的密钥。如果第 6 个用户要加入图 2-17（a）所示的网络中，就需要 5 个新的密钥，如图 2-18 所示。但是，在公钥系统中，只需要在记录公钥的地方添加新用户的公钥即可。公钥系统解决的另一个问题是密钥的创建。在对称密钥系统中，每个用户都得协商一个通用保密密钥值。如果他们不妥善保管，这就可能成为整个加密系统的一个弱点。相反，在公钥系统中，每个用户既创建自己的密钥也创建公钥，用户之间无须因此进行通信。

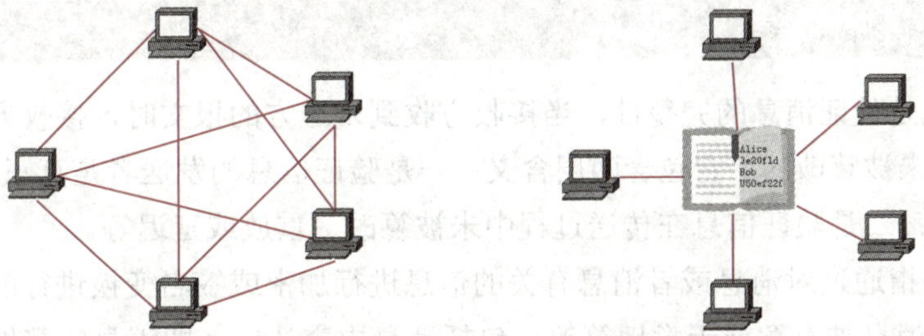

（a）对称加密算法　　（b）非对称加密算法

图 2-17　密钥需求的情况

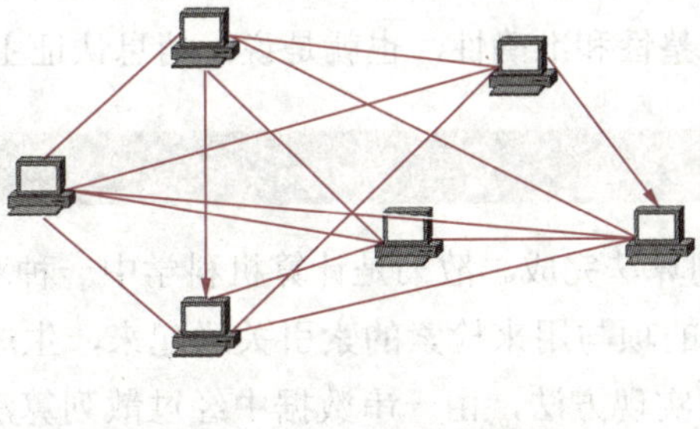

图 2-18　添加一个用户的情况

2.4.3　常见公开密钥算法

下面对一些常见的非对称密钥算法进行简单介绍。

（1）RSA 算法，RSA 是第一个既能用于数据加密也能用于数字签名的算法，易于理解和操作，应用广泛。RSA 的安全性依赖于大整数因子分解。目前来看，攻击 RSA 算法最有效的

学习笔记

方法便是分解模 n。一般认为 RSA 需要 1024 位或更长的模数才有安全保障。

（2）El Gamal 公钥算法，其完全依赖于在有限域上计算离散对数的困难性。El Gamal 的一个不足之处是密文的长度是明文的两倍。而另一种签名算法，Schnarr 签名系统的密文比较短，这是由其系统内的单向散列函数决定的。

（3）DSA 数字签名算法，是在借鉴了 El Gamal 及 Schnarr 签名算法的基础上，公布的数字签名标准，该标准采用的算法为 DSA（digital signature algorithm）。其安全性同样基于有限域的离散对数问题。目前 DSA 的应用越来越广泛。

（4）椭圆曲线密码编码学，相比 RSA 等公钥算法，使用较短的密钥长度而能得到相同程度的安全性。预测未来，ECC（elliptic curve cryptography）将会取代 RSA 成为主流的密钥算法。

2.5 消息认证

2.5.1 消息认证的概念

视频

消息认证与数字签名

消息认证就是验证消息的完整性，当接收方收到发送方的报文时，接收方能够验证收到的报文是真实的和未被篡改的。它包含两层含义：一是验证信息的发送者是真正的而不是冒充的，即数据起源认证；二是验证信息在传送过程中未被篡改、重放或延迟等。

消息认证是指通过对消息或者消息有关的信息进行加密或签名变换进行的认证，目的是防止传输和存储的消息被有意或无意地篡改，包括消息内容认证（即消息完整性认证）、消息的源认证及消息的序号和操作时间认证等。它在票据防伪中具有重要应用，如税务的金税系统和银行的支付密码器。

消息认证所用的摘要算法与一般的对称或非对称加密算法不同，它并不用于防止信息被窃取，而是用于证明原文的完整性和准确性，也就是说，消息认证主要用于防止信息被篡改。

2.5.2 消息认证算法

消息认证算法通过散列算法完成。散列是计算机科学中一种对数据的处理方法，通过某种特定的函数 / 算法将要检索的项与用来检索的索引关联起来，生成一种便于搜索的数据结构。它也常用作一种信息安全的实现方法，由一串数据中经过散列算法计算出来的数据指纹，经常用来识别文件与数据是否有被篡改，以保证文件与数据确实是由原创者所提供。

如今，散列算法也被用来加密存在数据库中的密码字符串，由于散列算法所计算出来的散列值具有不可逆（无法逆向演算回原本的数值）的性质，因此可有效地保护密码。

散列函数是从某一类数据中提取的一个小的数字“指纹”。使用散列的方式包括以下几大类，常见函数见表 2-1。

表 2-1 常见哈希函数 单位：位

算法名称	输出大小	内部大小	区块长度	长度大小	字符尺寸	碰撞情形
HAVAL	256/224/192/168/128	256	1024	64	32	是
MD2	128	384	384	No	8	大多数
MD4	128	128	512	64	32	是
MD5	128	128	512	64	32	是
PANAMA	256	8736	256	否	32	是
RadioGatun	任意长度	464	24	否	1~64	否
RIPEMD	128	128	512	64	32	是
RIPEMD-128/256	128/256	128/256	512	64	32	否
RIPEMD-160/320	160/320	160/320	512	64	32	否
SHA-0	160	160	512	64	32	是
SHA-1	160	160	512	64	32	有缺陷
SHA-256/224	256/224	256	512	64	32	否
SHA-512/384	512/384	512	1024	128	64	否
Tiger(2)-192/160/128	192/160/128	192	512	64	64	否
WHIRLPOOL	512	512	512	256	8	否

（1）加密散列：在信息安全领域使用。

◎散列表：一种使用散列函数将键名和键值关联起来的数据结构。

◎关联数组：一种常常使用散列表来实现的数据结构。

◎几何散列：寻找相同或相似的几何形状的一种有效方法。

散列算法中比较著名的是 MD 系列和 SHA 系列。MD 系列是在 20 世纪 90 年代初由 Rivest 设计的，MD 代表消息摘要。MD2（1989）、MD4（1990）和 MD5 都产生一个 128 位的信息摘要。SHA 系列算法是 NIST 根据 Rivest 设计的 MD4 和 MD5 开发的算法，国家安全局发布 SHA 作为美国政府标准，SHA（secure hash）算法表示安全散列算法。

原始的 MD 算法从未公开发表过，第一个公开发表的是 MD2，接下来是 MD4 和 MD5。Rivest 在 1989 年开发出 MD2 算法，在这个算法中，首先对信息进行数据补位，使信息的字节长度是 16 的倍数。然后，以一个 16 位的检验和追加到信息末尾，并且根据这个新产生的信息计算出散列值。为了加强算法的安全性，Rivest 在 1990 年又开发出 MD4 算法。MD4 算法同样需要填补信息以确保信息的位长度对 512 取模得到值为 448。然后，一个以 64 位二进制表示的信息的最初长度被添加进来，信息被处理成 512 位迭代结构的区块。而且每个区块要通过三个不同步骤的处理。研究人员很快发现了攻击 MD4 版本中第一步和第三步的漏洞，并向大家演示了如何利用一部普通的个人计算机在几分钟内找到 MD4 的碰撞（不同的内容进行

学习笔记

加密却可能得到相同的加密后结果）。于是，1991 年 Rivest 对 MD4 进行改进并设计了 MD5 算法，MD5 算法比 MD4 算法复杂，并且速度较 MD4 快了近 30%，但在抗安全分析方面表现更好，因此在实际应用中受到欢迎。2004 年 8 月 17 日，在美国加州圣巴巴拉国际密码学会议（Crypto' 2004）上，山东大学的王小云教授做了破译 MD5、MD4 和 RIPEMD 算法的报告，公布了 MD 系列算法的破解结果，宣告了固若金汤的世界通行密码标准 MD5 的堡垒轰然倒塌，引发了密码学界的轩然大波。

美国国家标准技术研究所 NIST 于 1993 年开发的另一个 Hash 算法称为 SHA。两年之后，这个算法被修改为了今天广泛使用的形式。修改后的版本是 SHA-1，是数字签名标准中要求使用的算法。SHA-1 接受任何有限长度的输入消息，并产生长度为 160 位的 Hash 值（MD5 仅仅生成 128 位的摘要），因此抗穷举性更好。SHA-1 设计是基于和 MD4 相同的原理，它有 5 个参与运算的 32 位寄存器。消息分组和填充方式与 MD5 相同，主循环也同样是 4 轮，但每轮进行 20 次操作，非线性运算、移位和加法运算也与 MD5 类似，但非线性函数、加法常数和循环左移操作的设计有一些区别。美国国家标准技术研究所 2008 年对国家标准进行更新，其中规定了 SHA-1、SHA-224、SHA-256、SHA-384 和 SHA-512 这几种单向散列算法。SHA-1、SHA-224 和 SHA-256 适用于长度不超过 2^{64} 二进制位的消息，SHA-384 和 SHA-512 适用于长度不超过 2^{128} 二进制位的消息。在 MD5 被王小云教授为代表的中国专家破译之后，世界密码学界仍然认为 SHA-1 是安全的。2005 年 2 月 7 日美国国家标准技术研究院发表声明，SHA-1 没有被攻破，并且没有足够的理由怀疑它会很快被攻破，开发人员在 2010 年前应该转向更为安全的 SHA-256 和 SHA-512 算法。而仅仅在一周之后，王小云教授就宣布了破译 SHA-1 的消息。因为 SHA-1 在美国等国家有更加广泛的应用，密码被破译的消息一出，在国际社会的反响可谓石破天惊。换句话说，王小云教授的研究成果表明了从理论上讲电子签名可以伪造，必须及时添加限制条件，或者重新选用更为安全的密码标准，以保证电子商务的安全。对 Hash 函数的攻击可以使用对消息进行伪造和欺骗等方式，同时也是寻找碰撞的过程，散列函数比较常见的攻击方法有生日攻击、比特追踪法、模差分方法等。

因为二者均由MD4 导出，SHA-1 和 MD5 彼此相似。相应地，他们的强度和其他特性也相似，但还有以下几点不同：

（1）对强行攻击的安全性：最显著和最重要的区别是 SHA-1 摘要比 MD5 摘要长 32 位。使用强行技术，产生任何一个报文使其摘要等于给定报文摘要的难度对 MD5 是 2^{128} 数量级的操作，而对 SHA-1 则是 2^{160} 数量级的操作。这样 SHA-1 对强行攻击有更大的强度。

（2）对密码分析的安全性：由于 MD5 的设计，易受密码分析的攻击，对比而言，SHA-1 不易受到该攻击影响。

（3）速度：在相同的硬件上，SHA-1 的运行速度比 MD5 慢。

学习笔记

2.6 PKI架构

2.6.1 PKI（公钥）架构基础设施

视 频

PKI构架与组件

公钥基础设施（PKI）由程序、数据格式、措施、通信协议、安全策略以及公钥密码机制组成，这些组件以综合方式运行，使得分散的人们能以安全的、预定的方式相互通信。换句话说，PKI在一个环境内建立了一个信任级别。PKI是一种使用公钥密码学和X.509标准的ISO身份验证框架，建立这个框架的目的是允许在不同的网络和互联网之间进行身份验证，其中的具体协议和算法并没有明确规定，这也是将PKI称为框架而非特定技术的原因。

PKI提供身份验证、机密性、不可否认性以及消息交换的完整性。PKI是混合对称与不对称密钥算法和方法的系统。

公钥密码学和PKI之间存在差异。公钥密码学是非对称算法的另一个名称，而PKI与它的名称一样，是一个基础设施。这个基础设施假定接收方的身份能够通过认证完全确定，并且某种非对称算法能够自动执行密钥交换过程。因此，这个基础设施包含了标识用户身份、创建和颁发证书、维护和取消证书、分发和维护加密密钥等部分，并使得所有技术能够沟通，而且能够共同运行以达到加密通信和验证身份的目的。

公钥密码学是PKI中的一个组成部分，不过还有其他许多部分一起构成了这个基础设施。电子邮件协议中的简单邮件传输协议（simple mail transfer protocol，SMTP）就是一个类似的示例。SMTP是一种从某地向另一地发送电子邮件的技术，但是在该协议生效之前还必须完成其他许多事情。我们需要电子邮件客户端、电子邮件服务器和电子邮件消息，它们一起构建了一种基础设施：电子邮件基础设施。PKI由许多不同的部分组成：认证授权、注册授权、证书、密钥以及用户。下面阐述各个组成部分以及它们是怎样一起工作的。

2.6.2 认证授权机构

每一个想加入PKI的人都需要一个数字证书，也就是一个包含本人公钥以及其他身份标识信息的凭证。这个证书由可信的第三方，即认证授权机构（certificate authority，CA）创建和签发（数字签名）。当CA签发证书时，它将个人的身份和公钥绑定在一起，还负责该个体的真实性。正是这个可信的第三方（即CA）使得没有谋面的双方能够互相验证身份并以安全的方式通信。如果Kevin从未见过Dave，却想与之安全地通信，同时又假定他们都信任同一个认证授权机构，那么Kevin就能得到Dave的数字证书，从而开始与Dave通信，如图2-19所示。

CA是保管和发布数字证书的可信组织机构（或服务器）。当一个人请求证书时，注册授权机构（registration authority，RA）会验证这个人的身份，并将证书请求提交给CA。随后，CA创建证书并签名，再将其发送给请求者，同时为请求者在证书的有效期内保管该证书。当一个人想要与这个人通信时，CA通常要担保该人的身份。当Dave接收到Kevin发送的数字证

学习笔记

书时，Dave 会对其进行确认。一般来说，通过向 Dave 提供数字证书，Kevin 可以宣称："我知道你不认识和信任我，但这里有你认识和信任的某个人创建的文档。这个文档表明我是好人，你应该信任我。"

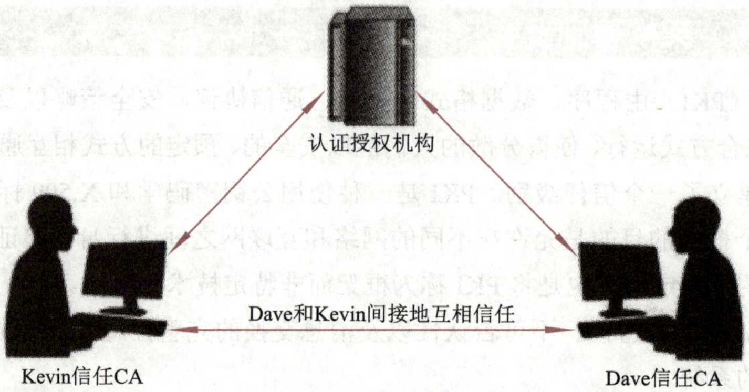

图 2-19　认证过程

一旦 Dave 确认了数字证书，他就可以提取出 Kevin 嵌入在签名内的公钥。此时，Dave 知道这个公钥与 Kevin 绑定在一起。他还知道，如果 Kevin 使用其私钥创建数字签名，那么自己就可以使用 Kevin 的公钥对数字签名进行正确解密，并且知道该签名确实是 Kevin 发送的。

2.6.3　证书

PKI 的一个重要部分就是数字证书。证书是用于将公钥和唯一标识其所有者所需的组成部分关联起来的机制。CA 创建证书的标准是 X.509，它规定证书中使用的不同字段以及能够在这些字段中输入的有效值。当前，我们使用的是这个标准的第 3 版，即 X.509 v3。许多密码协议（包括 SSL）都使用这种证书。

如图 2-20 所示，证书包含序列号、版本号、身份信息、算法信息、有效期以及发行证书的授权机构的签名。

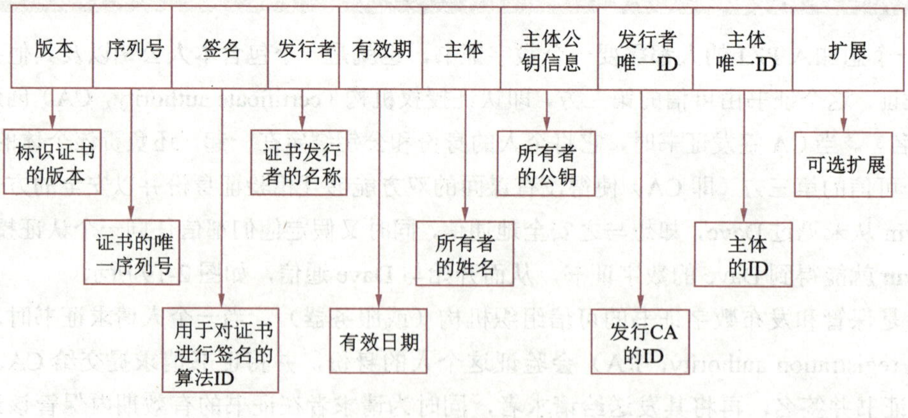

图 2-20　证书信息

学习笔记

2.6.4 注册授权机构

注册授权机构（RA）执行证书注册任务。RA 建立和确认个人的身份，代表终端用户启动使用 CA 的认证过程，以及执行证书生命周期管理功能。RA 不能发行证书，但是可以作为用户和 CA 之间的中间人。当需要新证书时，用户就会向 RA 发送请求，然后 RA 将该请求发送给 CA。

2.6.5 PKI 步骤

现在我们已经知道了 PKI 的主要组成部分以及它们的实际协同工作方式，下面来看一个示例。首先，假设 John 需要为自己获取一个数字证书，以便加入 PKI。这个过程由以下步骤组成：

（1）John 向 RA 发送一个请求。

（2）RA 会向他索取特定的身份标识信息，如他的驾驶执照副本、电话号码、地址以及其他身份标识信息。

（3）一旦 RA 接收到向 John 要求的信息并进行了验证，RA 就将 John 的认证请求发送给 CA。

（4）CA 创建一个证书，该证书嵌入了 John 的公钥及其身份信息，私钥 / 公钥对由 CA 或 John 的计算机创建，这取决于系统的配置。如果由 CA 创建，就要通过安全的方式将私钥发送给 John。大多数情况下，用户会生成这个密钥对，然后在注册过程中发送他的公钥。

现在 John 已经注册，他可以参与到 PKI 中。John 决定与 Diane 通信，因此他们会采取下列步骤。

（1）John 从一个公共目录请求 Diane 的公钥。

（2）这个目录（又称存储库）将 Diane 的公钥发送给 John。

（3）John 验证数字证书并提取 Diane 的公钥。John 使用该公钥加密一个会话密钥，这个会话密钥将用于加密他们之间传递的消息。John 将加密的会话密钥发送给 Diane，然后将自己的、包含其公钥的证书也发送给 Diane。

（4）当 Diane 接收到 John 的证书时，浏览器会查看其信任的 CA 是否对该证书进行了数字签名。只要 Diane 的浏览器信任这个 CA，并且验证了证书，Diane 和 John 就可以使用加密的通信。

具体验证过程如图 2-21 所示。

PKI 可能由下列实体和功能组成：CA、RA、证书存储库，证书撤销系统、密钥备份和恢复系统、自动密钥更新、密钥历史记录管理、时间标记、客户端软件。

PKI 提供下列安全服务：机密性、访问控制、完整性、身份验证、不可否认性。

PKI 必须保留一个密钥历史记录，以跟踪个别用户过去和当前使用的全部公钥。例如，如果 Kevin 使用 Dave 过去的公钥加密一个对称密钥，那么应该有方法让 Dave 仍然能够访问这个数据。只有 CA 保存 Dave 用过的证书和密钥的历史记录，这种功能才能实现。

学习笔记

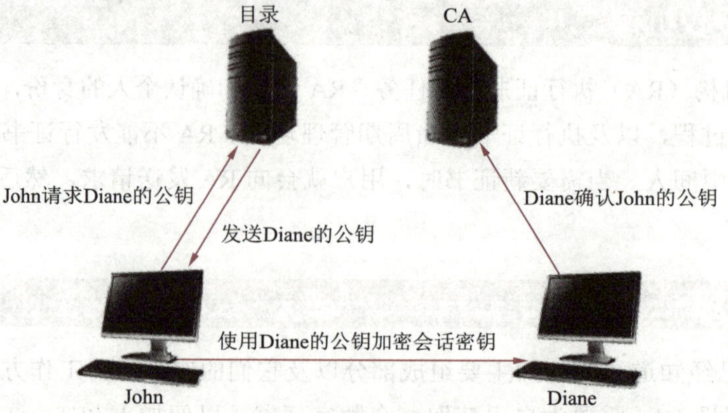

图 2-21 验证过程

2.7 密钥管理

2.7.1 密钥管理基础

视频

密钥管理与实践

密码学可以用作一种提供机密性、完整性和身份验证的安全机制。但是，如果密钥由于某种原因被泄露，那么上述功能将无法实现。密钥能够被捕获、更改、毁坏或者泄露给未授权个体。密码学建立在一个信任模型之上。个体必须相互信任以保护他们自己的密钥，必须信任维护密钥的管理员，还必须信任某台保管、维护和分发密钥的服务器。

许多管理员都知道，在密码实现中，密钥管理是最头疼的问题之一。密钥的维护要比使用这些密钥进行加密麻烦得多。密钥必须安全地分发给正确的实体并不断更新。在密钥传输过程中，当密钥存储在每台工作站和服务器上时，它们都需要受到保护。密钥还需要恰当地生成、销毁和恢复。密钥管理工作可以是人工或自动进行的处理过程。

密钥在分发的前后都需要存储。当一个密钥分发给某位用户时，密钥不应该挂在桌面上，而是需要存储在文件系统内的安全位置，并且应当以受控方式使用。存储在一个模块中的密钥、使用密钥的算法、配置以及各种参数也需要受到保护。如果攻击者能够获得这些组件，就能假冒成另一个用户，同时可以解密、读取和重新加密并非向其发送的消息。

在历史上，物理形式的加密密钥存储在一个安全的盒子里面，并且由有护卫的信使进行递送。密钥可以分发给一个主服务器，然后由本地的管理员再次分发，或者由信使分别送给每一台计算机。在某些情况下，可以先向某个地点分发一个主密钥，然后主密钥生成当地个体使用的、唯一的秘密密钥。如今，大部分密钥分发工作都是由协议通过自动方式（而不是个体手动方式）完成的。公司必须评估密钥管理的费用、所需的安全级别以及成本/收益问题，以决定应当怎样实现密钥管理。然而，完全自动化能够提供更高的准确性和安全性。

使用 Kerberos 协议时，密钥分发中心（key distribution center，KDC）用于存储、分发和

维护进行加密的会话密钥与秘密密钥。这种方式提供了自动分发密钥的方法。如果某台计算机想要访问其他计算机上的服务，就要通过KDC请求访问。KDC会生成一个会话密钥，以供请求服务的计算机和提供被请求资源或服务的计算机使用，这个过程的自动化减少了手动完成该过程可能出现的错误。但是，如果KDC的票证授予服务（ticket granting service，TGS）部分因为某种原因受损，那么所有计算机以及它们的服务都会受到影响，而且可能被损坏。

某些情况下，密钥仍然通过手动方式管理。但是，尽管许多公司都使用加密密钥，但是它们却很少更换密钥，这是因为密钥管理的复杂性以及网络管理员由于其他任务而负担过重，或者是网络管理员没有意识到密钥确实需要管理。加密密钥的使用频率和密钥更换的频率有着直接关系。密钥使用的频率越高，密钥被拦截和损坏的可能性就越大。如果密钥很少使用，那么这种危险性就会明显下降。必要的安全级别以及使用频率决定了密钥更新的频率。小餐馆可以每个月更换一次加密密钥，而一个信息战部队则可能每天或每周都更换密钥。重要的一点是，密钥应该以一种安全的方式更换。

密钥管理是密码学中最具有挑战性的部分，也是最关键的部分。开发一个复杂难解的算法和密钥方法是一件很重要的事情。但是，如果没有安全地存储和传输密钥，那么不管算法多么强大都是毫无用处的。

2.7.2　密钥管理原则

密钥应当以非明文形式保存在密码学设备之外。如前所述，许多加密算法都是公开的，从而更加增大了保护密钥机密性的压力。如果攻击者知道现行算法是怎样工作的，那么在很多情况下，他们需要做的就是计算出密钥来破坏一个系统。因此，密钥不能以明文的形式出现，正是密钥给加密带来了机密性。

上述步骤以及所有的密钥分发和维护工作都应该自动完成，并且对于用户来说是隐藏的。这些操作应该集成到软件和操作系统。如果这些操作手动完成或者依赖于终端用户执行某些功能，那么这只能增加操作的复杂性，并且增大了犯错的概率。

密钥存在丢失、毁坏和被破坏的危险。备份副本应当是可行的，并且在需要时易于获取。如果数据被加密，而用户正好丢失了用于解密的密钥，那么由于没有备份密钥，这个信息就永远丢失。用于密码学的应用程序应当具有密钥恢复选项，或者能够将密钥的副本保存在一个安全的地方。

许多不同的场景都强烈要求密钥恢复或密钥备份副本。例如，如果Bob拥有所有关键的竞标预算、股票价值信息以及第二天高级执行官陈述时需要的公司趋势分析，但他不幸与一辆公共汽车相撞而死，那么有人在参加完葬礼后会希望能得到这些数据。再看另一个示例。一位雇员离开了公司，并在离开之前在其计算机上加密了很重要的文件，而公司可能希望仍然能够得到这些数据。类似地，如果副总裁不知道保存其私钥的磁盘上方有一个大磁体在运行是一件不妙的事情，那么他可能希望立刻替换他的密钥，而不是听取关于磁场以及它们如何在介质上改写内容这样的报告。

当然，拥有一个以上的密钥可能提高了密钥泄露的机会，因此公司需要决定是否希望备份

学习笔记

密钥以及应该采取怎样的防范措施来适当保护密钥。公司可能选择多重控制来紧急密钥恢复。这就是说，如果必须恢复密钥，那么不止一个人将牵涉该过程中。密钥恢复过程可能需要两个人或多个人出示他们的私钥或者身份验证信息。这些人不能都来自IT部门。应该有一个人来自管理部门，一个人来自审计部门，而另一个人则来自IT部门。所有这些要求减少了密钥滥用的潜在风险，而且进行欺骗性活动也需要共谋才能完成。

2.7.3 密钥和密钥管理规则

对于适当的保护而言，密钥管理十分关键。下面列出了密钥管理需要具备的职责：密钥的长度应当足够长，以提供必要的保护级别；密钥应当以安全的方式保存和发送；密钥应该为随机，算法应当使用密钥空间中的所有值；密钥的生命期应该与其保护的数据的敏感度相对应，机密性较低的数据允许的密钥生命期较长，而更敏感的数据则需要较短的密钥生命期；密钥使用频率越高，生命期就应该越短。为了应对紧急情况，密钥应该备份或托管。当密钥的生命期结束时，应该将其恰当地销毁。

密钥托管是一个过程或实体，能够恢复丢失或者受损的加密密钥，因此，这是一个常见的密钥恢复操作。在要求两个或者多个实体重新构建密钥以进行密钥恢复流程时，这称为多方密钥恢复（multiparty key recovery）。多方密钥恢复实施双重控制，即两个或者多个人必须参与一项重要任务。

扩展阅读

当今密码技术作为能够充分保证用户信息安全的一种核心信息安全技术，在古代这种密码技术就已经得到了应用，例如，在国家进行外交与军事等重要的领域内。但如今随着现代网络技术的迅速发展，密码技术就正向不同的领域内逐渐渗透，密码技术不仅为计算机网络用户保证机密性信息的充分加密，还能够用于数字签名与网络系统安全等领域。因此运用密码学技术就可以在保证网络信息的机密性基础上，保证计算机网络信息的完整性特点，除此之外，还能够有效防止计算机用户的自身信息被私自篡改或假冒等行为。

当前我国互联网有着简便和费用低的优点，并且随着社会与经济的不断发展，计算机网络已经逐渐渗透人们的日常生活中，并成为人们进行信息交流的主要手段之一。我国传统的网络信息媒体已经被这些电子媒体所逐渐代替，人们可以在网络中通过各种网络门户查询急需获得的相关资料，或者通过电子邮件的形式与各种社会人士进行交流，进而为人们的实际工作带来了高效率与高速度。当今计算机网络技术不仅能够为人们迅速提供相应的信息资料，还为人们带来了购物、网络书店等体验。同时由于电子商务的出现，推动计算机网络成为一个重要的商业领域，并且能够吸引到更多的资金投入计算机网络的建设中。虽然计算机网络的发展为人们带来了充分的便利，但也为人们带来了相应的挑战。在计算机网络中每天都有大量的网络信息数据进行传输，不仅有安全系数较高的电子邮件等信息，还有着对安全系数要求较低的一些网络内容，当然还有着高度保密的电子商务交易数据，这就对计算机网络的数据安全提出了更深层次的要求。由于当前因特网是无序化的，就会致使计算机网络秩序处于一种高度没有法律可以管理的状态。这就要求运用计算机网络的用户们在传输数据时应当实行加密与解密、签名与校验等一系列工作来保证自身的数据安全。当前计算机网络中的通信都使用了TCP/IP协议，但由于互联网与TCP/IP协议的弱点，TCP/IP协议在网络信息到达终点之前都可能通过很多中间计算机或者单独的计算机网络，这就会导致基于TCP/IP协议的网络信息技术在传输信息时可能会受到第三方的干扰，这些传输过程中的数据会面临多种网络安全问题。在计算机网络中传输的各种数据也会对数据自身的安全性能提出不同的要求。例如，在计算机网络中，网页传输的数据只要求不被篡改即可，但是电子邮件在不被篡改的基础上还不能够被窃听，在电子商务中传输的敏感性数据除了不能够被窃听、篡改之外，还不能够假冒接收方与发送方。除此之外还有一些网络数据，如个人信息档案、政府的公文等极为重要的数据，在传输过程中就提出了更高的要求。

计算机网络中，密码学方面面临的威胁有以下几种。

（1）非授权访问。如果没有经过当事人或网络相关管理人员的事先同意就擅自使用网络资源，就会被视为非授权的访问类型，这一类型包括了故意绕开计算机网络管理系统，访问控制系统，非正常使用计算机网络资源或者擅自扩大访问权利，甚至是越过相应的权利访问计算机网络信息，等等。这些非授权访问行为主要表现为假冒或者非法计算机访问用户进入对应的系统中进行操作，或者合法的计算机访问用户在没有真正获得正式授权的情况下进行擅自操作，等等。

（2）计算机信息丢失或者泄露。计算机网络信息丢失或者信息泄露就是指无意或者故意泄露计算机敏感数据，例如，网络黑客利用搭线对相关秘密数据进行窃听或者通过电磁泄漏的方式致使相关计算机重要信息失窃。

（3）破坏计算机网络数据的完整性特点。在计算机网络中非法窃得数据使用权之后如果出现故意插入、修改或者重发、删除重要数据，这些做法的目的是引发计算机网络攻击者的充分响应。对数据进行修改或者在原有数据的基础上增添一些内容，就是为了干扰计算机网络用户，导致他们并不能够合理、正常地使用。

（4）干扰服务系统。计算机网络中面临的威胁会不断干扰计算机网络服务系统，能够促使网络服务系统改变其正常操作流程，以此来执行一些无关程序甚至减缓网络服务系统的响应操作，最终导致系统瘫痪。因此这些计算机网络合法用户就没有办法正常进入计算机网络系统并享受应有的计算机网络服务。

（5）密码学以及其在网络信息安全中的应用。计算机网络中的密码学就是在密码的编制与实践破解过程中发展开来的。密码学技术的研究成果就是世界上每个国家以及各个企业的高度机密。密码在各个国家的现代金融领域以及军事国防、贸易等实际应用方面都有着较大规模的实际运用。随着社会的不断发展以及计算机网络技术的广泛应用，人们对于密码产生了更深的依赖性。计算机网络中的因特网分类就主要依赖于密码能够具体识别计算机用户的实际身份，当人们设置的密码被泄露或者被人们恶意破坏之后，随之产生的恶意、严重的后果就会在因特

学习笔记

网中给用户带来困扰。

密码技术是网络信息安全技术的核心，主要包含了对计算机的编码技术和实际分析技术。当前计算机网络中的密码分析技术如果反过来运用假冒的认证信息或者运用密码学技术进行破译，进而能够窃取计算机网络机密或者对于计算机网络技术实施破坏的相关活动。因此，这些影响计算机网络信息安全的活动既相互依存，又相互对立，能够有效帮助计算机网络密码学技术得到进一步发展。

当前计算机网络中的密码学技术主要有两类：一类建立在数学应用基础上，包含着密钥管理、VPN 网络技术以及数字签名等；另一类是建立在生物基础特征识别的应用技术，以及量子密码等相关技术。在当前的计算机网络发展过程中，只有合理地运用这些计算机密码学技术，才能够高效地建立起计算机网络信息安全体系并保证计算机网络信息的安全性。

综上所述，密码学在网络安全领域有很多重要的作用，渗透着人们生活的各个角落，因此我们不得不重视，积极响应国家政策号召，维护中华优秀民族精神，实现创新，立志肩负起复兴民族的时代重任。

小　结

密码学是研究编制密码和破译密码的技术科学，它研究的是如何隐秘地传递信息。在现代常被认为是数学和计算机科学的分支，和信息论也密切相关。

密码学的首要目的是隐藏信息的含义，密码是通信双方按约定的法则进行信息特殊变换的一种保密手段，目前已被应用于人们生活的各种场所，如自动柜员机的芯片卡、电子商务活动等。

学习完本章内容后，希望读者对密码学的概念和发展历史、密码系统、如何使用密码学保密数据、如何发现当前加密数据算法的弱点、各种加解密算法的原理及其加解密过程，有更深层的理解。

随着当今时代计算机网络的充分普及，密码学技术就在计算机网络的信息安全上起到了至关重要的积极影响。但需要注意的是，有关密码学方面的网络技术知识是解决网络信息安全的方法之一，单单凭借密码方面的技术是不能解决计算机网络信息安全方面的所有问题的，如果想要全方位保证计算机网络信息的安全保障，应当充分结合计算机其他方面的相关技术。

练　习

1. 加密技术不能提供（　　）安全服务。

   A. 鉴别　　B. 机密性　　C. 完整性　　D. 可用性

2. 在密码学中，需要被变换的原消息称为（　　）。

   A. 密文　　B. 算法　　C. 密码　　D. 明文

3. 以下各种加密算法中，属于古典加密算法的是（　　）。
   A. DES 加密算法　　B. Caesar 替代法
   C. Vigenère 算法　　D. Diffie Hellman 加密算法
4. 1976 年，提出公开密码系统的学者是（　　）。
   A. Bauer 和 Hill　　B. Diffe 和 Hell
   C. Diffe 和 Bauer　　D. Diffe 和 Hellman
5. IDESA 的密钥长度是（　　）位。
   A. 56　　B. 64　　C. 96　　D. 128
6. 一次一密的安全性取决于什么？
7. 简述密码学两个分支的内容。
8. 一个完整的密码体系主要包括什么？

第3章 运用安全技术构筑数字防线

学习笔记

知识目标

1. 了解网络威胁的种类和常见攻击方式。
2. 理解设备安全防护的原理和方法，包括网络设备和终端设备的安全防护措施。
3. 熟悉防止信息泄露的技术，包括数据加密、访问控制和安全审计等。
4. 理解物理隔离技术的原理和应用。
5. 了解容错和容灾的概念。
6. 熟悉 Windows 系统的安全管理方法。
7. 熟悉 Linux 系统的安全管理原则和方法。
8. 了解 Web 应用防护的技术和方法。

能力目标

1. 能够识别不同类型的网络威胁，并了解相应的防御策略。
2. 能够评估和选择适当的设备安全防护措施，以保护网络和终端设备。
3. 能够进行 Windows 系统的安全管理，包括用户权限管理和漏洞修补。
4. 能够进行 Linux 系统的安全管理，包括访问控制和日志监控。
5. 能够应用 Web 应用防护技术，保护 Web 应用程序免受攻击。

素质目标

1. 培养对网络安全的重视和责任感，保护自身和他人的信息安全。
2. 培养分析和解决问题的能力，在面对网络威胁和安全漏洞时能够快速做出反应。
3. 培养团队合作能力，以共同努力保护网络和系统的安全。
4. 培养持续学习和更新知识的意识，跟踪新的安全威胁和防御技术。
5. 培养良好的沟通和表达能力，能够向他人解释和传达信息安全的重要性和措施。
6. 培养自我管理和自我保护的能力，保护个人和组织的信息资源免受威胁。

随着网络的快速普及，网络以其开放、共享的特性对社会的影响越来越大。网络上各种新业务的兴起，如电子商务、电子政务、电子货币、网络银行，以及各种专业用网的建设，使

学习笔记

得各种机密信息的安全问题越来越重要。计算机犯罪事件逐年攀升，已成为普遍的国际性问题。随着我国信息化进程脚步的加快，利用计算机及网络发起的信息安全事件频繁出现，我们必须采取有力的措施保护计算机网络的安全。

本章介绍网络中的威胁与防御，以及如何利用安全设备和相关技术保护我们的信息安全。

3.1 网络威胁与防御

视频

网络威胁与防御

近年来，计算机病毒、木马、蠕虫和黑客攻击等日益猖獗，对国家政治、经济和社会造成危害，并对 Internet 及国家关键信息系统构成严重威胁。绝大多数的安全威胁是利用系统或软件中存在的安全漏洞达到破坏系统、窃取机密信息等目的，由此引发的安全事件也层出不穷。

3.1.1 威胁分类与来源

多数安全威胁都具有相同的特征，即威胁的目标都是破坏机密性、完整性或者可用性；威胁的对象包括数据、软件和硬件；实施者包括自然现象、偶然事件、无恶意的用户和恶意攻击者。这些威胁主要来自人为的无意失误、人为的恶意攻击、网络软件系统的漏洞和“后门”三个方面的因素。

（1）人为的无意失误是造成网络不安全的重要原因。网络管理员在这方面不但肩负重任，还面临越来越大的压力。稍有考虑不周，安全配置不当，就会造成安全漏洞。另外，用户安全意识不强，不按照安全规定操作，如口令选择不慎，将自己的账户随意转借他人或与别人共享，都会对网络安全带来威胁。

（2）人为的恶意攻击是目前计算机网络所面临的最大威胁。人为攻击又可以分为两类：一类是主动攻击，它以各种方式有选择地破坏系统和数据的有效性和完整性；另一类是被动攻击，它是在不影响网络和应用系统正常运行的情况下，进行截获、窃取、破译，以获得重要机密信息。这两种攻击均可对计算机网络造成极大的危害，导致网络瘫痪或机密泄露。

（3）网络软件系统不可能无缺陷和无漏洞。另外，许多软件都存在设计编程人员为了方便而设置的“后门”。这些漏洞和“后门”恰恰是黑客进行攻击的首选目标。

网络所面临的安全威胁大体可分为两种：一是对网络本身的威胁；二是对网络中信息的威胁。对网络本身的威胁包括对网络设备和网络软件系统平台的威胁；对网络中信息的威胁除了包括对网络中数据的威胁外，还包括对处理这些数据的信息系统应用软件的威胁。

3.1.2 对网络本身的威胁

1. 协议缺陷

网络协议是网络的基础，协议的缺陷是网络安全威胁的根源之一。互联网联盟为了详细检查所有因特网协议，而将它们公开张贴出来。每一种被接受的协议都被分配了一个 Internet

学习笔记

（request for comment，RFC）标准（草案）编号。在协议被接受成为一个标准之前，许多协议中存在的问题就已经被那些敏锐的检查者发现并得到了校正。

但是，协议的定义是由人制定和审核的，协议本身可能是不完美的，也难免存在某些缺陷。某些网络协议的实现是很多安全缺陷的源头，攻击者可以利用这些错误，比如日常生活中的服务 SNMP（网络管理）、DNS（寻址服务）和 E-mail 服务（如 SMTP 和 S/MIME）。虽然不同的厂商会编写实现他们自己服务的代码，但他们常常基于通用（有缺陷）的原型。这样，即使在 Windows 操作系统中正常运行，但可能在 UNIX 操作系统中出现缺陷。

2. 应用程序漏洞

网络几乎完全暴露在用户面前，所以非常脆弱。对于正常用户而言，日常使用应用程序，并不会去获取并查看程序代码。对于网站来言，攻击者能下载网站代码，再离线长时间研究它。对于程序而言，几乎不能控制使用哪种顺序访问程序的不同部分，但是，网站攻击者可以控制以哪种顺序访问网页，甚至直接访问网页 5，而不按 1 ～ 4 的顺序访问。攻击者也能选择提供哪种数据，以及用不同的数据进行实验以测试网站的反应。简而言之，在网络上攻击者在挑战控制权方面具有优势。

（1）网站被“黑”。一种最广为人知的攻击方式是网站被“黑”式攻击。这不仅是因为其结果是可见的，而且实施起来也比较容易。由于网站的设计使得代码可以下载，这就允许攻击者能够获取全部超文本文档和在加载过程中与客户相关的所有程序。攻击者甚至可以看到编程者在创建或者维护代码时遗留下来的注释。

（2）缓冲区溢出。攻击者向一个程序中输入大量数据，比预期所要接收的数据多得多。由于缓冲区的大小是有限的，所以过剩的数据就会溢出到相邻的代码和数据区域中去。这种攻击方式只需提供要攻击的站点和攻击者想要服务器执行的程序的 URL 作为参数，攻击者就可以执行该程序实施攻击。

（3）应用代码错误。用户的浏览器与网页服务器之间传递着一种复杂而且无状态的协议交换。网页服务器为了使自己的工作更轻松一些，向用户传递一些上下文字符串，而要求用户浏览器用全部上下文进行应答。一旦用户可以修改这种上下文内容，就会出现问题。

（4）服务器端包含。一种具有代表性的更严重问题称为服务器端包含（server-side include）问题。该问题利用了一个事实：网页中可以自动调用一个特定的函数。例如，很多页面的最后都显示了一个“与我联系”链接，并使用一些 Web 命令来发送电子邮件消息。

3. 拒绝服务

可用性攻击又称拒绝服务或者 DoS 攻击，在网络中比在其他环境中更加值得重视。可用性或持续服务面临着很多意外或者恶意的威胁。

（1）传输故障。有很多原因会导致通信故障。例如，电话线被切断；网络噪声使得一个数据包不能被识别或者不能被投递；传输路径上的一台设备出现软件或者硬件故障；一台设备因维修或者测试而停止服务；某台设备被太多任务所淹没，从而拒绝接收其他输入数据，直到所有过载数据被清除为止。

站在一个恶意的立场来看，所有可以切断线路、干扰网络或者能使网络过载的人都可以造成你得不到服务。来自物理上的威胁是相当明显的。

（2）连接洪泛。最早出现的拒绝服务攻击方式是使连接出现泛滥。如果一名攻击者给你发送了太多数据，以至于你的通信系统疲于应付，这样，就没空接收任何其他数据了。即使偶尔有一两个来自其他人的数据包被你收到，你们之间的通信质量也会出现严重降级。

一些更为隐蔽的攻击方式使用了因特网协议中的元素。除了 TCP 和 UDP 协议外，ICMP（Internet control message protocol）协议通常用于系统诊断。这些协议与用户应用软件没有联系，但是这些协议对于网络管理有重要的作用。同时，它们也可能用于对系统进行攻击。由于这些协议都是在网络堆栈中进行处理的，因而在接收主机端检测或者阻塞这种攻击是很困难的。下面列举一些常见的协议攻击示例。

① Smurf。Smurf 攻击是 Ping 攻击的一个变体。首先，攻击者需要选择不知情的受害者所在的网络。攻击者假造受害者的主机地址作为 Ping 包中的源地址，以使 Ping 包看起来像是从受害者主机发出来的一样。然后，攻击者以广播模式（通过将目标地址的最后 1 字节全部设置为 1）向网络发送该请求，这些广播包就会发布给网络上的所有主机，如图 3-1 所示。

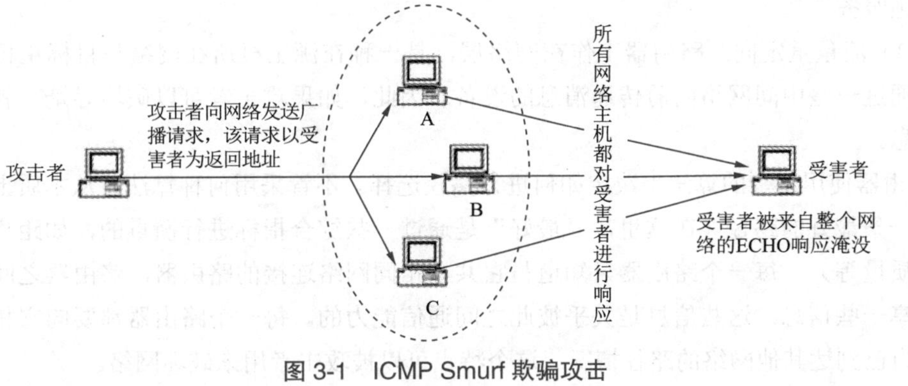

图 3-1　ICMP Smurf 欺骗攻击

② 同步洪泛。同步洪泛（SYN flood）是另一种流行的拒绝服务攻击。这种攻击利用了 TCP 协议实施攻击，如图 3-2 所示。

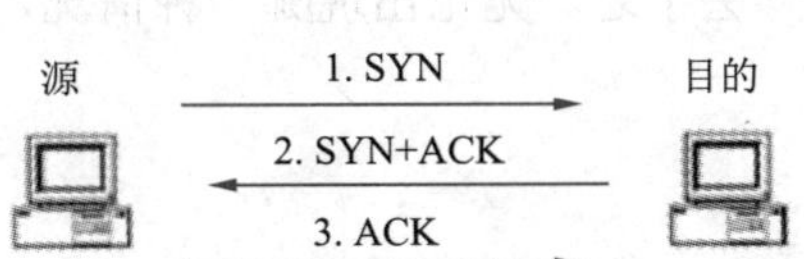

图 3-2　进行“三次握手”连接

对于一个协议（如 Telnet），在协议的对等层次之间将建立一个虚拟连接，称为一个会话（session），以便对 Telnet 终端模仿自然语言中来来回回、有问有答的交互过程进行同步。三次 TCP 握手建立一个会话。每一个 TCP 包都有一些标记位，其中有两个标记位表示 SYN（同步）和 ACK（应答）。在开始一次 TCP 连接时，连接发起者发送一个设置了 SYN 标记的包。如果接收方准备建立一个连接，就会用一个设置了 SYN 和 ACK 标记的包进行应答。然后，第一方发送一个设置了 ACK 标记的包给接收方，这样就完成了建立一个清晰完整的通信通道

学习笔记

的交换过程。

包在传输过程中偶尔会出现丢失或者损坏的情况。因此，在接收端维持着一个称为 SYN_RECV 连接的队列，用于跟踪已经发送了 SYN-ACK 信号但还没有收到 ACK 信号的项。在正常情况下，这些工作在一段很短的时间内就会完成。但如果 SYN-ACKC2 或者 ACKC3 包丢失，最终目标主机会由于这个不完整的连接超时而将它从等待队列中丢掉。攻击者可以通过发送很多 SYN 请求而不以 ACK 响应，从而填满对方的 SYN_RECV 队列来对目标进行拒绝服务攻击。

③ Teardrop 攻击利用了 IP 协议用来改善网络通信的分片特性。一个网络 IP 数据包是一个变长的对象。为了支持不同的应用和不同的情况，IP 协议允许将单个数据单元分片，即分成小段数据，分别发送。每个分片可表明其长度和在数据单元中的相对位置。接收端负责重新将分片组装成单个数据单元。

在 Teardrop 攻击中，攻击者发送一系列数据包，这些数据包不能被正确组装在一起。例如，一个数据包表明它的位置在长度为 60 字节的数据单元的位置 0 处。另一个表明它在 90 字节的数据单元的位置 30 处，还有一个表明它在 173 字节的数据单元的位置 41 处。这三个分片是重叠的，所以，不能正确重组。在极端情况下，操作系统将把不能重组的数据单元部分锁住，而导致拒绝服务。

（3）流量重定向。路由器工作在网络层，是一种在源主机所在网络与目标主机所在网络之间，通过一些中间网络向前传递消息的设备。因此，如果攻击者可以破坏寻址，就不能正确传递消息。

路由器使用复杂的算法来决定如何进行路径选择。不管采用何种算法，从本质上说都是为了寻找一条最好的路径（在这里，“最好”是通过一些综合指标进行衡量的，如距离、时间、费用和质量等）。每一个路由器只知道与它共享相同网络连接的路由器，路由器之间使用网关协议共享一些信息，这些信息是关乎彼此之间通信能力的。每一个路由器都要向它相邻路由器通告它自己到达其他网络的路径情况。这个特点可以被攻击者用来破坏网络。

假设一台路由器向它的所有相邻路由器报告：它到整个网络的每一个其他地址都有最好的路径。很快，所有路由器都会将所有通信传递到该路由器。这样，这台路由器就会被大量通信淹没，或者只能将大多数通信一丢了之。无论出现哪一种情况，都会造成大量通信永远不能到达预期的目标。

4. 分布式拒绝服务

上面所列举的拒绝服务攻击本身就已经非常具有威力了，但是，攻击者还可以采取一种两阶段的攻击方式，攻击效果可以扩大很多倍。这种乘数效应为分布式拒绝服务攻击提供了巨大威力。攻击者发起 DDoS 攻击的第一步是在 Internet 上寻找有漏洞的主机并试图侵入，入侵成功后在其中安装后门或者木马程序；第二步是在入侵各主机上安装攻击程序，由程序功能确定其扮演的不同角色；最后由各部分主机各司其职，在攻击者的调遣下对目标主机发起攻击，制造数以百万计的数据分组流入欲攻击的目标，致使目标主机或网络极度拥塞，从而造成目标系统瘫痪。

与 DoS 一次只能运行一种攻击方式攻击一个目标不同，DDoS 可以同时运用多种 DoS 攻击方式，也可以同时攻击多个目标。攻击者利用成百上千个被“控制”节点向受害节点发动大规模的协同攻击。通过消耗带宽、CPU 和内存等资源，造成被攻击者性能下降，甚至瘫痪或死机，从而造成合法用户无法正常访问。与 DoS 相比，其破坏性和危害程度更大，涉及范围更广，更难发现攻击者。DDoS 的攻击原理如图 3-3 所示。

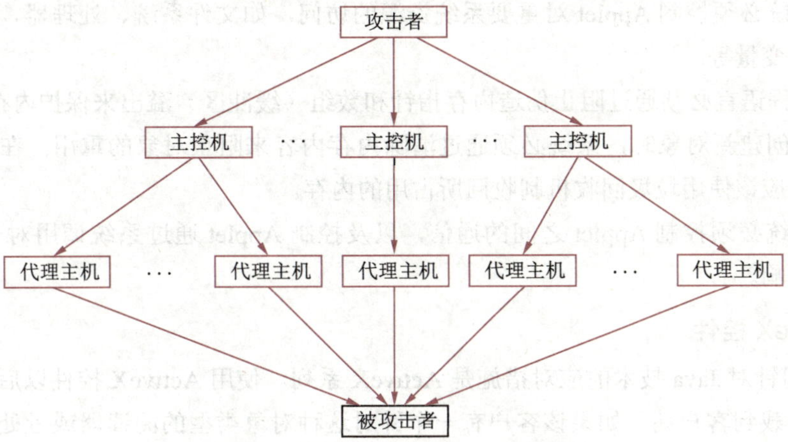

图 3-3 分布式拒绝服务攻击原理

（1）攻击者。攻击者可以是网络上的任何一台主机。在整个攻击过程中，它是攻击主控台，向主控机发送攻击命令，包括被攻击者主机地址，控制整个攻击过程。攻击者与主控机的通信一般不包括在 DDoS 工具中，可以通过多种连接方法完成，最常用的有 Telnet TCP 终端会话，还可以是绑定到 TCP 端口的远程 Shell，基于 UDP 的客户机 / 服务器远程 Shell 等。

（2）主控机。主控机和代理主机都是攻击者非法侵入并控制的一些主机，它们分成了两个层次，分别运行非法植入的不同攻击程序。每个主控机控制一部分代理主机，主控机有其控制的代理主机的地址列表，它监听端口接收攻击者发来的命令后，将命令转发给代理主机。主控机与代理主机的通信根据 DDoS 工具的不同而有所不同。如 Trinoo 使用 UDP 协议、TFN 使用 ICMP 协议、Stacheldraht 使用 TCP 和 ICMP 协议。

（3）代理主机。代理主机运行攻击程序，监听端口接收和运行主控机发来的命令，是真正进行攻击的机器。

（4）被攻击者。被攻击者可以是路由器、交换机、主机。遭受攻击时，它们的资源或带宽被耗尽。防火墙、路由器的阻塞还可能导致恶性循环，加重网络拥塞情况。

除了巨大的乘数效应以外，也很容易通过脚本实施分布式拒绝服务攻击，这也是一个严重的问题。只要给出了一套拒绝服务攻击方式和一种特洛伊木马繁殖方式，人们就可以很容易地写出一个程序来植入特洛伊木马，该特洛伊木马就可以用任何一种或所有的拒绝服务攻击方法实施攻击。DDoS 攻击工具最早出现于 1999 年中期，包括 TFN（tribal flood network），Trinoo 以及 TFN2K（tribal flood network，year 2000 edition）。随着一些新弱点的发现，特洛伊木马的植入方式也随之发生了一些改变，而且，随着一些新的拒绝服务攻击方式被发现，也相应出现了一些新的组合工具。

学习笔记

5. Java 代码

恶意的 Applet（hostile Applet）是一种可以下载的 Java 代码，会对客户系统造成损害。由于 Applet 在下载以后失去了安全保护，而且通常以调用它的用户的权限运行，因此恶意的 Applet 会造成严重破坏。以下列举了安全执行 Applet 的几种必要条件：

（1）系统必须控制 Applet 对重要系统资源的访问，如文件系统、处理器、网络、用户显示和内部状态变量等。

（2）编程语言必须通过阻止伪造内存指针和数组（缓冲区）溢出来保护内存。

（3）在创建新对象时，系统必须通过清除内存内容来阻止对象的重用；在不再使用某些变量时，系统应该使用垃圾回收机制收回所占用的内存。

（4）系统必须控制 Applet 之间的通信，以及控制 Applet 通过系统调用对 Java 系统外的环境产生的影响。

6. ActiveX 控件

微软公司针对 Java 技术的应对措施是 ActiveX 系列。使用 ActiveX 控件以后，任何类型的对象都可以下载到客户端。如果该客户有一个针对这种对象类型的阅读器或者处理程序，就可以调用该阅读器显示该对象。例如，下载一个 Word 文件就会调用系统上安装的 Word 程序来显示该文件。对于那些客户端没有相应处理程序的文件将会导致下载更多的其他代码。正是由于这个特点，从理论上来说，攻击者可以发明一种新的文件类型，如 .bomb 类型，就会导致那些毫无戒心的用户在下载一个包含 .bomb 文件的主页时，也随同下载了可以执行 .bomb 类型文件的代码。

为了阻止任意下载文件，微软公司使用了一种鉴别方案，在这种鉴别方案下，下载的代码是有密码标记的，而且在执行之前需要验证签名。但是，鉴别验证的仅仅是源代码，而不是它们的正确性或者安全性。来自微软公司（Netscape 或任何其他生产商）的代码并不是绝对安全的。以前的事实证明：不论代码来自何处，都不能假设它到底有多安全。况且，有些弱点还可以允许 ActiveX 绕过这种鉴别。

7. 根据类型自动执行

数据文件是通过程序进行处理的。对于某些产品而言，文件类型是通过文件的扩展名表示的，如 .doc 文件是一个 Word 文档，.pdf 可移植文档格式（portable document format）的文件是一个 Adobe Acrobat 文件，.exe 文件是一个可执行文件。在许多系统中，当一个具有某种扩展名的文件到达时，操作系统会自动调用相应的处理程序来处理它。

把一个 Word 文档本身当作一个可执行文件是让人难以理解的。为了阻止人们通过输入名字作为命令来运行文件 Temp.doc，微软公司在文件中内置了它的真实类型。只需要在 Windows 文件浏览器窗口中双击该文件，就可以激活相应的程序来处理这个文件。

但是，这种方案也为攻击者提供了一个机会。一名怀有恶意的代理可能会给你发送一个名为 innocuous.doc 的文件，使你以为它是一个 Word 文档。由于它的扩展名是 .doc，因此 Word 会试图打开它。假设该文件被重命名为 innocuous（没有扩展名 .doc），但如果内置的文件类型

是 .doc，那么双击 innocuous 也会激活 Word 程序打开该文件。这个文件中可能包含着一些不怀好意的宏命令，或者通过请求打开另一个更危险的文件。

在通常情况下，可执行文件是危险的，而文本文件相对比较安全，一些带有活动内容的文件（如 .doc 文件）介乎两者之间。如果一个文件没有明显的文件类型，将会使用它内置的文件处理程序打开，此时，正步入危险的境地。攻击者常常使用没有明显文件类型的方法隐藏一个怀有恶意的活动文件。

8. 蠕虫

蠕虫（bot）是黑客机器人，是在远程控制的一段有恶意的代码。这些目标代码是分布在大量受害者主机的特洛伊木马。如果忽略它们消耗计算机资源和网络资源，由于不干扰或损害用户的计算机，因而通常不易被察觉。

通过常用的网络，如在线聊天系统（Internet relay chat，IRC）通道、P2P 网络（该网络通过 Internet 共享音乐），蠕虫间或蠕虫与主控机之间进行相互协作。由蠕虫构成的网络称为 Botnet，其结构类似松散协作的 Web 站点，该结构允许任何一个蠕虫或蠕虫组失效，并存在多个连接通道用于信息与协调工作，因此，灵活性非常好。

Botnet 常用于分布式拒绝服务攻击，从很多站点发起对受害者的并行攻击。它们也常常用于垃圾邮件或其他大邮件攻击，发送服务提供者发送超大邮件可能引起网络堵塞。

3.1.3 对网络中信息的威胁

1. 传输中的威胁：偷听与窃听

实施攻击的最简便方法就是偷听（eavesdrop）。攻击者无须额外的攻击成本就可以毫无阻碍地获取正在传送的通信内容。例如，一名攻击者（或者一名系统管理员）正在通过监视流经某个节点的所有流量进行偷听。管理者可能出于一种合法的目的，比如查看是否有员工不正确地使用资源（例如，通过公司内部网络访问与工作不相干的网站），或者与不合适的对象进行通信（例如，从一名军用计算机向境外传递一些文件）。

窃听（wiretap）即通过一些努力窃取通信信息。被动窃听（passive wiretapping）只是“听”，与偷听非常相近。而主动窃听（active wiretapping）则意味着还要在通信信息中注入某些东西。例如，A 可以用他自己的通信内容取代 B 的通信内容，或者以 B 的名义创建一次通信。窃听源于电报和电话通信中的窃听，常常需要进行某种物理活动，在这种活动中，使用某种设备从通信线路上获取信息。事实上，由于与通信线路进行实际的接触不是必需的条件，所以有时可以偷偷地实施窃听，以至于通信的发送者和接收者都不会知道通信的内容已经被截取了。

窃听是否成功与通信媒介有关。下面介绍针对不同通信媒介的可能攻击方法。

（1）电缆。对大多数局域网而言，在一个以太网或者其他 LAN 中，任何人都可以截取电缆中传送的所有信号。每一个 LAN 连接器（如计算机网卡）都有唯一的地址，每一块网卡及其驱动程序都预先设计好了程序，用它的唯一地址（作为发送者的“返回地址”）来标识它发出的所有数据包，并只从网络中接收以其主机为目的地址的数据包。

学习笔记

一种称为嗅包器（packet snifter）的软件可以获取一个 LAN 上的所有数据包。还有一种方法，可以对一个网卡重新编程，使它与 LAN 上另一块已经存在的网卡具有相同的地址。这样，这两块不同的网卡都可以获取发往该地址的数据包。

一些高明的攻击者利用了电缆线的特性，不需要进行任何物理操作就可以读取其中传递的数据包。电缆线（以及其他电子元件）会发射无线电波。通过自感应（inductance）过程，入侵者可以从电缆线上读取辐射出的信号，而无须与电缆进行物理接触。电缆信号只能传输一段较短的距离，而且可能受其他导电材料的影响。由于这种用来获取信号的设备并不昂贵而且很容易得到，因此对采用电缆作为传输介质的网络应高度重视自感应威胁。为了使攻击能起作用，入侵者必须相当接近电缆，因此，这种攻击形式只能在有合理理由接触到电缆的环境中使用。

如果与电缆的距离不能靠得足够近，攻击者从而无法实施自感应技术时，就可能采取一些更极端的措施。窃听电缆信号最容易的形式是直接切断电缆。如果这条电缆已经投入使用，切断它将会导致所有服务都停止。在进行修复的时候，攻击者可以很容易地分接出另外一根电缆，然后通过这根电缆就可以获取在原来电缆线上传输的所有信号。

网络中传输的信号是多路复用（multiplexed）的，意味着在某个特定时刻不止一个信号在传输。例如，两个模拟（声音）信号可以合成起来，正如一种音乐和弦中的两个声调一样；同样，两个数字信号也可以通过交叉合成起来，就像玩扑克牌时洗牌一样。LAN 传输的是截然不同的包，但是在 WAN 上传输的数据却在离开发送它们的主机以后经过了复杂的多路复用处理。这样，在 WAN 上的窃听者不仅需要截取自己想要的通信信号，而且需要将这些信号从同时经过多路复用处理的信号中区分开来。只有能够同时做到这两件事情，这种攻击方式才值得一试。

（2）微波。微波信号不是沿着电线传输的，而是通过空气传播的，这使得它们更容易被局外人接触到。一个传输者的信号通常都是正对着它的接收者发送的。信号路径必须足够宽，才能确保接收者收到信号。从安全的角度来说，信号路径越宽，越容易招引攻击。

一个人不仅可以在发送者与接收者连线的中间截取微波信号，而且可以在与目标焦点有稍许偏差的地方，架设一根天线获取完整的传输信号。

微波信号通常都不采取屏蔽或者隔离措施以防止截取。因此，微波是一种很不安全的传输介质。然而，由于微波链路中携带着巨大的流量，因此，几乎不可能将某一个特定的通信信号从同时进行了多路复用处理的其他传输信号中分离出来。但对于一条专有的微波链路而言，由于只传输某一个组织机构的通信信息，从而不能很好地获得因容量大而产生的保护。

（3）卫星通信。卫星通信也存在着相似的问题，因为发射的信号散布在一个比预定接收点广得多的范围内。尽管不同的卫星具有不同的特点，但有一点是相同的：在一个几百英里（1 英里 =1.609 km）宽上千英里长的区域内都可以截取卫星信号。因此，潜在被截取的可能性比微波信号更大。然而，由于卫星通信通常都经过了复杂的多路复用处理，因而被截取的危险相对于任何只传输一种通信信号的介质要小得多。

（4）光纤。光纤相对于其他通信介质而言，提供了两种特有的安全优势。第一，在每次进行一个新的连接时，都必须对整个光纤网络进行仔细调整。因此，没有人能够在不被系统察觉的情况下分接光纤系统。只要剪断一束光纤中的一根就会打破整个网络的平衡。第二，光纤中传输的是光能，而不是电能。电会发射电磁场，而光不会。因此，不可能在光纤上使用自感应技术。然而，就是使用光纤也不是绝对安全可靠的，还需要使用加密技术。在通信线路中间安放了一些诸如中继器、连接器和分接器等设备，在这些位置获取数据比从光纤本身获取数据要容易得多。从计算设备到光纤的连接处也可能有一些渗透点。

（5）无线通信。无线通信是通过无线电波进行传送的。在美国，无线计算机连接与车库开门器、本地无线电（比如用于婴儿监控器）、一些无线电话以及其他短距离的应用设备共享相同的频率。尽管频率带宽显得很拥挤，但是对某一个用户而言，很少同时使用相同带宽上的多个设备，因此，争夺带宽或干扰不构成问题。

但主要的威胁不是干扰，而是截取。无线通信信号的强度能够达到 100~200 英尺，可以很容易地收到强信号。而且，使用便宜的调谐天线就可以在几英里外的地方接收到无线信号。换句话说，某些人如果想要接收你发出的信号，可以在几条街的范围内做这件事情。通过停在路边的一辆卡车或者有篷货车，拦截者就可以在相当长的一段时间内监视你的通信，而不会引起任何怀疑。在无线通信中，通常不使用加密技术，而且在一名执着的攻击者面前，某些无线通信设备中内置的加密往往显得不是足够健壮。

无线网络还存在一个问题：有骗取网络连接的可能性。很多主机都运行了动态主机配置协议，通过该协议，一名客户可以从一个主机获得一个临时 IP 地址和连接。这些地址原本放在一个缓冲池中，并随时可以取用。一名新客户通过 DHCP 向主机请求一个连接和一个 IP 地址，然后服务器从缓冲池中取出一个 IP 地址，并分配给请求的主机。

这种分配机制在鉴别上存在一个很大的问题。除非主机在分配一个连接之前对用户的身份进行了鉴别，否则，任何进行请求的客户都可以分配到一个 IP 地址，并以此进行对网络的访问（通常分配发生在客户工作站上的用户真正到服务器上进行身份确认之前，因此，在分配的时候，DHCP 服务器不可能要求客户工作站提供一个已鉴别的用户身份）。这种状况非常严重，因为通过一些城区的连接示意图，就可以找到很多可用的无线连接。

从安全的观点来看，应该假设在网络节点之间所有通信链路都有被突破的可能。由于这个原因，商业网络用户采取加密的方法保护他们通信的机密性，尽管出于性能的考虑，商业网络更倾向于采用加强物理上和管理上的安全来保护本地连接，但还是可以对局部的网络通信进行加密。

2. 假冒

在很多情况下，有一种比采用窃听技术获取网络信息更简单的方法：假冒另一个人或者另外一个进程。如果你可以直接获取相同的数据，为何还要冒险从一根电缆线上去感应信息，或者费力地从很多通信中分离出其中的一个通信呢？

在广域网中采用假冒技术比在局域网中具有更大的威胁。在局域网中有更好的方法获取对其他用户的访问，例如，他们可以直接坐到一台无人注意的工作站上，就可以开始工作了。但是，即使是在局域网环境中，假冒攻击也是不容忽视的。因为，局域网有时会在未经安全考虑的情况下就被连接到一个更大的网络中去。

在假冒攻击中，攻击者有如下几种方式可供选择：

学习笔记

（1）通过猜测突破鉴别。口令猜测的来源是很多用户选择了默认口令或容易被猜出的口令。在一个值得信赖的环境中，比如一个办公用 LAN，口令可能仅仅是一个象征性的信号，表明该用户不想让其他人使用这台工作站或者这个账户。有时，受到口令保护的工作站上含有一些敏感数据，比如员工的薪水清单或者关于一些新产品的信息。一些用户可能认为只要有口令就可以使有好奇心的同事知趣地走开，他们似乎不会去防范一心要搞破坏的攻击者。然而，一旦这种值得信赖的环境连接到了一个不能信赖的较大范围的网络中，所有采用简单口令的用户就会成为很容易攻击的目标。实际情况是，一些系统原本没有连接到较大的网络中，因此它们的用户开始阶段处在一个较少暴露的环境中。一旦进行了连接，这种状况就明显地改变了。

（2）以偷听或者窃听突破鉴别。由于分布式和客户机 / 服务器计算环境不断增加，一些用户常常对几台联网的计算机都有访问权限。为了禁止任何外人使用这些访问权限，就要求在主机之间进行鉴别。这些访问可能直接由用户输入，也可能通过主机对主机鉴别协议代表用户自动做这些事情。不论是在哪种情况下，都要求将账户和鉴别细节传送到目标主机。当这些内容在网络上传输时，它们就暴露在网络上任何一个正在监视该通信的人面前。这些同样的鉴别细节可以被一个假冒者反复使用，直到它们被改变为止。

由于显式地传输一个口令是一个明显的弱点，所以开发出了一些新的协议，它们可以使口令不离开用户的工作站。但是，保管和使用等细节是非常重要的。

微软公司的 LAN Manager 是一种早期用于实现联网的方法，它采用了一种口令交换机制，使得口令自身不会显式地传输出去；当需要传输口令时，所传送的只是一个加密的哈希代码。口令可以由多达 14 个字符组成，其中，可以包含大小写字母、数字或者一些特殊字符，则口令的每个位置有 67 种可能的选择，所以，一共有 67^{14} 种可能。LAN Manager 鉴别仍保留在很多后来出现的系统之中（包括 Windows NT），只是作为一种可选项使用，以支持向下兼容。这个例子说明了为什么安全和加密都是很重要的，而且必须从设计和实现的概念阶段就开始由专家对其进行严密监控。

（3）避开鉴别。很显然，鉴别只有在它运行的时候才有效。对于一个有弱点或者有缺陷的鉴别机制来说，任何系统或者个人都可以绕开该鉴别过程而访问该系统。

在一个典型的操作系统缺陷中，用于接收输入口令的缓冲区大小是固定的，并对所有输入的字符进行计数，包括用于改错的退格符。如果用于输入的字符数量超过了缓冲区的容纳能力，就会出现溢出，从而导致操作系统省略对口令的比较，并把它当作经过了正确鉴别的口令一样对待。这些缺陷或者弱点可以被任何寻求访问的人所利用。

许多网络主机，尤其是连接到广域网上的主机，运行的很多都是 UNIX 操作系统或者 Linux 操作系统。在一个局域网环境中，很多用户都不知道正在使用的是哪一种操作系统；当然也有少数几个人知道，或有能力知道这些信息。另外，也有少数人对利用操作系统的缺陷很感兴趣。然而，在广域网中，一些黑客会定期扫描网络，以搜寻正在运行着有弱点或者缺陷的操作系统的主机。因此，连接到广域网（尤其是因特网）会将这些缺陷暴露给更多企图利用它们的人。

（4）不存在的鉴别。如果有两台计算机供一些相同的用户存储数据和运行程序，并且每一台计算机在每一个用户第一次访问时都要对他进行鉴别，你可能会认为计算机对计算机或者本地用户对远程进程的鉴别是没有必要的。这两台计算机及其用户同处于一个值得信赖的环境中，重复鉴别将增加复杂性，这看起来有些多余。

然而，这种假设是不正确的。为了说明这个问题，来看看UNIX操作系统的处理方法。在UNIX系统中，rhosts文件列出了所有可信任主机，rlogin文件列出了所有可信任用户，它们都被允许不经鉴别就可以访问系统。使用这些文件的目的是支持已经经过他所在域的主机鉴别过的用户进行计算机对计算机的连接。这些"可信任主机"也可以被局外人所利用：他们可以通过一个鉴别弱点（比如一个猜出来的口令）获取对一个系统的访问，然后就可以实现对另外一个系统的访问，只要这个系统接受来自其可信任列表中的真实用户。

攻击者也可能知道一个系统有一些身份不需要经过鉴别。一些系统有Guest或者Anonymous账户，以便允许其他人可以访问系统对所有人发布的信息。例如，一家银行可能发布目前的外币汇率列表，所有在线目录的图书馆可能想把这个目录提供给任何人进行搜索，一家公司可能会允许任何人访问它的一些报告。一个用户可以用Guest登录系统，并获取一些公开的有用信息。通常，这些系统不会对这些账户要求口令；或者向用户显示一条消息，提示他们在要求输入口令的地方输入GUEST（或者你的名字，只需要任何一个看起来像人名的任何字符串都行）。这些账户都允许未经鉴别的用户进行访问。

（5）众所周知的鉴别。鉴别数据应该是唯一的，而且很难被猜出来。然而，遗憾的是，采用方便的鉴别数据和众所周知的鉴别方案，有时会使得这种保护形同虚设，例如，一家计算机制造商计划使用统一的口令，以便它的远程维护人员可以访问遍布世界各地的任何一个客户的计算机。幸运的是，在该计划付诸实施之前，安全专家们指出了其中潜在的危险。

系统网络管理协议（SNMP）广泛应用于网络设备（如路由器和交换机）的远程管理，不支持普通的用户。SNMP使用了一个公用字符串（community string），这是一个重要的口令，用于公用设备彼此之间的交互。然而，网络设备被设计成可以进行带有最小配置的快速安装，并且很多网络管理员并不改变这个安装在一个路由器或者交换机中默认的公用字符串。这种疏忽使得这些在网络周界上的设备很容易受到多种SNMP的攻击。

目前，一些销售商仍然喜欢在出售计算机时附带安装一个系统管理员账号和默认口令。有些系统管理员也忘记了改变他们的口令或者删除这些账号。

3. 欺骗

通过猜测或者获取一个实体（如用户、账户、进程、节点、设备等）的网络鉴别证书后，攻击者可以该实体的身份进行一个完整的通信。在假冒方式中，攻击者扮演了一个合法的实体。与此密切相关的是欺骗（spoofing），是指一名攻击者在网络的另一端以不真实的身份与你交互。欺骗方式包括伪装、会话劫持和中间人攻击。

（1）伪装。伪装（masquerade）是指一台主机假装成另一台主机。伪装的常见例子是混淆URL。域名很容易被混淆，域名的类型也很容易被人们搞混，比如，xxx.com、xxx.org和xxx.net可能是三个不同的组织机构，也可能只有一个（假设xxx.com）是某个真正存在的组织机构的域名，而其他两个是由某个具有伪装企图的人注册的相似域名。名称中有无连字符

（coca-cola.com 对应 cocacola.com）以及容易混淆的名称（lOpht.com 对应 lopht.com，或者 citibank.com 对应 citybank.com）也都是实施伪装的候选名称。

假设你想要攻击一家银行，该银行的域名是 BlueBank.com，因此，你注册了一个域名 Blue-Bank.com。然后，用 Blue-Bank.com 建立一个网站，还将你从真正的 BlueBank.com 上下载的首页作为这个网站的首页，并使用真正的 BlueBank 图标等，以使这个网站看起来尽可能像 BlueBank 的网站。最后，你邀请人们使用他们的姓名、账号以及口令或者 PIN 登录这个网站（这种访问重定向可以采用很多种方法完成。比如，可以在某些有影响的网站上花钱申请一个横幅广告，使它链接到这个站点，而不是真正的银行站点；或者你可以发邮件给一些居民，邀请他们访问这个站点）。在从几个真正的银行用户处收集了一些个人信息之后，你可以删除这个链接，将这个链接传递给真正的 BlueBank 银行，或者继续收集更多的信息。你甚至可以不留痕迹地将这个链接转换成一个真正的 BlueBank 的已鉴别访问，这样，这些用户就永远不会意识到背后发生的故事。

这种攻击的另一种变化形式是“钓鱼欺诈”。你发送了 E-mail，包含有真实的 BlueBank 标志，诱使用户点击该链接，然后将受害者带到 BlueBank 网站。这种诱使方法想获得受害者的账户，或者你想通过金钱奖励让受害者回答调查题（从而需要账号与 PIN 返还金钱），或其他好像合法的解释。这个链接可能是你的域 Blue-Bank.com，该链接可能写着“点击这里”可访问你的账户（“点击这里”链接到假冒的网站）。

在另一种伪装方法中，攻击者利用了受害者网页服务器的一个缺陷，从而可以覆盖受害者的主页。然而，高明的攻击者可能要狡猾得多，他们不会将真正的网站弄得面目全非，而是尽量模仿原来的站点建立一个虚假的站点，以便获取一些敏感的信息（如姓名、身份证号、信用卡号等），或者诱导用户进行真正的交易。“钓鱼欺诈”已成为一个严重的问题。

（2）会话劫持。会话劫持（session hijacking）是指截取并维持一个由其他实体开始的会话。假设有两个实体已经进入了一个会话，然后第三个实体截取了它们的通信并以其中某一方的名义与另一方进行会话。比如使用 Telnet 时，如果一名系统管理员以特权账户的身份进行远程登录，使用会话劫持工具可以介入该通信并向系统发出命令，就好像这些命令是由系统管理员发出的一样。

（3）中间人攻击。在会话劫持中要求在两个实体之间进行的会话有第三方介入，而中间人攻击（man-in-the-middle）是一种与此相似的攻击形式，也要求有一个实体侵入两个会话的实体之间。它们之间的区别在于，中间人攻击通常在会话的开始就参与进来了，

而会话劫持发生在一个会话建立之后。其实它们之间的区别仅仅是一种语义上的区别，而在实际上却没有多大的意义。中间人攻击常常通过协议来描述，如图 3-4 所示。

① A 向 B 发送“我是 A”的报文，并给出了自己的身份。此报文被中间人 C 截获，C 把此报文原封不动地转发给 B。B 选择一个不重数（nonce，不重复使用的大随机数）R_B 发送给 A，但同样被 C 截获后也照样转发给 A。

② 中间人 C 用自己的私钥 SK_C 对 R_B 加密后发回给 B，使 B 误以为是 A 发来的。A 收到 R_B 后也用自己的私钥 SK_A 对 R_B 加密后发回给 B，中途被 C 截获并丢弃。B 向 A 索取其公钥，

学习笔记

此报文被 C 截获后转发给 A。

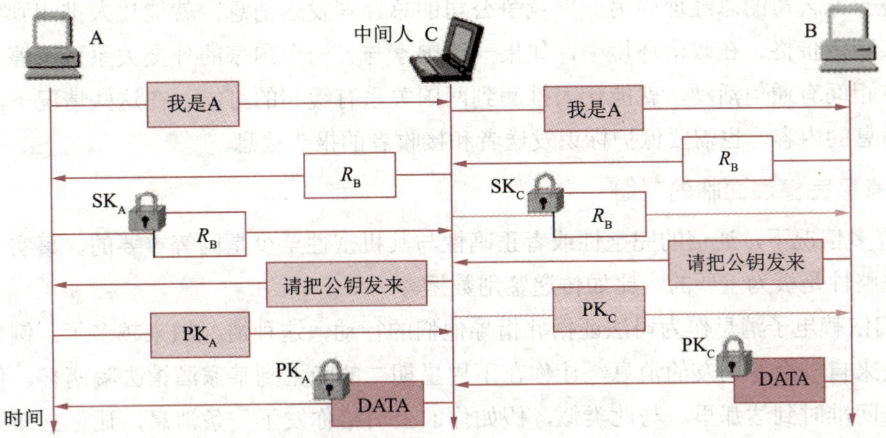

图 3-4　实施中间人攻击

③ C 把自己的公钥 PK_C 冒充是 A 的发送给 B，而 C 也截获到 A 发送给 B 的公钥 PK_A。

④ B 用收到的公钥 PK 以为是 A 的数据加密发送给 A。C 截获后用自己的私钥 SKC 解密，复制一份留下，再用 A 的公钥 PK_A 对数据加密后发送给 A。A 收到数据后，用自己的私钥 SK_A 解密，以为和 B 进行了保密通信。其实，B 发送给 A 的加密数据已被中间人 C 截获并解密了一份。但 A 和 B 却都不知道。

4. 消息机密性面临的威胁

由于使用了公共网络，攻击者可以很容易破坏消息的机密性（也可能是消息的完整性）。采用前面所讲过的窃听和假冒攻击可以导致消息失去机密性和完整性。下面讨论可能影响消息机密性的其他几种弱点。

（1）误传。有时，因为网络硬件或者软件中存在一些缺陷，可能会导致消息被误传。其中，经常出现的情况是整个消息丢失了，这是一个完整性或者可用性问题。然而，偶尔也会出现目的地址被修改或者由于某些处理单元失效，从而导致消息被错误地传给了其他人。但是，所有这些“随机”事件都是相当罕见的。

与网络缺陷相比，人为的错误出现得更为频繁。比如，将一个地址 10006430652 输成了 1006430652 类似的事情简直数不胜数。

（2）暴露。为了保护消息的机密性，必须对从它被创建开始到被释放为止的整个过程进行跟踪。在整个过程中，消息的内容将暴露在临时缓冲区中；遍及整个网络的交换器、路由器、网关和中间主机中；以及在建立、格式化和表示消息的进程工作区中。被动窃听是一种暴露消息的方式，同时也是对传统网络结构的破坏，因为在传统网络结构中，消息只传送到它的目的地。最后要指出的是，在消息的出发点、目的地或者任何一个中间节点通过截取方式都可以导致消息暴露。

（3）流量分析。有时不仅消息自身是需要保密的，就连存在这条消息这个事实都是需要保密的。例如，在战争时期，如果敌人看到了我们的指挥部与一个特别行动小组之间有大量的

学习笔记

网络流量，他们就可以推测出我们正在策划一项与该小组有关的重大行动计划；在商业环境中，如果发现一家公司的总经理向另一家竞争公司的总经理发送消息，就能让人推测到他们企图垄断或共谋制定价格。在政治环境中，如果一个国家与另一个国家的外交关系处于停顿状态，一旦发现首相间有通信活动，就能让人推测到两国关系有缓和的可能。在这些情况下，我们既需要保护消息的内容，也需要保护标识发送者和接收者的报头信息。

5. 消息完整性面临的威胁

在许多情况下，通信的完整性或者正确性与其机密性至少是同等重要的。事实上，在很多情况下完整性是极为重要的，比如传递鉴别数据。

人们依赖电子消息作为司法证据并指导他们的行动，这种情况越来越多了。例如，如果你收到一条来自一个好朋友的消息，让你在下周星期二的晚上到某家酒馆去喝两杯，你很可能会在约定时间准时到达那里。与此类似，假如你的上司给你发了一条消息，让你立即停止正在做的项目 A 中的所有工作，转而将所有精力投身于项目 B 中，你也可能会遵从命令。只要这些消息的内容是符合情理的，我们就会采取相应的行动，就好像我们收到了一封签名信件、一个电话或者进行了一次面对面的交谈一样。

然而，攻击者可能会利用你对消息的信任误导你。特别是，攻击者们可能会：

（1）改变部分甚至全部消息内容。

（2）完整地替换一条消息，包括其中的日期、时间以及发送者 / 接收者的身份。

（3）重用一条以前的旧消息。

（4）摘录不同的消息片段，组合成一条消息。

（5）改变消息的来源。

（6）改变消息的目标。

（7）毁坏或者删除消息。

3.2 设备安全防护

视频 设备安全防护

在交换机上进行安全配置，使其成为安全性加强的交换机，具有抗攻击性，比普通交换机（不进行任何设置）具有更高的智能性和安全保护功能。在系统安全方面，交换机在网络由核心到边缘的整体架构中实现了安全机制，即通过特定技术（如风暴控制、流控制、保护端口等）对网络管理信息进行传输控制；在接入安全性方面，采用安全接入机制，包括 IEEE 802.1x 接入验证、RADIUS 等技术。

除了具备一般功能外，安全性加强的交换机还具备普通交换机所不具备的安全策略功能。从网络安全和用户业务应用出发，可实现特定的安全策略、限制非法访问、进行事后分析、有效保障用户网络业务的正常开展等功能，从而更好地遏制随着网络应用而泛滥的内网安全隐患。

一般地，交换机都具有基于端口的传输控制功能，能够实现风暴控制、端口保护和端口安

学习笔记

全等。传输控制功能用于交换机与交换机之间在发生拥塞时通知对方暂时停止发送数据包。如广播风暴抑制可限制广播流量的大小，对超过设定值的广播流量进行丢弃处理。不过，交换机的传输控制只能对经过端口的各类传输进行简单的速率限制，将广播、组播的异常流量限制在一定的范围内，而无法区分流量是否正常。

3.2.1 风暴控制

当端口接收到大量的广播、单播或多播包时，就会发生广播风暴，并且转发这些数据包将导致网络速度变慢或超时。因此，借助于对端口的广播风暴控制，在某些数据包过量时，交换机会暂时禁止该类数据包的转发，直至数据流恢复正常，从而有效地避免硬件损坏或链路故障导致的网络瘫痪。默认状态下，广播、多播和单播风暴控制被禁用。

1. 开启风暴控制

若要在交换机上，开启风暴控制，其语法格式为：

```
switch (config-if)#storm-control {broadcast / multicast / unicast} level
{level[ level-low] l bps bps [bps-low ] l pps pps [pps-low ] }
```

broadcast 代表广播风暴；multicast 代表组播风暴；unicast 代表未知的单播风暴。level 指定阻塞端口的带宽上限值。当广播、多播或单播传输占到宽带的多大比例（百分比）时，端口将阻塞传输。取值范围为 0.00 ～ 100.00。如果将值设置为 100.00，将不限制任何传输；如果将值设置为 0.00，那么，该端口的所有广播、多播和单播都将被阻塞。level-low 指定启用端口的带宽下限值。该值应当小于或等于上限值，当广播、多播或单播传输占用带宽的比例低于该值时，端口恢复转发传输。取值范围为 0.00 ～ 100.00 bps 指定端口阻塞的传输速率上限值。当广播、多播或单播传输达到每秒若干比特（bps）时，端口将阻塞传输。取值范围为 0.0 ～ 10000000000.0 bps-low 指定端口启用的传输速率下限值。该值应当小于或等于上限值，当广播、多播或单播传输低于每秒若干比特（bps）时，端口将恢复传输。取值范围为 0.0 ～ 10000000000.0pps 指定端口阻塞的转发速率上限值。当广播、多播或单播传输速率达到每秒若干数据包（pps）时，端口将阻塞传输。取值范围为 0.0 ～ 10000000000.0 pps-low 指定端口启用的传输速率下限值。该值应当小于或等于上限值，当广播、多播或单播转发速率低于每秒若干数据包（pps）时，端口将恢复传输。取值范围为 0.0 ～ 10000000000.0。如果要在交换机的特定端口（如 fastethernet 0/17 端口），将广播风暴级别限制在 70.5%，可进行如下配置。

```
Switch#configure terminal
Switch(config)#interface fastethernet 0/17
Switch(config-if)# storm-control broadcast level 70.5
Switch(config-if)# end
```

另外，还可以设置风暴发生时交换机的处理方式，其语法格式如下所示。

```
Switch (config-if) # storm-control action {shutdown / trap}
```

默认状态下，将过滤外出的传输，并不发送 SNMP 陷阱。选择 shutdown 关键字，在风暴期间将禁用端口；选择 trap 关键字，当风暴发生时，产生一个 SNMP 陷阱，向网络管理软件发出警报。

2. 禁用风暴控制

当在交换机上禁用风暴控制功能时，只需在开启此功能的命令前添加“no”，如在交换机的 fastethernet 0/17 端口禁用广播风暴控制功能和风暴控制处理方式时，可进行如下配置。

```
Switch#configure terminal
Switch(config)#interface fastethernet 0/17
Switch(config-if)# no storm-control broadcast level
Switch(config-if)# no storm-control action shutdown
Switch(config-if)# end
```

3.2.2 流控制

在千兆端口启用流控制后，可以在拥塞期间暂停与其他终端的连接。也就是说，当端口处于拥塞状态，无法接收到数据流时，将通知其他端口暂停发送，直到恢复正常状态。例如，本地一台交换机发现任何终端发生拥塞时，它将发送一个暂停帧，以通知其连接远端拥塞设备。当这些设备收到暂停帧后，将停止发送数据包，以防止在拥塞期内丢失。但流控制只适用于交换机的 1000Base-T（快速以太网端口）、1000Base-SX（多模光纤接口）和 GBIC（giga bitrate interface converter，千兆光纤接口）端口。

若要在交换机上对特定端口进行流量控制配置时，所采用的命令格式如下所示。

```
Switch  (config-if) # flowcontrol {receive / send} {on | off}
```

receive 指定流量控制中接受暂停帧。send 指定流量控制中发送暂停帧。on 开启流量控制功能。off 禁用流量控制功能。

例如，在交换机特定端口（如 fastethernet 4/4 端口）开启接受暂停帧的流量控制功能，可进行如下配置。

```
Switch#configure terminal
Switch(config)#interface fastethernet 4/4
Switch(config-if)# flowcontrol receive on
Switch(config-if)# end
```

3.2.3 保护端口

保护端口可以确保同一交换机上的端口之间不进行通信。因为保护端口不向其他保护端口转发任何单播、多播和广播包传输，要实现保护端口间的传输，都必须通过第三层设备转发。然而，保护端口与非保护端口间的传输不受任何影响。

在交换机上把某端口设置为保护端口，其语法格式如下所示。

```
Switch (config-if) # switchport protected
```

例如，将交换机的 fastethernet 1/1 端口设置为保护端口，可进行如下配置。

```
Switch#configure terminal
Switch(config)#interface fastethernet 1/1
Switch(config-if)# switchport protected
Switch(config-if)# end
```

3.2.4 端口阻塞

交换机的默认操作中，未知目标 MAC 地址的广播数据包将被允许从端口向外传输，但如果未知的单播和多播通信被转发到保护端口，将导致安全问题。此时，可以采用阻塞端口的方式，防止未知的单播和多播通信在端口间转发。

在交换机特定端口上，禁用未知多播和未知单播从某端口向外转发，其命令格式分别如下所示。

```
Switch (config-if) # switchport block multicast
Switch (config-if) #switchport block unicast
```

block 表示未知数据包。multicast 表示多播数据包。unicast 表示单播数据包。

例如，在交换机的 fastethernet 1/1 端口中，禁用未知多播和未知单播从某端口向外转发，可进行如下配置。

```
Switch#configure terminal
Switch(config)#interface fastethernet 1/1
Switch(config-if)# switchport block multicast
Switch(config-if)# switchport block unicast
Switch(config-if)# end
```

3.2.5 端口安全

借助端口安全设置，可以只允许指定的 MAC 地址或指定数量的 MAC 地址访问某个端口，从而避免未经授权的计算机接入网络，或限制某个端口所连接的计算机数量，从而确保网络接入的安全。

当配置端口安全时，应当注意以下问题：

（1）安全端口不能是 Trunk 端口。安全端口不能是 Switch Port Analyzer（SPAN）的目的端口。安全端口不能是属于 EtherChannel 的端口。

（2）安全端口不能是 Private VLAN 端口。在交换机上进行安全端口配置时，可依次进行启用该端口的安全功能、在端口设置安全 MAC 地址的最大数量、违反规则后的处理模式、指

学习笔记

定安全 MAC 地址和启动 Sticky learning 几项操作，其语法格式如下所示。

```
Switch(config-if)# switchport port-security
Switch(config-if)# switchport port-security maximum value
Switch(config-if)# switchport port-security violation { restrict | shutdown}
Switch(config-if)# switchport port-security mac-address mac_address
Switch(config-if)# switchport port-security mac-address sticky
```

① 端口安全 MAC 地址最大数量设置：在端口设置安全 MAC 地址的最大数量以限制该端口所连接的计算机数量，取值范围是 1 ～ 4097，默认值为 1。

② 违反规则后处理模式的设置：在安全违例事件发生时，会将端口置于 restrict（限制）或 shutdown（禁用）模式。选择 restrict 模式时，当非法 MAC 地址或太多 MAC 连接至该接口时，将丢弃数据包，并向网管计算机发送 SNMP 陷阱通知；选择 shutdown 模式时，发生安全错误的端口将被置于 error-disable 状态，除非网络管理员使用 no shutdown 命令手工激活，否则该端口失效。

③指定安全 MAC 地址：为端口指定安全 MAC 地址，可以使用该命令指定最大安全 MAC 地址数。如果指定的 MAC 地址数量少于安全地址的最大数量，动态学习的 MAC 地址将被保留。

④启动 sticky learning：在端口启用黏性学习（sticky learning）功能，端口将把所有动态安全 MAC 地址包括启用黏性学习前动态获悉的安全 MAC 地址转换为黏性安全 MAC 地址，并把它们加入运行配置中。

然而，黏性安全 MAC 地址不会自动加入交换机重启时使用的启动配置文件中。如果将黏性安全 MAC 地址保存到启动配置文件中，则交换机重启后接口无须重新获悉这些地址。如果不保存配置，这些 MAC 地址将丢失。如果禁用了黏性学习，黏性安全 MAC 地址将转换为动态安全地址，并从运行配置中删除。安全端口可以有 1 ～ 132 个相关联的安全地址，而整个交换机最多可以有 1 024 个安全地址。

例如，在交换机的 fastethernet 1/1 端口设置安全 MAC 地址的最大数量为 5、违反规则后置于 restrict 模式、指定安全 MAC 地址为 000a.6e0c.902b 并启用 sticky 功能，可如下配置。

```
Switch#configure terminal
Switch(config)#interface fastethernet 1/1
Switch(config-if)# switchport port-security
Switch(config-if)# switchport port-security maximum 5
Switch(config-if)# switchport port-security violation restrict
Switch(config-if)# switchport port-security mac-address 000a.6e0c.902b
Switch(config-if)# switchport port-security mac-address sticky
Switch(config-if)# end
```

设置端口安全老化：

当为端口指定最大 MAC 地址数时，为了保障该端口得以充分利用，可以采用设置端口安

学习笔记

全老化时间和模式的方式，让系统能够自动删除长时间未连接的 MAC 地址，从而使管理员不必手动删除，减少网络维护的工作量。

在交换机上设置端口安全老化时间和模式的语法格式如下所示。

```
Switch (config-if) # switchport port-security [ aging time aging_time /
type{ absolute | inactivity]
```

aging time aging_time：用于设置端口安全老化时间，取值范围为 0 ～ 1 440 min。

absolute：采用 absolute 模式，一旦到达指定的老化时间，那么立即会将 MAC 地址从安全地址列表中移除。

inactivity：采用 inactivity 模式，即使到达指定的老化时间，如果没有其他数据通信，那么，MAC 地址仍然被保留在安全地址列表中。

例如，在交换机的 fastethernet 1/1 端口，通过如下所示命令可以将端口安全老化时间和模式分别设置为 10 min 和 inactivity。

```
Switch#configure terminal
Switch(config)#interface fastethernet 1/1
Switch (config-if) # switchport port-security aging time 10 type inactivity
Switch (config-if) # end
```

3.3 防信息泄露技术

视 频

防信息泄露技术

随着企业信息化的发展，信息系统越来越多地使用于日常工作中，成为不可或缺的工具和手段。通过企业信息化大大提高了企业生产效率，从 ERP 到 SOA，成熟的企业已经越来越依赖于信息系统而运行发展并壮大；虚拟化、云计算等技术的发展更是为许多跨地区、跨国家的企业节约了大笔的专线费用，并且提供了信息传送的实时性、可靠性、保密性的保证。

电子商务、海外分公司、各地专卖店等企业正在利用信息化技术打破地域之间的阻碍，同时还会产生大量关乎企业核心竞争力的机密资料（如客户资料、营销方案、财务报表、研发数据等）。然而，信息技术本身的双刃剑特性也在组织的内网中不断显现：强大的开放性和互通性催生了商业泄密、网络间谍等众多灰色名词，“力拓案”等事件让信息安全事件迅速升温，信息防泄露成为企业越来越关注的焦点。

3.3.1 数据防泄露

在企业中提到数据保护，大家可能常常想起文档，很少有人会关注文档中的内容，对数据的管理也比较单一，通常就是全加密、全授权，对文档的重要性不做区分，随着社会的发展，文档的格式越来越多，安全事件不断爆发，使得人们对数据的关注度发生了变化，数据也分成了结构化数据和非结构化数据，更加关注文档内容中的敏感信息，使用文档的应用有哪些，对

学习笔记

不同类型的文档、含有不同内容的文档有区别的管理和存储。

以前要管控数据，大多是强管控，直接全部隔离，或者全部加密，称为囚笼、枷锁式管控，在实际的数据生产、使用、流转中带来了很多不必要的麻烦，人们需要更加灵活的方式来处理数据，此时，智能化的数据安全管控应运而生，企业管理员可以按照数据的重要程度有针对性地对数据进行控制。

数据泄露防护（data leakage prevention，DLP）的核心能力就是内容识别，通过识别可以扩展到对数据的防控。内容识别应该具备的识别能力具体来说有关键字、正则表达式、文档指纹、确切数据源（数据库指纹）、支持向量机，针对每一种能力又会衍生出多种复合能力。

DLP 还应该具备防护能力，防护范围包括网络防护和终端防护。网络防护主要以审计、控制为主，终端防护除审计与控制能力外，还应包含传统的主机控制能力、加密和权限控制能力。总的来说，DLP 其实就是一个综合体，最终实现的效果，应该是智能发现、智能加密、智能管控、智能审计，也是一整套的数据泄露防护方案。“网络 DLP”产品常驻于 DMZ 中，而其他产品则常驻于企业 LAN 或数据中心。除了“终端 DLP”产品以外，所有其他产品都以服务器为基础。

3.3.2 数据防泄露通用技术

为了预防数据丢失，无论数据的存储、复制或传输位置在哪里，都必须准确地检测所有类型的机密数据。如果没有准确的检测，数据安全系统就会生成许多误报（将并未违规的消息或文件标识为违规）以及漏报（未将违反策略的消息或文件标识为违规）。误报会大量耗费进行进一步调查和解决明显事故所需的时间和资源。漏报会掩盖安全漏洞，导致数据丢失、潜在财务损失、法律风险并有损组织声誉。因此需要准确的检测技术来做保障。为了确保最高的准确性，DLP 采用了三种基础检测技术和三种高级检测技术。

基础检测技术中通常有三种方式，正则表达式检测（标示符）、关键字和关键字对检测、文档属性检测。基础检测方法采用常规检测技术进行内容搜索和匹配，比较常见的都是正则表达式和关键字，此两种方法可以对明确的敏感信息内容进行检测；文档属性检测主要是针对文档的类型、文档的大小、文档的名称进行检测，其中文档类型的检测是基于文件格式进行检测，不是简单的基于扩展名检测，对于修改扩展名的场景，文件类型检测可以准确地检测出被检测文件的类型，目前支持 100 多种标准的文件类型，并且可以通过自定义特征识别特殊文件类型格式的文档。

高级检测技术中也有三种方式，精确数据比对（EDM）、指纹文档比对（IDM）、向量分类比对（SVM）。EDM 用于保护通常为结构化格式的数据，如客户或员工数据库记录。IDM 和 SVM 用于保护非结构化的数据，如 Microsoft Word 或 PowerPoint 文档。对于 EDM、IDM、SVM 而言，敏感数据会先由企业标识出来，然后由 DLP 判别其特征，以进行精准的持续检测。判别特征的流程包括 DLP 访问和检索文本及数据、予以正规化，并使用不可逆的打乱方式进行保护。

DLP 检测是以实际的机密内容为基础，而非根据文件本身。因此，DLP 不只能检测敏感数据的检索项或衍生项，而且能够标识文件格式与特征信息格式不同的敏感数据。例如，如果已经判别出机密 Microsoft Word 文档的特征，DLP 就能够在相同的内容以 PDF 附件的方式通过电子邮件进行提交时，将其准确检测出来。

精确数据比对（EDM）可保护客户与员工的数据，以及其他通常存储在数据库中的结构化数据。例如，客户可能会撰写有关使用 EDM 检测的策略，以在消息中查找“名字”“身份证号”“银行账号”“电话号码”中任意三项同时出现的情况，并将其映射至客户数据库中的记录。EDM 允许根据特定数据列中的任何数据栏组合进行检测，也就是在特定记录中检测 *M* 个字段中的 *N* 个字段。它能够在“值组”或指定的数据类型集上触发，例如，可接受“名字”与“身份证号”这两个字段的组合，但不接受“名字”与“电话号码”这两个字段的组合。由于会在每个数据存储格存储一个单独的打乱号码，因此只有来自单个列的映射数据才能触发正在查找不同数据组合的检测策略。例如，有个 EDM 策略请求“名字 + 电话号码 + 身份证号”的组合，则“张三”+“13333333333”+“110001198107011533”可触发此策略，但是即使“李四”也位于同一数据库中，“李四”+“13333333333”+“110001198107011533”也不能触发此策略。EDM 也支持相近逻辑以减少可能的误报情形。对于检测期间所处理的自由格式文本而言，单个特征列中所有数据各自的字数均必须在可配置的范围内，方可视为匹配项。例如，依默认，在检测到的电子邮件正文的文本中，“张三”+“13333333333”+“110001198107011533”各自的字数必须在选定的范围内，才会出现匹配项。对于含有表式数据（如 Excel）的文本而言，单个特征列中所有数据都必须位于表式文本的同一行上，方可视为匹配项，以减少整体误报情形。

“指纹文档比对”（IDM）可确保准确检测以文档形式存储的非结构化数据，例如 Microsoft Word 与 PowerPoint 文件、PDF 文档、财务、并购文档，以及其他敏感或专有信息。IDM 会创建文档指纹特征，以检测原始文档的已检索部分、草稿或不同版本的受保护文档。IDM 首先要进行敏感文件的学习和训练，拿到敏感内容的文档时，IDM 采用语义分析的技术进行分词，然后进行语义分析，提出来需要学习和训练的敏感信息文档的指纹模型，然后利用同样的方法对被测的文档或内容进行指纹抓取，将得到的指纹与训练的指纹进行比对，根据预设的相似度去确认被检测文档是否为敏感信息文档。这种方法可让 IDM 具备极高的准确率与较大的扩展性。

支持向量机（support vector machines）是由 Vapnik 等人于 1995 年提出来的。之后随着统计理论的发展，支持向量机也逐渐受到了各领域研究者的关注，在很短的时间就得到很广泛的应用。支持向量机是建立在统计学习理论的 VC 维理论[①] 和结构风险最小化原理基础上的，利用有限的样本所提供的信息对模型的复杂性和学习能力两者进行了寻求最佳的折中，以获得最好的泛化能力。SVM 的基本思想是把训练数据非线性地映射到一个更高维的特征空间（Hilbert 空间）中，在这个高维的特征空间中寻找到一个超平面使得正例和反例两者间的隔离边缘被最大化。SVM 的出现有效地解决了传统的神经网络结果选择问题、局部极小值、过拟合等问题。

① VC 维理论，全称为万普尼克 - 泽范兰杰斯理论（Vapnik–Chervonenkis theory），是由弗拉基米尔·万普尼克（Vapnik）及亚历克塞·泽范兰杰斯在 20 世纪 60 年代到 90 年代建立的一套机器学习理论。

学习笔记

并且在小样本、非线性、数据高维等机器学习问题中表现出很多令人注目的性质，被广泛地应用在模式识别、数据挖掘等领域。SVM 比对算法适合那些具有微妙的特征或很难描述的数据，如财务报告和源代码等。使用过程中，先将文档按照内容细分化分类，每一类文档集合有属于本类的意义，经过 SVM 比对，确定被检测的文档属于哪一类，并取得此类文档的权限和策略。同时，针对 SVM 的特点，可以进行终端或服务器上的文档按照分类含义进行分类数据发现。

3.3.3 数据防泄露控制与加密技术

常见的数据防泄露控制与加密技术有设备过滤驱动技术、文件级智能动态加解密技术、网络级智能动态加解密技术和磁盘级智能动态加解密技术四种。

1. 设备过滤驱动技术

设备过滤驱动技术是一种设备过滤驱动编程技术，可实现对终端任意设备（USB 端口、打印机、光驱、软驱、红外、蓝牙以及网卡等）的安全保护及控制。自动识别硬件信息、用户标识、存储设备与非存储设备、授权设备与非授权设备等信息。

2. 文件级智能动态加解密技术

文件级智能动态加解密技术是一种文件级过滤驱动编程技术，通过实时拦截文件系统的读 / 写请求，对文件进行动态跟踪和透明加 / 解密处理。其主要优点：文件加 / 解密动态、透明，不改变使用者的操作习惯；性能影响小，系统运行效率高；不改变原始文件的格式和状态，同时，部署和内部使用非常方便。显著特征为：加密强制性、使用透明性、保密彻底性、应用无关性、灵活拓展性。其发展历经三个阶段：单缓存过滤驱动技术、双缓存过滤驱动技术和虚拟文件系统技术（LayerFSD）。目前商业市场上大多数内核级别的加密厂商均采用单缓存过滤驱动技术，少量厂商已发展到双缓存过滤驱动技术，而发展到虚拟文件系统技术并实现产品化的厂商则屈指可数。文件级智能动态加解密技术架构如图 3-5 所示。

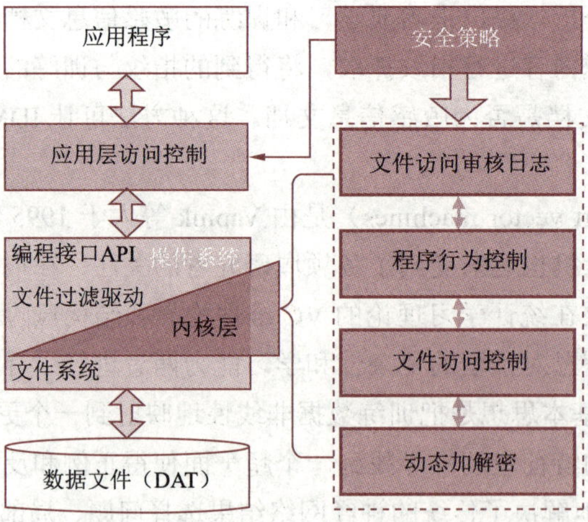

图 3-5　文件级智能动态加解密技术架构

3. 网络级智能动态加解密技术

网络级智能动态加解密技术是一种网络过滤驱动编程技术，俗称 NDIS 和 TDI 技术，可实现对网络传输协议及网络应用协议数据的过滤和控制。目前该类技术主要应用于防火墙、VPN、网络准接入等相关领域。网络级智能动态加解密技术架构如图 3-6 所示。

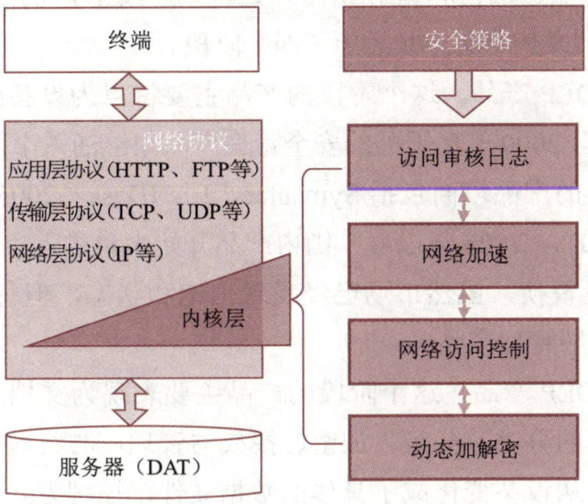

图 3-6 网络级智能动态加解密技术架构

4. 磁盘级智能动态加解密技术

磁盘级智能动态加解密技术是一种磁盘级过滤驱动编程技术，又称全盘加解密技术（full disk encryption，FDE），其核心技术工作于操作系统底层，可实现对包括操作系统文件在内的硬盘所有数据的加密保护。采用基于物理扇区级的加密方法，可将保存在硬盘上的所有数据进行加密，与文件加密方式不同，磁盘加密能够加密硬盘上的任何数据，当然也能够加密操作系统，非授权用户不仅看不到硬盘上的文件内容，而且看不到保存在磁盘上的任何文件的名称。

文件级的加密方式一般均能获得加密文件的文件名称、使用时间等信息，甚至能从临时文件、磁盘交换文件中获取一定的内容信息，而磁盘加密使硬盘上的所有数据均处于加密状态，得到加密硬盘的人无法得到任何信息。因为在加密的分区中，根本就没有文件的概念，更不要说文件的名称和内容等信息。

为方便用户操作和不改变用户的计算机使用习惯，采用动态加密和解密的方法，在操作系统和磁盘之间安装了一个数据加密和解密程序，该程序不需要用户的干预，自动对存储到磁盘的数据作加密运算，对从磁盘读取的数据做解密操作，用户在正常使用计算机的时候，根本感觉不到此程序的存在。磁盘级智能动态加解密技术架构如图 3-7 所示。

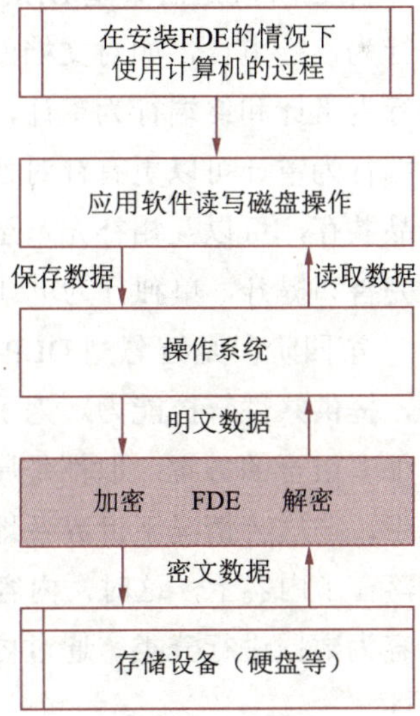

图 3-7 磁盘级智能动态加解密技术架构

学习笔记

3.3.4 数据防泄露产品演变

自2013年以来，国内大力推动国产DLP产品的生产和应用，在金融行业和运营商行业更是掀起了一个潮流，但国内产品还处于一种萌芽阶段，产品的不成熟和不稳定为DLP国产化的道路带来了阻力，很多终端、加密和审计厂商开始转型。DLP产品演变过程从囚笼型DLP产品发展到了目前的智慧型DLP产品，共经历了四个阶段。

第一阶段是囚笼型DLP产品。这个阶段的产品主要特点为设备强管控，采用逻辑隔离手段，构建安全隔离容器。自2000年后国外的安全管理产品相继涌入中国，刚开始是概念式引导，慢慢地转化为产品，有名的产品厂商包括Symantec、LANDesk，2005年至2008年他们在中国的市场占有率已经达到80%。2008年以后，国内产品开始大量进入市场，如今国外终端管理类产品已经被国内产品大量替换，虽然市场已经呈现出饱和状态，但每年还有将近4000万元的份额来自这个强管控的终端管理产品。

第二阶段是枷锁型DLP产品。这个阶段的产品主要表现为文档强管控，提供内容源头级纵深防御能力；数据文档的分类、分级、加密、授权与管理。与终端管理不同，数据加密与权限控制产品已经将关注点从设备变化成了具体的数据文件，控制方式更加细粒度化，保密方式更优秀，从2007年开始至今，市场中涌现出很多有实力的优秀厂商，因为国家的监管要求，加密类产品只能获得相关保密资质、密码认证才可以在国内使用，所以使得国外产品无法在国内大面积销售，加密和权限类产品至今为止每年还拥有10亿元左右的市场份额，各个行业都有数据防护的需求，虽然市场竞争激烈，但使用者还是担心数据会被加密绑架，而且是全局范围内的。不过还好目前所有产品都很成熟、稳定。

第三阶段是监察型DLP产品。监察型的产品则是行为强审计，利用准确关键字对数据操作行为进行审计，如对文档的新建、修改、传输、存储、删除的行为监察。行为审计，分为网络行为审计和终端行为审计，网络行为审计可以有效地监控员工工作时间的网络访问行为，而终端行为审计可以更有针对性地完成对关键数据文件的操作行为。审计产品与其他网络和终端产品共存，可以互相补充，至今市场占有率依然很高，不过随着发展很多网络和终端产品的不断完善和提升，单独行为审计产品已经无法顺利存活，多元化开始受到客户青睐。

第四阶段是智慧型DLP产品。到了智慧型产品则追求智能管控，可识别、可发现、可管理，提供共性管控能力。为了更加全面地对数据进行管控，终端管理产品与加密权限类产品做了很多组合的方案，但都是属于全局强管控，有一定的局限性，无法应用到更加复杂的数据环境中，在这种情况下世界各地又不断发生着各种各样的数据泄密事件，人们对数据的重视程度就落在了内容上，这时，内容感知型DLP产品应运而生，通过内容来识别数据的重要性，通过内容为数据进行分类，通过内容对数据进行级别划分，智能化的管控方式也带来了便利性和灵活性。

学习笔记

视频

物理隔离技术

3.4 物理隔离技术

即使是最先进的防火墙技术，也不可能100%保证系统安全。屡次发生的网络入侵及泄露事件，使人们认识到：理论上说，只有一种真正安全的隔离手段，那就是从物理上断开连接。有鉴于此，我国国家保密局2000年1月1日起实施的《计算机信息系统国际联网保密管理规定》第二章第六条要求：“涉及国家机密的计算机信息系统，不得直接或间接地与国际互联网或其他公共信息网络相连接，必须实行物理隔离。”世界上许多国家也都利用物理隔离解决政府和军事涉密网络与公共网络连接时的安全。

3.4.1 物理隔离

物理隔离到目前为止没有一个十分严格的定义，较早时用于描述的英文单词为physical disconnection，后来使用physical separation和physical isolation，这些词共有的含义都是与公用网络彻底地断开连接，但这样背离了网络的初衷，同时给工作带来不便。目前，很多人开始使用physical gap这个单词，直译为物理隔离，意为通过制造物理豁口达到物理隔离的目的。

物理隔离首先要考虑的是安全域的问题。国家的安全域一般以信息涉密程度划分为涉密域和非涉密域。涉密域就是涉及国家秘密的网络空间；非涉密域不涉及国家的秘密，但是涉及本单位、本部门或者本系统的工作秘密。公共服务域是指不涉及国家秘密，也不涉及工作秘密，是向互联网完全开放的公共信息交换空间。类似地，企业的安全域一般分为企业内网、企业外网和公网（Internet）。

物理隔离实际上就是指，内部网不直接或间接地连接公共网。物理隔离的解决思路是：在同一时间、同一空间单个用户是不可能同时使用两个系统的，总有一个系统处于“空闲”状态，这样只要使两个系统在空间上物理隔离，就可以使它们的安全性相互独立。

最初的物理隔离是建立两套网络系统和计算机设备：一套用于内部办公；另一套用于与互联网连接。这样的两套互不连接的系统，不仅成本高，而且极为不便。这一矛盾促进了物理隔离设备的开发，也迫切需要一套技术标准和方案。

如果将一个企业涉及的网络分为内网、外网和公网，其安全要求如下：

（1）在公网和外网之间实行逻辑隔离。

（2）在内网和外网之间实行物理隔离。

具体拓扑结构如图3-8所示。

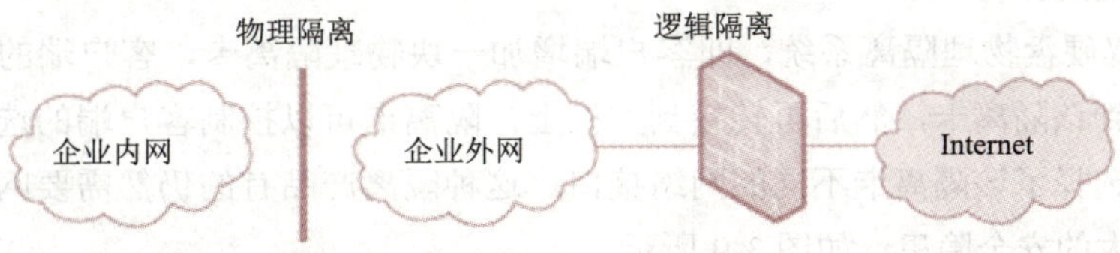

图3-8 安全隔离的拓扑结构

学习笔记

要实现内网与外网之间物理隔离的目的，必须做到以下几点：

① 阻断网络的直接连接，即三个网络不会同时连在隔离设备上。

② 阻断网络的 Internet 逻辑连接，即 TCP/IP 协议必须被剥离，原始数据通过点到点协议而非 TCP/IP 协议通过隔离设备进行传输。

③ 隔离设备的传输机制具有不可编程的特性，因此不具有感染的特性。

④ 任何数据都是通过两级移动代理方式完成的，两级移动代理之间是物理隔离的。

⑤ 隔离设备具有审查功能。

⑥ 隔离设备传输的原始数据不具有攻击或对网络安全有害的特性，如 .txt 文本不会有病毒一样，也不会执行命令等。

⑦ 强大的管理和控制功能。

⑧ 从隔离的内容看，隔离分为网络隔离和数据隔离。数据隔离主要是指存储设备的隔离，即一个存储设备不能被几个网络共享。网络隔离就是把被保护的网络从公开的、无边界的、自由的环境中独立出来。只有实现了两种隔离，才是真正意义上的物理隔离。

此外，还应该在物理辐射上阻断内部网和外部网，确保内部网络信息不会通过电磁辐射或耦合方式泄露到外部网络。

物理隔离技术主要应用于需要对内部重要数据进行安全保护的国家各级政府部门、军队系统、金融系统等。这些部门对网络安全有更高的要求，严格禁止信息泄露和被篡改，而且出于信息交换的需要，不能够完全隔离与外部网络的联系。

3.4.2 网络物理隔离的基本形式

1. 用户级物理隔离

用户级物理隔离的目的是使一台计算机既连接内网又连接外网，可以在不同网络上分时地工作，在保证内、外网络隔离的同时节省资源、方便工作。用户级物理隔离自出现至今经过多次演变，经历了两个发展阶段，不断发展成熟。

第一代物理隔离技术：完全隔离。完全隔离主要采用双机物理隔离技术，其主要原理是将两套主板、芯片、网卡和硬盘的系统合并为一台计算机使用，用户通过客户端的开关选择两套计算机操作系统，切换内外网络的连接。双机物理隔离的维护和使用都不够便利。

第二代物理隔离技术：硬件卡隔离。硬件卡隔离的原理是在主机的主板插槽中安装物理隔离卡，把一台普通计算机分成两台虚拟计算机实现物理隔离。硬件卡隔离分为双硬盘、单硬盘物理隔离系统两种。

（1）双硬盘物理隔离系统，即客户端增加一块物理隔离卡，客户端的硬盘或其他存储设备首先连接到该隔离卡，然后再转接到主板上，隔离卡可以控制客户端的选择。选择不同的硬盘时，同时选择了该隔离卡不同的网络接口。这种隔离产品有的仍然需要网络布线为双网线结构，存在较大的安全隐患，如图 3-9 所示。

（2）单硬盘物理隔离系统，通过对单个硬盘上磁道的读写控制技术，在一个硬盘上分隔出两个独立的工作区间，其中一个为公共区（public），另一个为安全区（secure）。这两个区分别装有两个操作系统，用户可以在本地通过操作系统上的一个切换图标自由选择内外两个不同的网络。用户在任意时间只能与其中一个网络相连，这两个区之间无法互相访问。

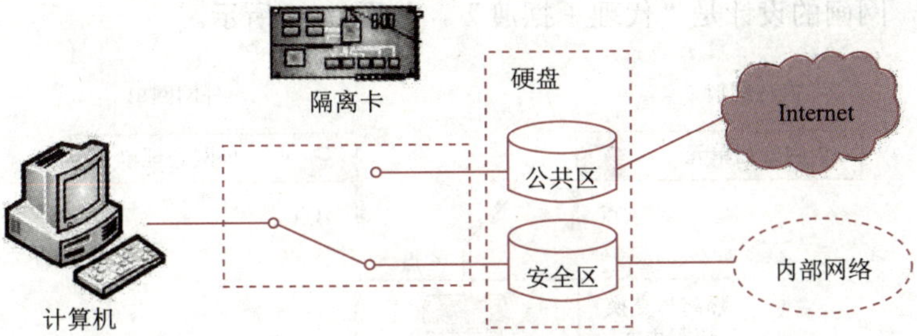

图 3-9　双硬盘物理隔离系统

2. 网络级物理隔离

网络级物理隔离技术最早采用隔离集线器的方式。隔离集线器相当于内网和外网两个集线器的集成，通过电子开关进行切换，从而连接到内网或外网两者之一。隔离集线器只有在与其他隔离措施（物理隔离卡等）相配合，才能实现真正的物理隔离。

第三代物理隔离技术：数据转播隔离。利用因特网信息传播服务器分时复制转播文件的途径实现隔离，是一种非实时的因特网访问方式。采集服务器下载指定网站的内容，转播服务器使用下载的数据建立网站的镜像站点，向内部用户提供虚拟的 Internet 站点访问。用户只是访问了指定站点的镜像，访问内容有较大的局限性。

第四代物理隔离技术：空气开关隔离。空气开关隔离通过使用单刀双掷开关，使得内外部网络分时访问临时缓冲器完成数据交换，其基本功能框图如图 3-10 所示。

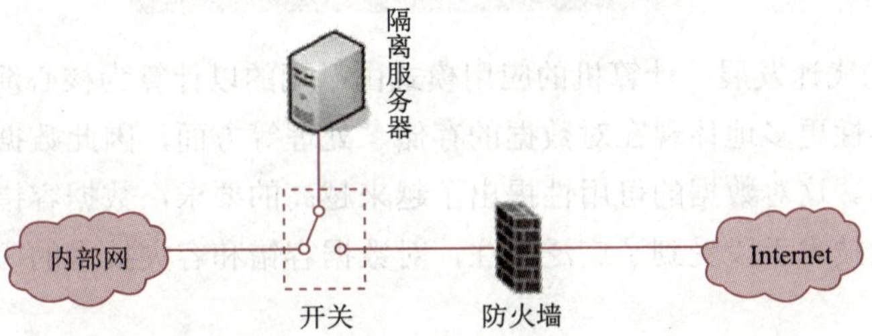

图 3-10　空气开关隔离技术

该隔离系统由隔离服务器和防火墙组成。隔离服务器有内部网络和外部网络两个接口，但不能同时连接两个网络，而是利用一个切换开关，使服务器在连接内网时断开外网，连接外网时断开内网。内网用户要从外网下载数据时，隔离服务器首先连接外网，将数据暂存在服务器中，隔一定时间后断开外网，连接内网，将数据发送到内部网络中。内外网之间的切换非常快，用户基本感觉不到时延。为防止信息泄露及黑客入侵，外部数据进入内网前经过防火墙的过滤。

第五代物理隔离技术：安全通道隔离。安全通道隔离，通过专用通信设备、专有安全协议和加密验证机制及应用层数据提取和鉴别认证技术，进行不同安全级别网络之间的数据交换，彻底阻断了网络间的直接 TCP/IP 连接，同时对网间通信的双方、内容、过程施以严格的身份认证、

学习笔记

内容过滤、安全审计等安全防护机制，从而保证网间数据交换的安全、可控，杜绝由于操作系统和网络协议自身漏洞带来的安全风险，成为当前隔离技术的发展方向。这种信息隔离与交换系统，俗称网闸，网闸的设计是“代理 + 摆渡”，如图 3-11 所示。

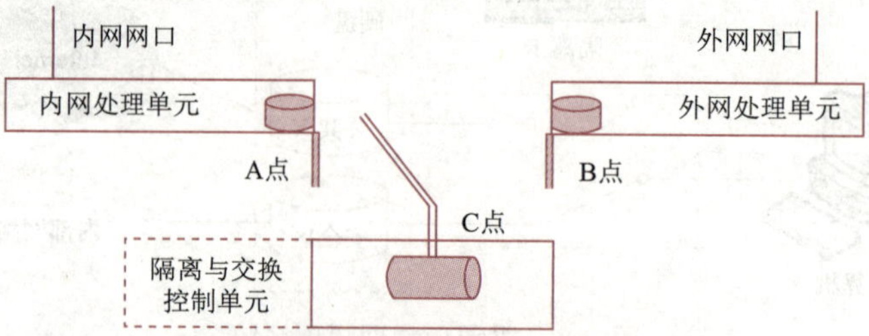

图 3-11　安全通道隔离技术

当外网需要有数据到达内网的时候（B 点），外部的服务器立即发起对隔离设备的非 TCP/IP 协议的数据连接，一般是不可路由的私有协议，隔离设备将所有协议剥离或重组，将原始的数据写入存储介质（C 点）。根据不同的应用，可能有必要对数据进行完整性和安全性检查，如网络协议检查、防病毒和恶意代码扫描等。一旦数据完全写入隔离设备的存储介质，隔离设备立即中断与外网的连接，转而发起对内网的非 TCP/IP 协议的数据连接。隔离设备将存储介质内的数据通过专用隔离硬件交换到内网处理单元（A 点）。内网收到数据后，立即进行 TCP/IP 的封装和应用协议的封装，并交给应用系统。在控制台收到完整的交换信号之后，隔离设备立即切断隔离设备与内网的直接连接数据交换区。

3.5　容错与容灾技术

随着信息技术的飞速发展，计算机的应用模式由早期的以计算为核心演变为以数据处理为核心，计算机的重要性更多地体现在对数据的存储、处理等方面，因此数据的价值远远高于计算机系统设备的价值。这对数据的可用性提出了越来越高的要求，数据容错与容灾技术作为提高数据可用性的有效技术手段受到了广泛关注，对数据容错和容灾技术的研究具有重要的理论意义和应用价值。

3.5.1　容错技术

视频

容错技术

容错就是当由于种种原因在系统中出现了数据、文件损坏或丢失时，系统能够自动将这些损坏或丢失的文件和数据恢复到发生事故以前的状态，使系统能够连续正常运行的一种技术。

20 世纪 80 年代，第一代容错技术就开始进入商用领域。美国 Stratus（容错公司）在 Stratus 独特的硬件级容错技术及 VOS 专有操作系统环境下，采用了 Motorola M68000 处理器。1993 年，I860 处理器在 Stratus 的硬件级容错体系结构中成功应用，在软件方面，还能满足业界对开放性要求的 UNIX 操作系统 FTX，即 AT&T UNIX SVR4。1996 年，容错技术得到 HP 的支持，共同推出 Stratus Continuum 系列，将 Stratus 容错结构结合 HP PA-RISC 技术。进入

21世纪以来，制造、能源、交通等领域对服务器（特别是中低端）的需求激增，过去仅仅可以应用在RISC平台、HP-UX环境下的容错产品也面临着新的挑战。另一方面，企业越来越依赖信息系统来完成关键业务的应用，同时他们不可能配备更多的专业人员进行专职维护。容错技术的应用已经开始从过去的证券、电信等领域进入基础行业，如制造、能源、物流、交通及有着7×24小时不间断运营需求的中小商业团体和政府。NEC为迎合互联网的高速增长，为容错服务器引入了最新的稳定、安全、可升级、功能强大的Linux版本。

容错FT（fault tolerant）技术一般利用硬件交叉检测操作结果，随着处理器速度的加快和价格的下跌而越来越多地转移到软件中。网络的核心设备是服务器设备，用户不断从中大量存取数据，文件服务器集中管理系统共享资源。但是如果文件服务器或文件服务器的硬盘出现故障，数据就会丢失，所以在这里提到的容错技术是针对服务器和供电系统的。

（1）双重文件分配表和目录表技术。硬盘上的文件分配表和目录表存放着文件在硬盘上的位置和文件大小等信息，如果它们出现故障，数据就会丢失或误存到其他文件中。通过提供两份同样的文件分配表和目录表，把它们存放在不同的位置，一旦某份出现故障，系统将做出提示，从而达到容错的目的。

（2）快速磁盘检修技术。这种方法是在把数据写入硬盘后，马上从硬盘中把刚写入的数据读出来与内存中的进行比较。如果出现错误，则利用在硬盘内开设的一个称为“热定位重定区”的区，将硬盘坏区记录下来，并将已确定的在坏区中的数据用原始数据写入热定位重定区上。

（3）磁盘镜像技术。是在同一存储通道上装有成对的两个，分别驱动原盘和副盘，两个盘串行交替工作，当原盘发生故障时，副盘仍旧正常工作，从而保证了数据的正确性。

（4）双工磁盘技术。它是在网络系统上建立起两套同样的且同步工作的，如果其中一个出现故障，另一个将立即自动投入系统，接替发生故障的文件服务器的全部工作。

（5）网络操作系统具有完备的事务跟踪系统。这是针对数据库和多用户软件的需要而设计的，用以保证数据库和多用户应用软件在全部处理工作还没有结束时或工作站或服务器发生突然损坏的情况下，能够保持数据一致。其工作方式是：对指定的事务（操作）要么一次完成，要么什么操作也不进行。

（6）UPS监控系统。用于监控的供电系统，以防止供电系统中断。

3.5.2　容灾技术

信息技术的重要性越来越多地体现在对数据的存储和处理上，因此对数据可用性也提出了越来越高的要求，这样的需求推动了数据容灾和备份技术的研究与发展。从单机备份，到基于SAN的LAN-FREE备份，到SERVER-FREE备份，直至可以提供最高可用性的数据容灾、应用容灾，数据的备份和容灾技术经历了一个从简单到综合、从局域到广域的发展过程。

容灾技术的主要目的是在灾难发生时保证计算机系统能继续对外提供服务。计算机硬件故障、停电、大楼火灾、大范围地震、战争等都属于灾难的范畴。根据保护对象的不同。容灾可以分为数据容灾和应用容灾两类。

数据容灾：是在异地建立一个数据容灾系统，该系统实时复制本地应用服务产生的数据，

学习笔记

当本地数据因为灾难而无法存取时，应用服务可以通过异地数据容灾中心继续数据的存取。异地数据容灾中心的数据从理论上来讲应该是本地生产数据的完全实时复制，但是在实际应用中，传输路径的延时等原因，异地数据容灾中心所保存的数据一般比本地数据稍微滞后，但是数据应该是一致的、可用的。

应用容灾：是建立在数据容灾的基础之上，在异地容灾中心建立和本地应用服务系统相当的应用系统，当本地发生灾难时，异地容灾系统检测到灾难的发生，进行应用切换，由异地容灾系统向外提供服务。应用容灾是完整的容灾解决方案，实现了应用级的远程容灾，真正实现了系统和数据的高可用性。

数据容灾是应用容灾的基础，而数据容灾中最关键的技术是远程数据复制。数据远程复制主要分为同步数据复制和异步数据复制：同步数据复制是将本地的生产数据以完全同步的方式复制到异地，每次对本地存储设备进行数据 I/O 的同时，也对远程数据中心存储设备进行相同的 I/O 操作，只有当本地和远程数据中心都完成 I/O 操作时，才进行下一个 I/O 操作。由于本地和异地之间较远的距离、传输链路的时延、带宽等因素的限制，同步复制会严重影响本地应用的 I/O 性能。异步复制是将本地生产数据以后台异步的方式复制到异地，应用对本地的 I/O 操作正常进行，无须关心该 I/O 操作传播至远程数据中心的情况。只需在本地数据 I/O 传输路径上的某一处，由一个后台实体将本地的 I/O 操作复制到异地数据中心。异步数据复制相比于同步数据复制，在数据的实时性上有一定妥协，但是异步数据复制对本地应用的影响较小，对传输链路带宽、时延等指标的要求较低。

数据备份和数据容灾的目的都是提高数据的可用性，消除或者降低灾难引起的数据丢失，并且在灾难过后将数据恢复到正确的状态，但是二者存在本质的区别。备份数据从逻辑上来讲是离线的，在物理上数据是离线备份在磁带或者光盘上的，数据备份是将数据从在线状态剥离到离线状态的过程。随着磁盘备份技术的发展，越来越多的数据备份到了磁盘上，虽然备份磁盘往往是在线的或者是近线的，但是在逻辑上备份数据和应用数据属于不同的空间，从备份数据到应用数据的转换一般需要一个特定的恢复过程。因此数据备份是将某个特定时间点的完整、统一的数据或状态保存下来，并不能够保证数据的实时性，一旦灾难发生，数据备份只能保证在一定时间内将数据恢复到某个时间点上的完整正确的状态。在恢复过程中，数据是不可用的，恢复完成后，数据也不能恢复到灾难发生时的正确状态，而只能是灾难之前一段时间的正确状态。而数据容灾的关键在于保护数据的在线状态，保证数据在发生灾难时能从容灾中心及时恢复并且无缝地向外提供数据服务，实时地保护数据，数据容灾能够实现更高的数据可用性。

数据容灾是存储、备份和传输技术的综合。IBM、VERTIAS 等公司都分别提出了各自的数据容灾模型并推出了各自的数据容灾系统。VERTIAS 给出了 Volume Replicator 将数据以异步或者同步的方式复制到远程系统，通过 IP 网络进行传输，不需要复杂的硬件和构造专用传输线路，复制过程基于主机，使用 Flashsnap 技术检查远程数据，与距离无关。IBM 给出了基于 ESS 企业存储服务器和 PPRC（peer to peer remote copy）复制技术的数据容灾方案。PPRC 具有以存储为基础的、实时的、同步的、与应用无关的数据远程镜像功能。PPRC 基于 IBM ESS 企业存储服务器，通过 ESCON 通道，以逻辑卷为基本单位，将本地 ESS 的数据同步镜像到远端

学习笔记

ESS。为了保证数据的实时性、完整性和系统性能之间的平衡，PPRC 提供了多种工作方式，其中包括同步 PPRC 和异步 PPRC。

这些模型和系统融合了 SAN、NAS、镜像、RAID、集群等技术，虽然实现上各不相同，但大都基于同步和异步两种远程复制技术。因此，不同的远程数据容灾技术的主要区别在于所使用的数据传输技术。根据存储体系结构的发展趋势，SAN 因其在 I/O 性能、可扩展性等方面的良好表现，已经成为越来越多企业所选择的存储解决方案，顺理成章，企业的数据容灾解决方案也希望能利用 SAN，这样可以减少企业在实现数据容灾方面的成本，尤其是 IP 存储的发展与成熟，使得低成本的远程数据访问和远程数据复制成为可能，因此基于 IP 存储的远程数据容灾技术逐渐成为数据容灾领域的发展趋势。

3.6　Windows 系统的安全管理

视 频

Windows系统的安全管理

计算机系统安全是网络信息安全的基础。目前，Windows 操作系统是应用最多的计算机操作系统之一，市场占有量始终维持在 90% 左右。

任何安全措施都无法确保万无一失，强有力的安全措施可以增加入侵难度，从一定程度上提升系统安全性。通常情况下，用户安装操作系统后，只是进行简单的安全设置，便投入应用，其实这是非常危险的。要想使服务器在复杂的网络环境中平稳运行，必须从各方面实施安全加固。

3.6.1　Windows 操作系统的用户管理

在 Windows 操作系统中，一般分为 Administrators(超级管理员组)、Admin(管理员)、Power Users(高级用户组)、Users(普通用户组)、Guests(来宾组) 和 Everyone(所有用户) 等权限。

1. Administrators（超级管理员组）

该组中的成员指的是系统的超级管理员，它在计算机中的使用权限最大，可以添加或删除系统的程序、应用软件及一些其他用户身份修改不了的操作。默认情况下 Administrators 中的用户对计算机 / 域有不受限制的完全访问权。分配给该组的默认权限允许对整个系统进行完全控制。所以，只有受信任的人员才可成为该组的成员。Administrators 适用于学校、网吧等计算机比较多的场合，可以对局域网内的 10 ～ 600 台机器进行统一管理和设置。常见的使用者如超级网管、机房超级管理员等。

2. Admin（管理员）

它指的是计算机管理员。AD 域中最常见的 Domain Admin 也具有添加或删除系统中各种程序的权限，但是不能够修改 Administrators 用户组的设置。

3. Users（普通用户组）

普通用户组的用户无法进行有意或无意的改动。因此，用户可以运行经过验证的应用程序，但不可以运行大多数旧版应用程序。Users 是最安全的组，因为分配给该组的默认权限不允许成员修改操作系统的设置或用户资料。Users 提供了一个最安全的程序运行环境。在经过 NTFS

格式化的卷上，默认的安全设置旨在禁止该组的成员危及操作系统和安装程序的完整性。用户不能修改系统注册表设置、操作系统文件或程序文件。Users 可以关闭工作站，但不能关闭服务器。Users 可以创建本地组，但只能修改自己创建的本地组。

4. Power Users（高级用户组）

高级用户组可以执行除了为 Administrators 组保留的任务之外的其他任何操作系统任务。分配给 Power Users 的默认权限允许该组成员修改整个计算机的设置。但 Power Users 不具有将自己添加到 Administrators 的权限。在权限设置中，这个组的权限是仅次于 Administrators 的。

5. Guests（来宾组）

它指的是临时的用户，对计算机的操作权限最小，没有任何权限对系统的 Administrators、Admin 用户设置过的选项进行更改。它不常用，一般不建议选择开启。

6. Everyone（所有用户）

当设置计算机的某一选项时，一般会让你选择“只针对当前用户”或“针对所有使用者”生效。

其实，还有一个组也很常见，它拥有和 Administrators 一样甚至更高的权限，但是这组不允许任何用户加入，即使在查看用户组的时候，它也不会被显示出来，它就是 SYSTEM。系统和系统级的服务正常运行所需要的权限都是由它赋予的。由于该组只有一个用户 SYSTEM，因此把该组归为用户的行列更为贴切。

权限是有高低之分的，高权限的用户可以对低权限的用户进行操作，而低权限的用户无法对高权限的用户进行任何操作。右击一个 NTFS 卷或 NTFS 卷下的一个目录，在弹出的快捷菜单中选择“属性”→“安全”命令，即可对一个卷或一个卷下面的目录进行权限设置，此时会看到以下七种权限：完全控制、修改、读取和运行、列出文件夹目录、读取、写入、特别的权限。其中，“完全控制”就是对此卷或目录拥有不受限制的完全访问权限，如图 3-12 所示。

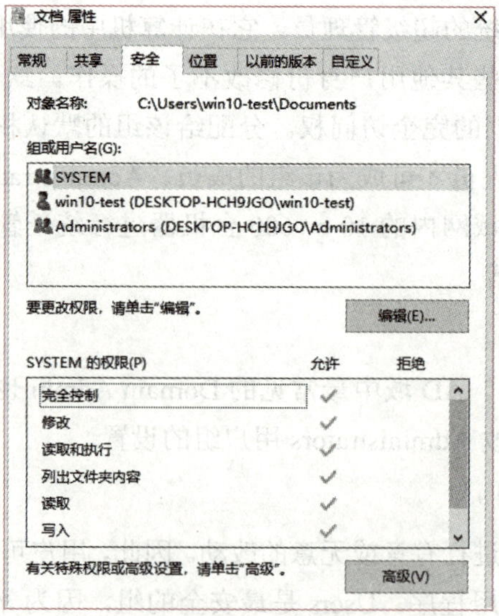

图 3-12　Windows 对目录的权限

3.6.2 注册表安全

注册表是 Microsoft Windows 中的一个重要的数据库，用于存储系统和应用程序的设置信息，是整个操作系统的核心与灵魂。它包含了操作系统中软、硬件的有关配置和状态信息，应用程序和资源管理器的初始条件、首选项和卸载数据，计算机整个系统的设置和各种许可，文件扩展名与应用程序的关联，硬件的描述、状态和属性，计算机性能记录和底层的系统状态信息以及各类其他数据。

注册表对 Windows 的系统安全有两个方面的重要意义：一是合法用户通过修改和查看注册表信息能够预防和发现大量的网络安全行为和事件；二是非法用户通过修改注册表信息能够实现大量的系统入侵与黑客行为，由于直接在注册表内修改，因此许多系统异常现象往往不会直接反映在用户使用界面上，具有非常强的隐蔽性。

注册表主要由五大部分组成，即最初启动注册表编辑器窗口左边出现的五大主键（又称根键），都是以 HKEY 作为前缀开头，每个主键包含一个特殊种类信息。注册表是按树状分层结构进行组织的，包括项、子项和项值，子项里面还可以包含子项和项值，如图 3-13 所示。

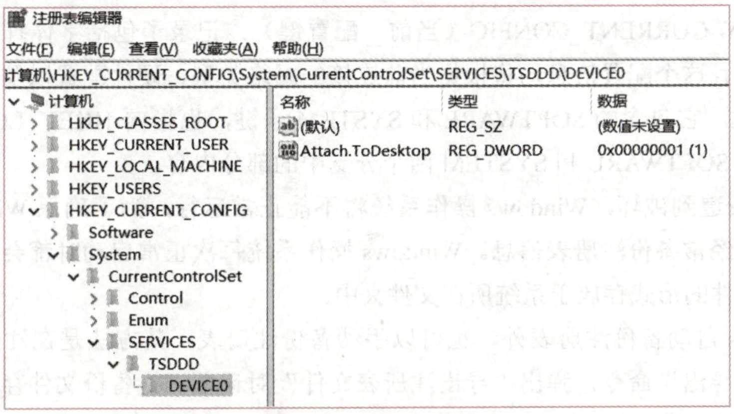

图 3-13 注册表结构

（1）HKEY_CLASSES_ROOT（种类 _ 根键）：包含了所有已经装载的应用程序、OLE 或 DDE 信息，以及所有文件类型信息，具体可分为已经注册的各类文件的扩展名和各种文件类型的有关信息两种。在系统工作过程中，该主键实现对各种文件和文档信息的访问。另外，该主键下还有一个子项 CLSID，是 Class ID 的缩写，即“分类标识”。对于每个组件类都需要分配唯一表示它的代码，即 ID。为了避免冲突，系统使用全局唯一标识符（GUID）作为 CLSID。CLSID 中包含了所有注册文件的组件类标识，系统可用这个标识符来识别组件类。因此，可以通过 CLSID 查找相关文件的各种信息。

（2）HKEY_CURRENT_USER（当前 _ 用户键）：记录了有关登记计算机网络的特定用户的设置和配置信息。它是一个指向 HKEY_USERS 结构中某个分支的指针，是 HKEY_USERS\Default 下面的一部分内容，如果在 HKEY_USERS\Default 下没有用户登录的其他内容，那么这两个主键包含的内容是完全相同的。

（3）HKEY_LOCAL_MACHINE（定位 _ 机器键）：存储 Windows 开始运行的全部信息、

学习笔记

即插即用设备信息、设备驱动器信息等。当系统的配置和设置发生变化时，该主键下面的登录项也将随之改变。该主键包含 HARDWARE、SAM、SECURITY、SOFTWARE 和 SYSTEM 五个子键。HARDWARE 子键下面存放的是一些超文本终端、数字协处理器和串口等相关信息；SAM 子键下面存放 SAM 数据库中的信息，系统自动将其保护起来；SECURITY 子键包含了安全设置的信息，同样也让系统保护起来；SOFTWARE 子键包含系统软件、当前安装的应用软件及用户的相关信息；SYSTEM 子键存放的是启动时所使用的信息和修复系统时所需要的信息，其中包括各个驱动程序的描述信息、配置信息等。SYSTEM 子键下的 CurrentControlSet 子键中保存了当前驱动程序控制集的信息，其 Control 子键用来保存控制面板中各个图标程序设置的信息，但由于控制面板中的图标会把信息写在不同的子键下，所以用户若通过注册表编辑器进行修改很容易引起系统死机；Service 子键中存放 Windows 中各项服务的信息，这些信息有些是自带的，有些是随后安装的，在该子键下面的每个子键中存放相应服务的配置和描述信息。

（4）HKEY_USERS（用户键）：描述了所有同当前计算机联网的用户简表。如果用户独自使用该计算机，那么仅 Default 子键中列出有关用户信息。用户可以在这里设置自己的关键字和子关键字。该主键中的大部分设置都可以通过控制面板进行修改。

（5）HKEY_CURRENT_CONFIG（当前 _ 配置键）：记录了包括字体打印机和当前系统的有关信息，并且这个配置信息均将根据当前连接的网络类型、硬件配置以及应用软件的安装不同而有所变化。它包含的 SOFTWARE 和 SYSTEM 子键，也指向 HKEY_LOCALMACHINE 结构中相对应的 SOFTWARE 和 SYSTEM 两个分支中的部分内容。

如果注册表遭到破坏，Windows 操作系统将不能正常运行，为了确保 Windows 操作系统安全，用户应该经常备份注册表信息。Windows 操作系统每次正常启动时都会对注册表进行备份，并以隐藏文件的形式存放于系统所在文件夹中。

除 Windows 自动备份注册表外，也可以手动备份注册表，其方法是在注册表编程器中选择“文件”→“导出”命令，弹出“导出注册表文件”对话框，将备份文件存放到指定路径，保存后形成 reg 类型的文件，如图 3-14 所示。

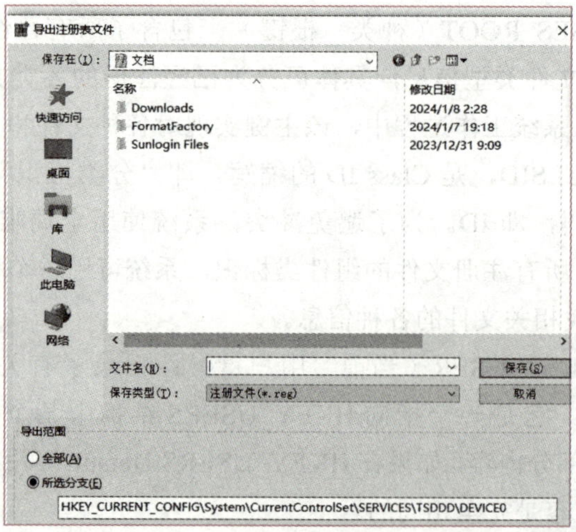

图 3-14 “导出注册表文件”对话框

学习笔记

3.6.3　组策略

1. 组策略的基础

组策略是将系统重要的配置功能汇集成各种配置模块，供用户直接使用，从而达到方便管理计算机的目的。

组策略适用于众多方面的配置，如软件、IE、注册表等。在活动目录中利用组策略可以在站点、域、OU 等对象上进行配置，以管理其中的计算机和用户对象，可以说组策略是活动目录的一个非常大的功能体现。

2. 组策略的基础架构

组策略分为两大部分，即计算机配置和用户配置。每个部分都有自己的独立性，因为它们配置的对象类型不同。计算机配置部分控制计算机账户，同样的，用户配置部分控制用户账户。其中有一部分配置在计算机部分，在用户部分也有，但它们是不会跨越执行的。假设你希望某个配置选项既能被计算机账户启用，也能被用户账户启用，那么就必须在计算机配置和用户配置部分都进行设置。总之，计算机配置下的设置仅对计算机对象生效，用户配置下的设置仅对用户对象生效，如图 3-15 所示。

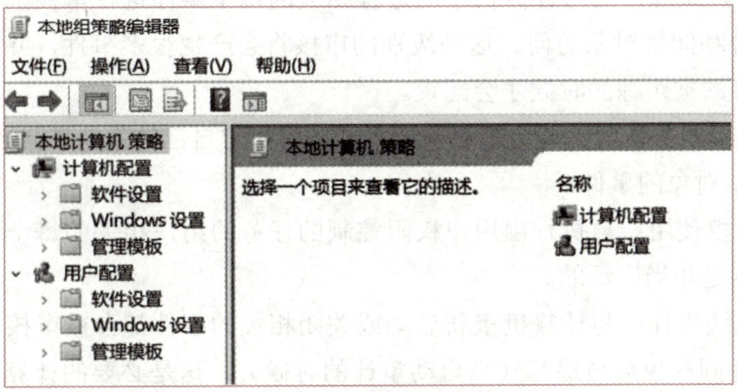

图 3-15　组策略管理

3.6.4　Windows 审核策略

在 Windows 系统中，有安全审核策略，用于限制用户密码设置的规范性、通过账户策略设置账户安全性、通过锁定账户策略避免他人登录计算机。安全审核可以通过查看审核日志来了解系统是否被人攻击、是否有非法的文件访问等。如果通过其他方式检测到入侵，正确的审核设置所生成的审核日志将包含有关此次入侵的重要信息。在设置安全审核时，要注意审核的对象和审核的方式。可以通过“控制面板”窗口“管理工具”下的“本地安全策略”进行设置与查看，如图 3-16 所示。

（1）审核策略更改：对与用户权利分配、审核策略、信任关系三个方面的“策略”之一的更改相关的事件进行审核。

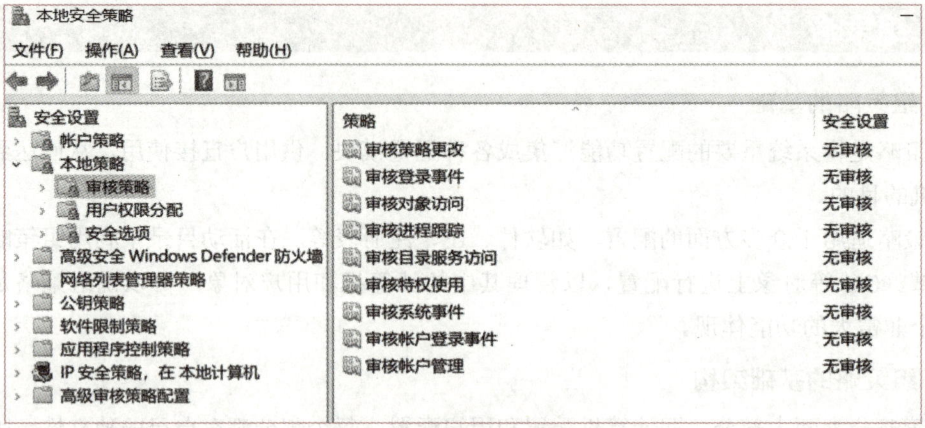

图 3-16　本地审核策略

（2）审核登录事件：对与登录、注销或网络连接到（配置为审核登录事件的）计算机的用户相关的所有事件进行审核。

（3）审核对象访问：当用户访问一个对象时，审核对象访问会对每个事件进行审核。对象内容包括 : 文件、文件夹、打印机、注册表项和 AD 对象。

（4）审核进程跟踪：对与计算机中的进程相关的每个事件进行审核，包括程序激活、进程退出、处理重叠和间接对象访问。这种级别的审核将会产生很多事件，并且只有当应用程序因为排除故障的目的被跟踪的时候才会配置。

（5）审核目录服务访问：确定是否审核用户访问指定自己的系统访问控制列表（SACL）的 Active Directory 对象的事件。

（6）审核特权使用：与执行由用户权限控制的任务的用户相关的每个事件都会被审核用户权限列表的范围是相当广泛的。

（7）审核系统事件：与计算机重新启动或关闭相关的事件都会被审核，与系统安全和安全日志相关的事件同样也会被追踪（当启动审计的时候）。这是必要的计算机审核配置，不但当事件发生时需要被日志记录，而且当日志被清除时也要记录。

（8）审核账户登录事件：每次用户登录或者从另一台计算机注销的时候，都会对该事件进行审核，计算机执行该审核是为了验证账户。

（9）审核账户管理：该安全设置确定是否审核计算机上的每一个账户管理事件。账户管理事件有创建、更改或删除用户账户组；重命名、禁用或启用用户账户；设置或更改密码等。

3.6.5　Windows 日志系统

Windows 自带强大的安全日志系统，从用户登录到特权的使用，都有非常详细的记录，主要包括应用程序日志、安全日志、系统日志。可以通过“管理工具”中的“事件查看器”查看日志文件，如图 3-17 所示。

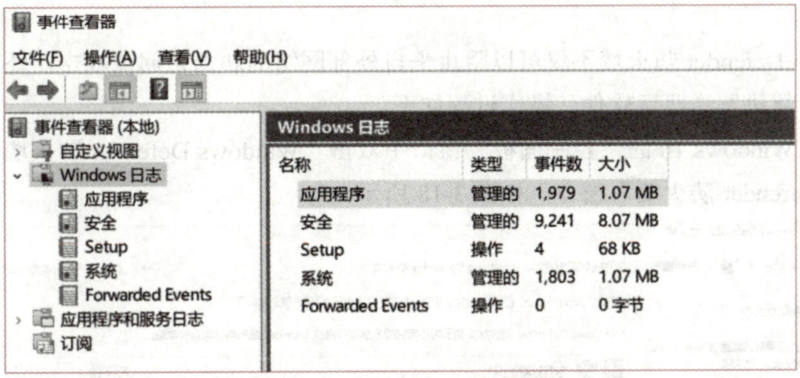

图 3-17　Windows 事件查看器

应用程序日志是当个别的应用程序与操作系统相互作用时，记录其操作。安全日志记录登录行为、访问和修改用户权限的事件等。系统日志记录启动和失败的服务、系统关闭和重新启动。对日志的分析应当注意时间、地点和行为的关系，根据行为的严重性来判断。要特别注意多数日志是不能记录来访人的 IP 地址的，只能记录来访人的计算机名，所以应将多个日志结合起来分析，以便得到更为有效的证据。

另外，仅仅打开安全审核却没有很好地配置安全日志的大小及覆盖方式，也很容易被攻击者所利用，通过洪水般的伪造入侵请求覆盖真正的行踪。通常情况下，对安全日志的大小进行指定，并且只允许覆盖指定天数之前的日志，可以避免上述情况的发生。

3.6.6　Windows Defender 防火墙

Windows 防火墙是 Windows 操作系统中的一项内置安全功能，旨在保护计算机免受网络攻击和未经授权访问。它可以监控网络通信，并根据预定义的规则允许或阻止数据包的传输。

Windows Defender 防火墙是 Windows Defender 安全套件中的一个组件，它提供了更高级的防火墙功能。Windows Defender 是 Windows 操作系统内置的防病毒和安全软件，包括实时保护、病毒扫描、恶意软件移除等功能。Windows Defender 防火墙是 Windows Defender 的一部分，它在 Windows Defender 中提供了额外的防火墙保护。

Windows Defender 防火墙是在 Windows 防火墙的基础上构建的更高级的防火墙功能。它使用了 Windows 防火墙的基本机制和规则集，并添加了更多的功能和保护层。通过 Windows Defender 防火墙，用户可以获得更全面的网络防护，包括网络流量监控、应用程序控制、恶意网站阻截等功能。Windows Defender 防火墙在 Windows 10 操作系统中默认启用，并且与 Windows 防火墙集成在一起。因此，当用户使用 Windows Defender 作为主要安全解决方案时，他们实际上是使用 Windows Defender 防火墙来保护他们的计算机。

Windows Defender 防火墙有三种类型：域网络、专用网络和公用网络。每种类型具有不同的安全级别和默认配置。域网络适用于连接到公司域的计算机，专用网络适用于家庭或办公网络，而公用网络适用于公共场所的网络连接。Windows 防火墙还提供其他功能，如安全通知、阻断保护、安全性高级设置和高级安全审计。这些功能可以增强防火墙的能力，提供更全面的

学习笔记

安全保护。

Windows Defender 防火墙不仅可以阻止来自外部网络的恶意访问或攻击，还可以阻止当前设备向其他计算机发送恶意软件。操作过程如下。

（1）在 Windows 10 的“控制面板”窗口中双击“Windows Defender 防火墙”图标，打开“Windows Defender 防火墙”窗口，如图 3-18 所示。

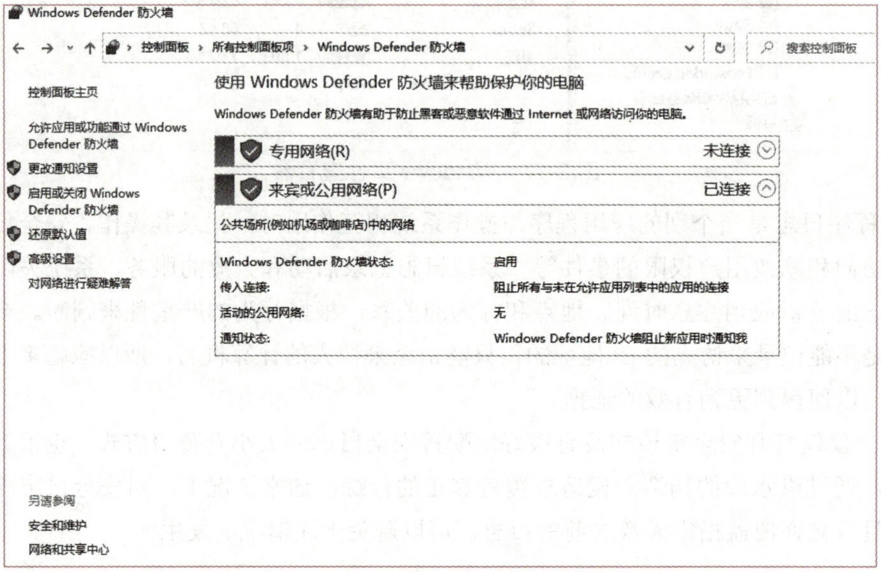

图 3-18 “Windows Defender 防火墙”窗口

（2）在“Windows Defender 防火墙”窗口中，单击“高级设置”超链接，打开“高级安全 Windows Defender 防火墙”窗口，单击“出站规则”超链接，打开图 3-19 所示的窗口。

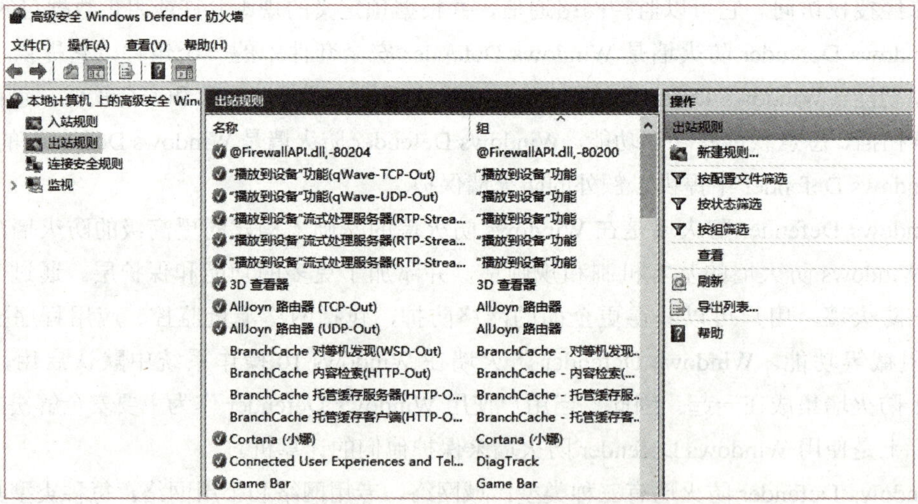

图 3-19 “高级安全 Windows Defender 防火墙”窗口

（3）单击“新建规则”超链接，即可向列表中增加新的防火墙出站规则，如图 3-20 所示。

学习笔记

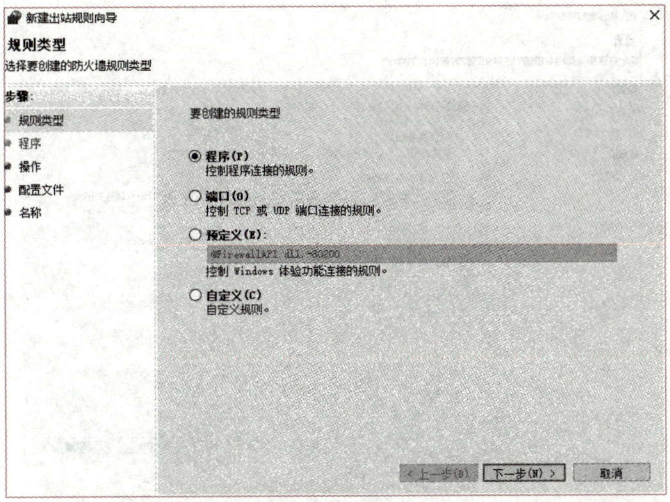

图 3-20 “新建出站规则向导”的“规则类型”对话框

（4）根据需求选择“程序”“端口”“预定义”“自定义”单选按钮，通常通过“端口”方法限制流量，选择后单击“下一步”按钮。

（5）此处可以根据需求选择该规则应用于 TCP 还是 UDP，选择之后，选择该规则应用于所有远程端口还是特定远程端口，若是选择用于特定远程端口，则在“特定远程端口”文本框中输入想要添加的端口，如 23、80、443、5000 等。输入完成后，单击“下一步”按钮即可，如图 3-21 所示。

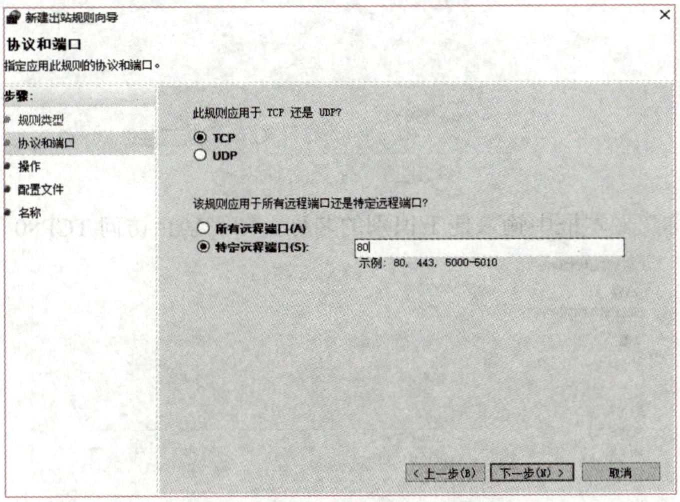

图 3-21　指定“特定远程端口”为 80

（6）指定在连接与规则中指定的条件相匹配时要执行的操作。根据需求进行匹配，选择完成后，单击“下一步”按钮即可。如图 3-22 所示。

（7）此处选择何时应用规则，支持多个配置文件同步活动。可以根据每个连接到网络的网络适配器卡在连接网络上检测的内容为其分配下列配置文件之一。根据需求选择应用规则，如图 3-23 所示。

学习笔记

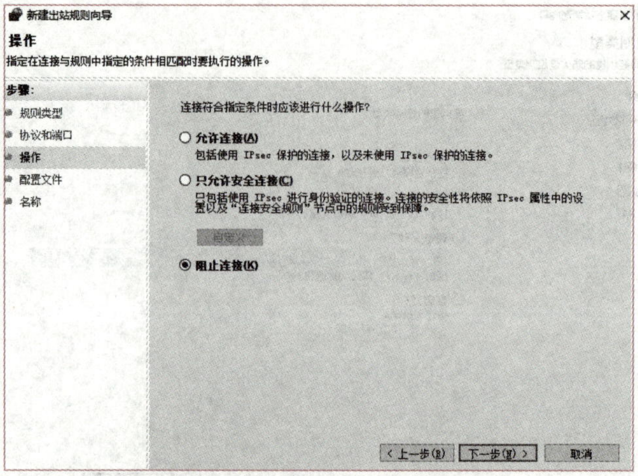

图 3-22　选择“阻止连接”单选按钮

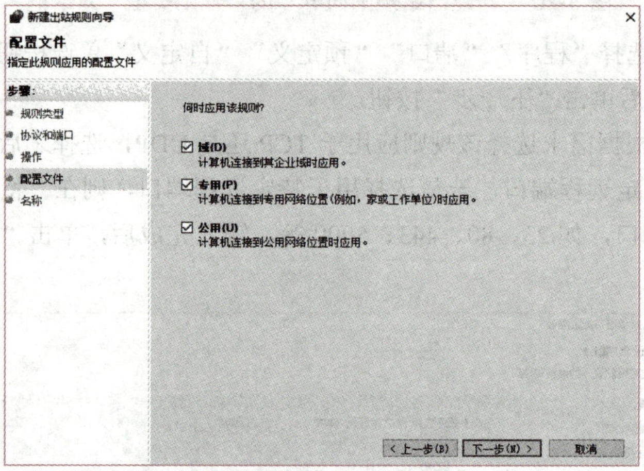

图 3-23　配置文件设置

（8）在“名称”文本框中输入便于识别的名称，如“禁止访问 TCP80”，如图 3-24 所示。

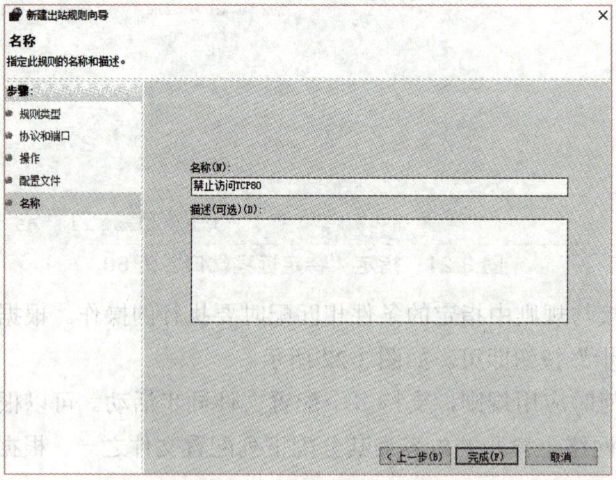

图 3-24　输入规则的名称

学习笔记

（9）完成后，即可在出站规则中看到刚刚添加的规则，如图 3-25 所示。

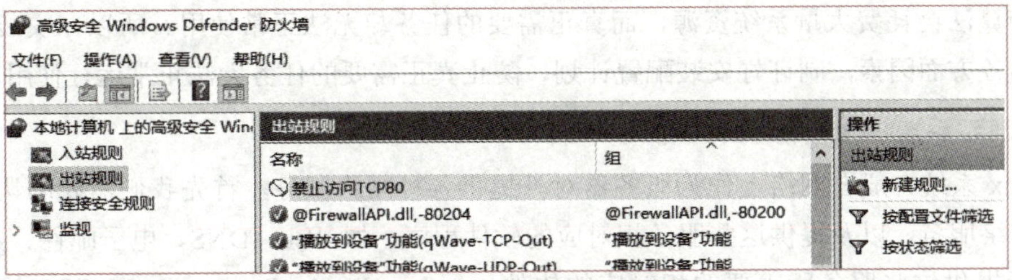

图 3-25　出站规则成功配置

3.7　Linux 系统的安全管理

视频

Linux系统的安全管理

Linux 是一个开放源代码的操作系统，由芬兰赫尔辛基大学的学生 Linus Torvalds 在 1991 年首先开发。世界各地的编程爱好者自发组织起来对 Linux 进行改进和编写了各种应用程序，Linux 已发展成一个功能强大的操作系统，可以自由地发行和复制。用户可以根据需要，修改其源代码，向系统添加新部件、发现缺陷和提供补丁，以及检查源代码中的安全漏洞。Linux 与不开放源代码的操作系统之间的区别在于开放源代码开发过程本身。由于软件的每个用户和开发者都可以访问其源代码，因而有很多人都在控制和审视源代码中可能的安全漏洞，软件缺陷很快会被发现。一方面，这会导致这些缺陷更早被利用；另一方面，很快就会有可用的安全补丁。如此反复，使得 Linux 操作系统在安全上表现得相当优异。也正因为这个原因，对于 Linux 操作系统的管理员而言，要求更高。如何以一种安全的方法来计划、设计、安装、配置和维护运行 Linux 操作系统，是每个系统管理员需要认真考虑的问题。下面详细论述 Linux 操作系统的安装配置问题、潜在的威胁以及如何保护和加固 Linux 操作系统。

3.7.1　Linux 操作系统安装涉及的安全问题

Linux 操作系统本身是稳定和安全的，其系统安全与否和系统管理员有很大的关系。安装越多的服务，越容易导致系统的安全漏洞。在构建 Linux 操作系统时，由于默认的配置文件并不是按照安全最大化的原则来定义的。因此，在网络上利用其构建应用平台时，在安装的过程中就必须对其各种配置文件加以了解，熟悉其配置方法、内容与特点。

在安装 Linux 操作系统前，首先需要系统管理员制订一个详细的安全配置计划，来确定系统将要提供什么服务，需要使用什么硬件平台，需要什么应用软件，如何组织安装。如果在实际安装前认真地制订这样一个计划，在安装的初期就可以确定并排除很多可能的安全问题，有助于减少系统入侵或者突发事件（如断电）造成系统危害的风险。而且，它为发生攻击或者发布软件漏洞和补丁时进行快速修补系统提供了一个坚实的基础。安全配置是一项比较有难度的网络技术，权限配置得太严格，好多程序运行不起来，权限配置得太松散，又很容易被黑客入侵，所以需要在系统的安全性与可用性之间找到一个平衡。如果系统由于复杂的设置以及缺乏可用

学习笔记

性而无法使用，那么最完善的安全特性也没有意义。此外，一些极度复杂的、极其耗费处理能力的加密算法会耗费大量系统资源，而真正需要的任务却无法正常使用。所以在安装系统前，需要均衡各方面因素，制订好安装配置计划，防止真正需要的任务无法正常运行使用。

1. 确定系统提供的服务和需要的软件

Linux 系统一般在网络上作为服务器对外提供各种网络服务，首先我们需要确认系统要提供哪些网络服务，以及提供这些服务相对应的软件程序。如 Web、DNS、电子邮件、数据库等，以及包括提供这些服务所需要的相对应的软件 Apache、Bind、Sendmail、MySQL 等程序包。这些应用需求应该记录在安装部署规划之中，这个计划还包括此计算机是配置为客户机、服务器还是同时具备两个角色。由于操作系统上提供的服务越多，系统的安全漏洞就越多，系统管理员应该遵循安全原则，在安装系统时，根据需求安装一个只包含必需软件的最小化的操作系统，然后根据具体的应用需要再安装相应的软件，这样可以大大减小某个服务程序出现安全隐患的可能性，使安装好的Linux操作系统带有隐藏安全漏洞的可能性降到最低。在可能的情况下，最好每台服务器专门提供一种单一的服务，这样就会大大降低发生配置错误的可能性。

2. 规划用户种类和访问权限

对于网络服务器而言，规划并确定用户种类及其权限通常非常复杂。一般是根据用户的角色来分配权限，实现管理用户的权限分离，授予管理用户所需的最小权限的服务，提供严格限制默认用户的访问权限，重命名系统默认用户，修改这些用户的默认密码的服务，并禁止默认用户的访问等；对于已经确认好的用户角色，定义他们需要访问和操作（如读、创建、修改或删除数据）哪些数据资源。管理员可以通过访问相应的服务或操作系统提供的工具进行相应的配置。

3. 选择 Linux 发行版本

由于 Linux 只是一个内核，只能提供基本的运行服务。一个完整的操作系统还包括大量的应用程序及开发工具等，因此，有许多个人、组织和企业开发了基于 GNU/Linux 的 Linux 发行版。Linux 的发行版本大体上可以分为两类：一类是商业公司维护的发行版本；一类是社区组织维护的发行版本。前者以著名的 Redhat（RHEL）为代表，后者以 Debian 为代表。选择哪一类 Linux 操作系统需要管理员进行仔细考虑。在很多情况下，由于企业的政策、企业许可证协议或者可用的技术，要使用的 Linux 发行版本已经确定。而有的时候，用户会首先关注可以满足安装用途的软件程序包，然后根据程序包的先决条件、哪个发行版本包含立即可用的程序包，或者发行版本的价格选择发行版本。在具体的应用过程中，通常这两者是结合在一起的，用户必须反复缩小选择范围，从而选取能满足需求的发行版本。对于每一种应用服务，如邮件服务器、文件服务器、Web 服务器、字处理等，都有多种软件程序包可以满足需要。尤其当用户不直接与软件程序包打交道时（如由专门团队管理的服务器软件），那么选择更为安全的软件程序包时所受的限制就会更少。如果要对整个发行版本进行安全评估，还需要搜索相关的安全问题邮件列表。系统管理员可以做以下一些工作，将运行服务记入日志系统。从而部分实现审计功能。

（1）启用 xinetd 替代 inetd：这可以防止拒绝服务攻击，让管理员指定哪个服务可以提供给谁，并将服务调用日志记录到一个集中的位置。

（2）使用 TCP 包装器：它可以将服务限制在特定范围的请求地址内，并将请求记录到日志，其配置可以通过 hosts.allow 以及 hosts.deny 文件实现。

（3）使用 chroot 创建安全环境：这个环境是实际安装的一个子集。它是内核中的一个系统调用，软件可以通过调用来更改某个进程所能见到的根目录。即使服务受到攻击，被影响的也只是这个子集环境。由于它基于目录树的隐藏部分，所以，它最适用于那些操作中可以方便地包括到那个树中的小的而且独立的文件集上的服务器。

4. 选择服务器软件程序包

为了方便用户的安装，发行版本通常会默认安装一些保持系统运行和满足其用途所不必要的软件程序包，比如在运行没有用户交互的系统中，图形用户界面、多媒体软件和游戏都属于这种不必要的软件。而任何安装到机器上的软件都必然会占用资源并降低机器的安全性，引入可能被利用的潜在的 bug。这会导致外部攻击者利用不必要的服务在服务器上执行代码，比如通过缓存溢出破坏系统。可以减少由于安装软件的错误配置而引起的安全漏洞。即使所安装的软件不是一直在运行，也没有暴露在网络上，它们也会增加管理员的负担。此外，有人会利用社会工程技巧欺骗合法用户（或管理员）运行最终影响安全的程序，这就是要尽可能少地安装程序的另一个原因。所以在安装系统时，为了增加系统的安全性，管理员也需要考虑额外安装一些用来增强安全性的程序包，这些程序包可以在安装系统时选择性安装，也可以安装完毕后手动安装。

（1）磁盘配额：为避免本地拒绝服务攻击，管理员可以使用配额功能限制用户（包括 httpd 或 ftpd 等后台进程的用户）可用的资源。

（2）防火墙：防火墙通常会根据定义的规则集合管理网络通信，决定数据包是否可以通过。其基本功能是通过阻塞不必要的传输来避免网络入侵。

（3）入侵检测：入侵检测系统的主要任务是通过识别到来的病毒、恶意软件或者特洛伊木马等安全缺口，检测进入网络或者计算机的攻击或入侵。

（4）审计：审计是通过建立数据处于其期望状态的基线来检测敏感数据或配置文件的改变。当发生意外改变时，对基线的改变会被报告，使得管理员可以快速反应并进行恢复。

5. 选用安全的工具程序版本

由于网络应用的迅速发展和成长，有些传统的应用程序在安全性上变得很脆弱，已经不适于当前的应用。因此，人们开发了新的应用程序来替代，这些替代的程序可使用安全的方式执行相同的任务。“安全的方式”是指对传输的数据（包括用户密码和其他用户相关数据）进行加密，以防止第三方可以窃听传输的信息。使用用户名和密码或者数字签名等技术来识别用户和系统。尽管这些替代者通常被称为“安全的标准的应用程序”，但这并不是说明它们绝对不会受攻击。仅表示这些程序是用户经过深入考虑使用了，它是安全的版本而不是不安全的版本，用户不能因为使用了这些替代程序就放松安全警惕，仍需要树立安全意识和采取必要步骤来保护系统。常见任务的应用程序及其替代产品见表 3-1。

表 3-1 常见任务的应用程序及其替代产品

任务 / 使用情形	传统应用程序	推荐的安全替代者
远程访问命令行	Telnet rsh（远程 SHELL）	ssh（安全 SHELL）
图形方式访问远程系统	X Window VNC	基于 ssh 的 X Window 基于 ssh 的 VNCrdesktop
文件传输	ftp rcp（远程复制）	sftp scp（安全复制）
镜像 / 备份	rsync	基于 ssh 的隧道 rsync

6. 规划系统硬盘分区

当选择完应用程序以及安装所使用的软件包后，下一步就是要考虑操作系统与应用程序正常运行所需要的环境，如果不考虑运行的环境或考虑太少，会引起不良后果，简单的会使系统无法正常安装，或者安装后不能正常运行，如果安装不当，还会引起系统安全性下降，特别要防止那种试图填满可用磁盘空间的 DoS 攻击带来的危害，用户需要确保至少为下面这些目录划出专门的分区：

/home：此分区包含用户数据，划出此分区的目的是使用户数据与系统无关。当执行备份和恢复操作、升级或切换操作系统，或者在系统中迁移用户时，这个独立分区就显得非常有用了。

/var：主要保存服务器的日志和运行时数据。通过将其安放于一个单独的文件系统，如果系统成为某个 DoS 攻击的目标，这样数据就不会填满系统全部的空闲空间。

/tmp：类似于 /var，这个目录对用户进程来说是可写的，使得它成为 DoS 攻击的一个目标。比使用单独的文件系统更好的办法是使用 tmpfs，它加速了文件的访问速度，并在重新引导时自动清空文件系统的内容。

/boot：存放有 Linux 内核、初始驱动程序以及引导加载器数据。不必为了引导过程而挂载这个分区，因为引导加载器会将内核加载为一系列扇区，以从硬盘读取数据。如果在正常操作中没有挂载它，那么就不会意外地覆盖这些文件。

7. 校验软件版本

Linux 发行版本众多，人们获取的途径各有不同，可以来自 CD/DVD 发行版本、从其他人那里复制、网络下载等。如果用户得到的操作系统在安装的时候就已经被破坏或已包含非法代码，那么前面所讨论的系统安全根本毫无意义，对于用户而言，这个操作系统也是毫无价值的。所以必须确保得到的操作系统是基于“干净”的来源进行安装，确认代码没有后门。一般可根据发行者公布的校验和来校验安装介质的校验和以确定介质是否为正品，通过校验 MD5 校验和，来保证得到的是一个“干净”的系统。

如果通过 Web 得到发布的校验和，那么要确保使用 https 协议，并查看连接中使用的证书是否合法，以确保校验和的发布者是真实的。此外，刚刚安装的操作系统如果接入网络内提供服务，会产生大量的安全问题，因为我们得到的系统一般情况下都不是最新的版本，由于 Linux 操作系统的开放性，随时会有一些新的漏洞发现，而发行者会及时将这些安全补丁发布，而我们得到的系统可能没有安装最新安全补丁，此时最容易受到攻击。因此，在从安装过程直到完成配置步骤期间，应该从 Internet 上隔离出来，或者至少是在一个安全的网段。安装后，及时从相关网站上下载最新的安全补丁和更新，以便及时修补这些安全隐患。

3.7.2　Linux 操作系统安全加固方法

安全加固最好在系统连接到网络之前进行加固，以避免受到攻击。下面讨论最小化安装、授权 / 认证、本地和网络安全、攻击和如何防御攻击以及数据安全，病毒和恶意程序。在完成初步计划并准备和执行了最小化安装后，需要系统管理员进行一些配置步骤。这些步骤通常称为加固 Linux。主要包括保护服务和后台进程、进程保护、保护文件系统、强制实行配额和限制、更新和添加安全补丁等。

1. 保护服务和后台进程

服务安全配置的第一个步骤就是禁用所有不需要的服务。不必要的服务不但给安全带来巨大隐患，而且消耗系统资源，因此将不需要服务禁用，使其不会被潜在的入侵者利用，可以有效地降低风险。同时，要禁用不安全的服务，并使用更为安全的应用程序取代它们。例如，Telnet 不是加密的，尽量使用加密的 ssh 服务取代 Telnet。为了找出所有启用的服务，需要检查若干个文件，如 /etc/inittab 和 /etc/init.d 中的引导脚本和 inetd/xinetd 中的后台进程。

（1）/etc/inittab。在引导过程中，init 进程会去读取 /etc/inittab 文件中的条目。完整的文件格式如图 3-26 所示。

```
# Default runlevel. The runlevels used are:
#   0 - halt (Do NOT set initdefault to this)
#   1 - Single user mode
#   2 - Multiuser, without NFS (The same as 3, if you do not have networking)
#   3 - Full multiuser mode
#   4 - unused
#   5 - X11
#   6 - reboot (Do NOT set initdefault to this)
#
id:3:initdefault:
```

图 3-26　/etc/inittab 末尾 10 行代码

init 进程能识别并定义运行级（run levels）的状态。当输入了运行级或者发生特定的事件（如电源故障）时，就会考察那些条目，并执行适当的命令。系统定义了如下七个运行级别。

0：关机。不要把系统的默认级别设置为 0，否则系统不能正常启动。

1：单用户模式。用于 root 用户对系统进行维护，不允许其他用户使用主机。

2：多用户模式。在该模式下不能使用 NFS。

3：完全多用户模式。主机作为服务器时，常在该模式下。

4：未分配使用。

学习笔记

5：图形登录的多用户模式。用户在该模式下可以进行图形界面的登录。

6：重新启动。不要把系统的默认级别设置为6，否则不能正常启动。

如果图形登录不是必需的，为了减少不必要的应用，建议系统的默认级别设定为3。

为了保护Linux操作系统，用户应该理解 /etc/inittab 中所有条目的功能，并禁用潜在不必要的服务，将其删除或者在那一行的开头使用 # 号注释掉它。在所有Linux操作系统中，都会有以下两类条目：第一类用来启动名为 /sbin/agetty（或者类似）的程序，这些通常是用来允许通过Linux虚拟控制台或者串行线登录；第二类运行 /etc/rc.d 目录中通常名为 rc 的脚本，并将当前运行级作为参数给出。

（2）/etc/init.d 中的引导脚本 /etc/init.d 中的引导脚本用来启动或者停止系统服务。每个运行级都有一个 /etc/rcN.d 目录（N 是运行级的标识），其中包含了指向那些在运行级改变时需要调用的脚本的链接。如果链接文件名以 S 开头，则脚本在进入那个运行级时被执行，启动相应的服务；如果以 K 开头，则脚本在退出那个运行级时被执行，停止那个服务。大部分情况下，引导脚本的名称会指示它所控制的服务，如 rc3.d 目录下的 S55sshd 表明在进入运行级 3 时，会启用 sshd 服务。要防止在特定运行级中启动某个服务，则删除运行级目录中指向相应引导脚本的链接，或者使用一个不做任何事情的虚脚本取代 /etc/init.d 中原来的引导脚本即可。

（3）inetd/ xinetd 中的后台进程。可以在客户机请求时根据需要调用服务。这些请求被转交给超级后台进程 inetd 或者 xinetd。然后超级后台进程确定要启动哪个服务，并将请求传递到相应的后台进程。通常，telnet、ftp、rlogin 等服务使用 inetd 或者 xinetd 启动。

（4）inetd 的管理。inetd 又称“超级服务器”，inetd.conf 是 inetd 的配置文件，位于 /etc 目录下，它指挥 inetd 监听哪些网络端口，为相应的端口启动相应的服务。不需要的服务应该被禁止掉，最好将其卸载，这样系统的漏洞就少一些。禁止任何不需要的服务，具体过程如下：

① 将 inetd.conf 文件的许可权限改成 600，保证除了 root 用户外，其他用户不能读写并执行。

```
[roote test]#cmod 600 /etc/inetd.aonf
```

② 编辑 inetd.conf 文件（vi/etc/inetd.conf），禁止所有不需要的服务，如 ftp、telnet、shell、login、exec、talk、ntalk、imap、pop-2、pop-3、finger、auth 等。修改后的文件具体格式如下：

```
#ftp stream tcp nowait root /usr/sbin/topd in.ftpd-l - a
#telnet stream top nowait root /usr/sbin/tcpd in.telnetd#
#Shell,login,ecec,oomsat and talk are BSD protocols.
```

③ 修改了 inetd.conf 文件之后，重启 inetd 进程，使修改生效。给 inetd 进程发一个 SIGHUP 信号。

```
[roote test]#killall -HUP inetd
```

④用 chattr 命令把它设成不可改变，来保证 inetd.conf 文件的安全。

```
[roote test]#chattr i /etc/inetd.conf
```

这样可以避免 inetd.conf 文件的任何改变（意外或是别的原因）。一个有 i 属性的文件是不能被改动的、不能删除也不能重命名、不能创建这个文件的连接、不能往这个文件中写数据。只有系统管理员才能设置和清除这个属性。如果要改变 inetd.conf 文件，必须通过以下命令先清除这个不允许改变的标志。

```
[roote test]#chattr -i /etc/inetd.conf
```

从安全角度出发，新的 Linux 分发包大多采用 xinetd 代替了 inetd。与 inetd 相比，xinetd 能够启动基于 rpc 的服务，并支持访问控制，可以限制进入连接的速度、来自特定主机的连接数目，或者某个服务的总连接数。xinetd.conf 是 xinetd 的配置文件，它位于 /etc 目录下，配置文件参数如下：

```
#Simple configuration file for xinetd
#Same defaults, and include /etc/xinetd.d/defaults
{
    instances          = 60
    log_type           = SYSLOG authpriv
    log_on_success     = HOST PID
    log_on_failure     = HOST
    cps                = 25 30
}
includedir /etc/xinetd.d
```

文件最后一行表示 /etc/xinetd.d 目录是存放各项网络服务（如 http、ftp 等）的核心目录，因而系统管理员需要对其中的配置文件进行熟悉和了解。一般说来，在 /etc/xinetd.d 的各个网络服务配置文件中，每一项的形式如下：

```
service service-name
{
    disabled                  //表明是否禁用该服务
    flags                     //可重用标志
    socket_type               //TCP/IP 数据流的类型
    wait                      //是否阻塞服务，即单线程或多线程
    user                      //服务进程的 uid
    server                    //服务器守护进程的完整路径
    log_on_failure            //登录错误日志记录
}
```

其中，service 是必需的关键字，且属性表必须用大括号括起来。每一项都定义了由 service-name 定义的服务。service-name 是任意的，但通常是标准网络服务名，也可增加其他非

学习笔记

标准的服务，只要它们能通过网络请求激活，包括 localhost 自身发出的网络请求。每个 service 有很多可以使用的 attribute（属性），操作符可以是“=”“+=”“-=”等。所有属性可以使用“=”，其作用是分配一个或多个值。某些属性可以使用“+=”或“-=”形式，其作用分别是将其值增加到某个现存的值表中，或将其值从现存值表中删除。

每一项用户想新添加的网络服务描述既可以追加到现有的 /etc/xinetd.conf 中，也可以在 /etc/xinetd.conf 中指定的目录中分别建立单独的文件。建议采用后一种做法，因为这样可扩充性很好，管理起来也比较方便，用户只需要添加相应服务的描述信息即可追加新的网络服务。

如果想要开启 telnet 服务，只需要通过使用 vi 编辑器改写该文件为如下内容：

```
service telnet
{
    disabled=no         //将该域置为 no，则表明开启该服务
    flags=REUSE
    socket_type=stream
    wait=no
    user=root
    server=/usr/sbin/in.telnetd
    log_on_failure+=USERID
}
```

然后，使用 /etc/rc.d/init.d/xinetd restart 命令激活 telnet 服务即可。

如果想要关闭某个不需要的服务，则将上述的“disable=no”改为“disable=yes”即可。为了更详细地访问控制，xinetd 支持以下三个参数：only_from、no_access 和 access_time。下面以 telnet 服务为例说明其用法。为了限制访问，但不完全禁用 telnet 后台进程，可以对配置文件 /etc/xinetd.d/telnet 进行如下修改：

```
service telnet
{
    disabled=no
    flags=REUSE
    socket_type=stream
    wait=no
    user=root
    server=/usr/sbin/in.telnetd
    log_on_failure+=USERID
        only_from    = 192.168.200.3 192.168.200.7 192.168.200.9
        only_from    +=192.168.200.10 192.168.200.12 172.16.0.0
        no_access    = 172.16.{1,2,3,10}
        access_times = 07:00 21:00
}
```

only_from 和 no_access 可以接收数字 IP 地址（最右边的零作为任意数值处理）、IP 地址 / 网络掩码范围、主机名以及 /etc/networks 中的网络名。如果组合使用 only_from 和 no_access，xinetd 会为每个主机连接寻找最接近的匹配。在前面的代码示例中，表示 IP 地址为 172.16.x.x 的主机可以连接到此主机，但地址属于 172.16.1.x、172.16.2.x、172.16.3.x 和 172.16.10.x 的则不能连接。可见，当使用 no_access 所用的因数符号时，不需要指定地址的所有四个部分，因数部分必须是地址最右边的部分。

每次修改了配置文件后，为使修改生效，需使用 /etc/rc.d/init.d/xinetd restart 命令启用最新的配置。

2. 进程保护

Linux 在运行时，会产生大量的进程，如何找出并禁用那些不必要的或者具有潜在危险的进程，需要管理员弄清楚哪些进程正在用户的系统中实际运行，并禁用那些不需要的进程。同时需要定期检查不正常的行为，定期审计。查看是否有未知的进程在运行，因为这些未知的进程可能会提供不必要的服务，可能会损害系统。

理想情况下，用户应该明白在自己的系统中运行的每一个进程。要获得所有进程的列表，可以执行命令 ps -ef，如图 3-27 所示。显示的进程列表中有方括号的是内核级的进程，执行辅助功能（如将缓存写入磁盘）；其他所有进程都是使用者进程。用户会注意到，就算是在用户新安装的（最小化的）系统中，也有很多进程在运行。要熟悉它们，并把它们记录到文档中。

```
root      1941     2  0  2023 ?        00:00:00 [infiniband/3]
root      1942     2  0  2023 ?        00:00:00 [infiniband/4]
root      1943     2  0  2023 ?        00:00:00 [infiniband/5]
root      1944     2  0  2023 ?        00:00:00 [infiniband/6]
root      1945     2  0  2023 ?        00:00:00 [infiniband/7]
root      1954     2  0  2023 ?        00:00:00 [ib_mcast]
root      1964     2  0  2023 ?        00:00:00 [iw_cm_wq]
root      1985     2  0  2023 ?        00:00:00 [ib_cm/0]
root      1986     2  0  2023 ?        00:00:00 [ib_cm/1]
root      1987     2  0  2023 ?        00:00:00 [ib_cm/2]
root      1988     2  0  2023 ?        00:00:00 [ib_cm/3]
root      1989     2  0  2023 ?        00:00:00 [ib_cm/4]
root      1990     2  0  2023 ?        00:00:00 [ib_cm/5]
root      1991     2  0  2023 ?        00:00:00 [ib_cm/6]
root      1992     2  0  2023 ?        00:00:00 [ib_cm/7]
root      2014     2  0  2023 ?        00:00:00 [rdma_cm]
root      2067     2  0  2023 ?        00:00:00 [ipoib_flush]
root      2294     1  0  2023 ?        00:00:05 auditd
root      2328     1  0  2023 ?        00:00:02 /sbin/rsyslogd -i /var/run/syslogd.pid -c 5
root      2362     1  0  2023 ?        00:05:32 irqbalance --pid=/var/run/irqbalance.pid
rpc       2380     1  0  2023 ?        00:00:06 rpcbind
dbus      2400     1  0  2023 ?        00:00:00 dbus-daemon --system
```

图 3-27 执行 ps -ef 命令部分结果

开放网络连接的进程受到攻击的潜在可能最大。要获得所有 TCP 或 UDP 连接的列表，可以执行命令 netstat -atun，如图 3-28 所示。在这个列表中，特别要注意状态为 LISTEN 的 TCP 连接和所有的 UDP 连接，因为服务器通过这些连接接收到来的连接请求。

确定这些进程是如何被启动的（如通过 /etc/inittab、通过引导脚本等）并禁用它们。如果程序是由另一个程序启动的，那么这项任务需要管理员非常熟悉系统，如果服务器很有可能是由显示管理器（如 xdm、kdm 或 gdm）启动的，其本身并不会出现在 inittab 或引导脚本目录中。

netstat 所列出的连接并不是都可以由网络上的所有计算机使用。在任何数据包到达开放的连接之前，基于 Linux 内置功能的防火墙可以进一步控制访问。

学习笔记

```
[root@test ~]# netstat -atun
Active Internet connections (servers and established)
Proto Recv-Q Send-Q Local Address              Foreign Address         State
tcp        0      0 0.0.0.0:389                0.0.0.0:*               LISTEN
tcp        0      0 0.0.0.0:3306               0.0.0.0:*               LISTEN
tcp        0      0 0.0.0.0:6379               0.0.0.0:*               LISTEN
tcp        0      0 0.0.0.0:111                0.0.0.0:*               LISTEN
tcp        0      0 0.0.0.0:60213              0.0.0.0:*               LISTEN
tcp        0      0 0.0.0.0:22                 0.0.0.0:*               LISTEN
tcp        0      0 127.0.0.1:631              0.0.0.0:*               LISTEN
tcp        0      0 127.0.0.1:25               0.0.0.0:*               LISTEN
tcp        0      0 127.0.0.1:22               127.0.0.1:36018         ESTABLISHED
tcp        0      0 10.1.1.206:22              10.1.1.254:51408        ESTABLISHED
tcp        0     52 127.0.0.1:36018            127.0.0.1:22            ESTABLISHED
tcp        0      0 :::18080                   :::*                    LISTEN
tcp        0      0 ::ffff:127.0.0.1:8005      :::*                    LISTEN
tcp        0      0 :::389                     :::*                    LISTEN
tcp        0      0 :::5001                    :::*                    LISTEN
tcp        0      0 :::8009                    :::*                    LISTEN
tcp        0      0 :::6379                    :::*                    LISTEN
tcp        0      0 :::111                     :::*                    LISTEN
tcp        0      0 :::80                      :::*                    LISTEN
tcp        0      0 :::22                      :::*                    LISTEN
tcp        0      0 :::35670                   :::*                    LISTEN
tcp        0      0 ::1:631                    :::*                    LISTEN
tcp        0      0 ::1:25                     :::*                    LISTEN
udp        0      0 0.0.0.0:39102              0.0.0.0:*
udp        0      0 0.0.0.0:859                0.0.0.0:*
udp        0      0 0.0.0.0:111                0.0.0.0:*
```

图 3-28 执行 netstat -atun 命令部分结果

3. 保护文件系统

保护文件系统涉及文件和目录的所有者及访问它们的权限。要保护文件系统，文件和目录的权限必须授予最小限度权限的原则进行设置。要特别注意关于所有人可写的文件和系统目录的不适当权限，以及 setuid 或者 setgid 命令。这些命令运行时的用户权限比运行此命令的用户实际拥有的权限更高，这对于访问只有 root 才有权限访问的文件来说这可能是必需的。例如，/etc/shadow 文件由于存有用户的加密密码信息，对系统的安全至关重要，因此权限很严，只有 root 才有权限可读可写。但是系统必须允许普通用户也能修改自己的密码。要想让他们对 /etc/shadow 可写，又不能可读，而且可写又不能允许他们改别人的密码，如何处理这种情况呢？系统中增加了一个文件名为 /bin/passwd 的程序，通过它可以在不显示文件内容的情况下直接修改 /etc/shadow 文件，这个程序由系统赋予其 setuid 权限，而且它属于 root。这样用户在使用 /bin/passwd 修改密码时就有 root 权限。由于 /bin/passwd 命令本身功能的局限性，用户并不能用它做更多的不利于系统安全的事。对于这种命令，要确保它们都确实需要设置 setuid/setgid 位。如果程序或文件没有这种需要的话，需要禁用它。要找出所有人都可写的文件，使用以下命令：

```
[roote test]#find / -perm -002 \( -type f -o -type d \) -ls
```

其中：

/ 是搜索的起始位置。-perm 检查权限。

002 表示（八进制符号）other 设置了写位。

模式 002 之前的 - 表示设置了所有权限位 ca。

-type f 或者 -type d 搜索常规的文件和目录。

-ls 以 ls 格式列出找到的文件。

找到文件后，要对列出的文件进行分析判断，并进行相应的处理。

当某个分区上的所有文件确实都不需要 setuid/setgid 位时，可以利用 /etc/fstab 中的 nosuid 选项为相应文件系统中的每个文件都禁用它，如图 3-29 中的 /dev/hdc1。

```
#device      mountpoint   filesystemtype  options dump   fsckorder
/dev/hda1    /            ext2            defaults 1     1
...
/dev/hdc1    /mnt/cdrom   iso9660         nosuid,user 1  2
```

图 3-29 /etc/fstab 中关键配置

此外，对于所有敏感的数据，都有必要对其进行加密并使用密码保护它。

（1）异常和隐含文件。在系统的每个地方都要查看一下有没有异常和隐含文件，因为这些文件可能是隐藏的黑客工具或者其他一些信息（如密码破解程序、其他系统的密码文件等）。在 Linux/UNIX 操作系统下，一个常用的技术就是用一些特殊的名，如“...”或“.. ”（点点空格），来隐含文件或目录。用 find 程序可以查找到这些隐含文件，命令如下：

```
[roote test]# find / -name ".. " -print -xdev
[roote test]# find / -name ".*" -print -xdev |cat -v
```

（2）查找任何人都有写权限的文件和目录。如果入侵者获得并改变了一些系统文件，这些系统文件就会成为安全漏洞。任何人都有写权限的目录也同样有危险，因为入侵者可以根据他们的需要自由地添加或删除文件。在正常情况下有些文件是可写的，包括一些 /dev 目录下的文件和符号连接。在系统中定位任何人都有写权限的文件和目录的命令如下：

```
[roote test]# find / -type d -perm -o=w
[roote test]# find / -type f -perm -o=w
```

（3）查找没有主人的文件。发现没有主人的文件就意味着有黑客入侵系统了。不能允许没有主人的文件存在。如果在系统中发现了没有主人的文件或目录，先查看其完整性，如果一切正常，给它一个主人。有时候卸载程序可能会出现一些没有主人的文件或目录，在这种情况下可以把这些文件和目录删除掉。定位系统中没有主人的文件的命令如下：

```
[roote test]# find / -nouser -o -nogroup
```

（4）查找 .rhosts 文件。查找 rhosts 文件是日常管理工作的一部分，因为这些文件不允许在系统中存在。记住，黑客只要有一个账号就可能入侵整个网络。定位系统中的 .rhosts 文件的命令如下：

```
[roote test]# find /home -name .rhosts
```

也可以用一个 cron 任务定期查看、报告和删除 home/.rhosts 文件。同时，也必须让用户知道系统会经常地进行这种审核。

4. 强制实行配额和限制

Linux PAM（pluggable authentication modules，插入式认证模块）可以强制实行一些实用的安全限制，可在 /etc/security/limits.conf 文件中对此进行配置，这些限制适用于单个对话。用户可以使用 maxlogins 控制总额限制。limits.conf 中的条目有如下结构：

学习笔记

```
username1@groupname type resource limit
```

为了与 username 区别，groupname 之前必须加 @。类型必须是 soft 或者 hard。软限制（soft-limit）可以被超出，通常只是警戒线，而硬限制（hard-limit）不能被超出。

resource 可以是下面的关键字之一。

◎ core 限制内核文件的大小（KB）。

◎ data 最大数据大小（KB）。

◎ fsize 最大文件大小（KB）。

◎ memlock 最大锁定内存地址空间（KB）。

◎ nofile 打开文件的最大数目。

◎ rss 最大持久设置大小（KB）。

◎ stack 最大栈大小（KB）。

◎ cpu 以分钟为单位的最多 CPU 时间。

◎ nproc 进程的最大数目。

◎ as 地址空间限制。

◎ maxlogins 此用户允许登录的最大数目。

如图 3-30 所示，所有用户每个会话都限制在 10 MB，并允许同时有四个登录。第三行禁用了每个人的内核转储。第四行除去了用户 bin 的所有限制。ftp 允许有 10 个并发会话。managers 组成员的进程数目限制为 40 个。developers 有 64 MB 的 memlock 限制，wwwusers 的成员不能创建大于 50 MB 的文件。

```
*           hard    rss              10000
*           hard    maxlogins        4
*           hard    core             0
bin         -
ftp         hard maxlogins           10

@managers           hard    nproc    40
@developers         hard    memlock  64000
@wwwusers           hard    fsie     50000
```

图 3-30　limits.conf 配置文件

要激活这些限制，用户需要在 /etc/pam.d/login 文件底部添加“sessionrequired/lib/security/pam_limits.so”。配额让用户能够限制用户和组的 inode 数目和可用空间。

注意：配额是在每个加载点上定义的，用户在若干个分区上有写权限，那么要确保为它们每个都定义配额。

配额是管理员最小化 DoS 攻击的一种方式，这类攻击以填满硬盘驱动器上所有可用空间为手段，这会使其他进程因不能创建临时文件而失败。必须在内核中启用配额。当前大部分发行版本都支持配额。要为文件系统启用配额，需要在 /etc/fstab 中为相应的行添加一个选项。使用 usrquota 和 grpquota 启用用户配额和组配额，如图 3-31 所示。

学习笔记

```
/dev/hda1     /         ext3    defaults              1 1
/dev/hda2     /home     ext3    defaults,userquota          1 1
/dev/hda3     /tmp      ext3    defaults,userquota,grpauota       1 1
/dev/hda4     /shared   ext3    defaults,grpauota           1 1
/dev/hdc1     /mnt/cdrom   iso9660 nosuid,user              1 2
```

图 3-31 /etc/fstab 配置文件

然后，使用 mount -a -o remount 重新挂载相应的文件系统，来激活刚才添加的选项。再使用 quotacheck -cugvm 创建一个二进制配额文件，其中包含了机器可读格式的配额配置，这是配额子系统要操作的文件。

使用工具 edquota 完成配额的指派，如要为用户 alice 定义限制，则使用 edquota -ualice 来调用它。环境变量 editor 中定义的编辑器 vi 会打开，其中有类似图 3-32 内容。

```
Quotas for user alice:
/dev/hda2: blocks in use: 3567,limits(soft=5500,hard=6500)
           innodes in use: 412,limits(soft=1000,hard=1500)
```

图 3-32 alice 的用户配额信息

in use 值只是为用户提供信息，不能被修改，管理员能修改的只是软限制和硬限制。保存并退出编辑器后，edquota 会读取用户刚才编辑的临时文件，并将那些值传递到二进制配额文件，以使用户的修改生效。对组配额的编辑与此相同，只是必须使用 -g 选项而不是 -u。软限制是警告级别，可以被超出，而硬限制是严格强制的。软限制有一个宽限期（grace period），又称软性时间限制（soft time limits），这是允许用户超出软限制直到被系统强制执行之前的时间间隔。使用 edquota -t 设置宽限期，可以使用的单位是秒、分、小时、天、周和月。其他管理配额的实用工具包括 repquota（总结某个文件系统的配额）、quotaon 和 quotaoff（打开和关闭配额）。

3.8 Web 应用防护

视 频

Web应用防护

随着技术的不断进步，各种各样技术先进的黑客总在不断诞生，攻击行为发生的频率越来越快。为了应对这种攻击，除了不断提高用户的安全意识，还需要加上必要的防护手段，来抵御黑客的攻击行为。随着黑客所使用的手段越来越先进，防护手段也逐渐升级。

Web 应用防护基于对 Web 流量的解码和分析，支持解析多种常见 HTTP 协议数据提交格式，可应对 Web 应用中的各类攻击，防御 OWASP 常见威胁，如 SQL 注入、XSS 注入、跨站请求伪造攻击、Cookie 篡改以及应用层 Web 攻击等，能有效解决网页挂马、敏感信息泄露等安全问题，充分保障 Web 应用安全。

3.8.1 Web 应用防护的作用

Web 应用防护系统（Web application firewall，WAF）代表了一类新兴的信息安全技术，用以解决诸如防火墙一类传统设备束手无策的 Web 应用安全问题。与传统防火墙不同，WAF 工

学习笔记

作在应用层，因此对Web应用防护具有先天的技术优势。基于对Web应用业务和逻辑的深刻理解，WAF对来自Web应用程序客户端的各类请求进行内容检测和验证，确保其安全性与合法性，对非法的请求予以实时阻断，从而对各类网站站点进行有效防护。

（1）应用功能：审计设备，与系统自身安全相关的下列事件产生审计记录。

① 管理员登录后进行的操作行为。

② 对安全策略进行添加、修改、删除等操作行为。

③ 对管理角色进行增加、删除和属性修改等操作行为。

④ 对其他安全功能配置参数的设置或更新等行为。

（2）访问控制设备。用来控制对Web应用的访问，既包括主动安全模式也包括被动安全模式。

（3）架构及网络设计工具。当运行在反向代理模式，它们被用来分配职能、集中控制、虚拟基础结构等。

（4）Web应用加固工具。这些功能增强被保护Web应用的安全性，它不仅能够屏蔽Web应用固有弱点，而且能够保护Web应用编程错误导致的安全隐患。

需要指出的是，并非每种被称为Web应用防火墙的设备都同时具有以上四种功能。

同时Web应用防火墙还具有多面性的特点。比如从网络入侵检测的角度来看，可以把WAF看成运行在HTTP层上的IDS设备；从防火墙角度来看，WAF是一种防火墙的功能模块；还有人把WAF看作"深度检测防火墙"的增强。（深度检测防火墙通常工作在网络的第三层以及更高的层次，而Web应用防火墙则在第七层处理HTTP服务并且更好地支持它。）

（5）及时补丁。修补Web安全漏洞，是Web应用开发者最头痛的问题，没人会知道下一秒有什么样的漏洞出现，会为Web应用带来什么样的危害。WAF可以为我们做这项工作——只要有全面的漏洞信息，WAF能在不到一个小时的时间内屏蔽掉这个漏洞。当然，这种屏蔽掉漏洞的方式不是万无一失的，并且，没有安装对应的补丁本身就是一种安全威胁，但在没有选择的情况下，任何保护措施都比没有保护措施更好。

说明：及时补丁的原理可以更好地应用于基于XML的应用中，因为这些应用的通信协议都具规范性。

（6）基于规则的保护和基于异常的保护。基于规则的保护可以提供各种Web应用的安全规则，WAF生产商会维护这个规则库，并时时为其更新。用户可以按照这些规则对应用进行全方面检测。还有的产品可以基于合法应用数据建立模型，并以此为依据判断应用数据的异常。但这需要对用户企业的应用具有十分透彻的了解才可能做到，可现实中这是十分困难的一件事情。

（7）状态管理。WAF能够判断用户是否为第一次访问并且将请求重定向到默认登录页面并且记录事件。通过检测用户的整个操作行为可以更容易识别攻击。状态管理模式还能检测出异常事件（比如登录失败），并且在达到极限值时进行处理。这对暴力攻击的识别和响应十分有利。

（8）其他防护技术。WAF还有一些安全增强的功能，可以用来解决Web程序员过分信任输入数据带来的问题。如隐藏表单域保护、抗入侵规避技术、响应监视和信息泄露保护。

3.8.2 OWASP TOP 10

OWASP（open web application security project，开放式 Web 应用程序安全项目）是一个非营利组织，不附属于任何企业或财团，它提供有关计算机和互联网应用程序的公正、实际、有成本效益的信息。其目的是协助个人、企业和机构来发现和使用可信赖软件。

OWASP 项目最具权威的就是其“十大安全漏洞列表”（OWASP Top 10）。OWASP Top 10 不是官方文档或标准，只是一个被广泛采用的意识文档，被用来分类网络安全漏洞的严重程度，目前被许多漏洞奖励平台和企业安全团队评估错误报告。这个列表总结了 Web 应用程序最可能、最常见、最危险的十大漏洞，可以帮助 IT 公司和开发团队规范应用程序开发流程和测试流程，提高 Web 产品的安全性。

1. 注入（injection）

将不受信任的数据作为命令或查询的一部分发送到解析器时，会产生诸如 SQL 注入、NoSQL 注入、OS 注入和 LDAP 注入的注入缺陷。攻击者的恶意数据可以诱使解析器在没有适当授权的情况下执行非预期命令或访问数据。

危害：注入可以导致数据丢失或被破坏，缺乏可审计性或拒绝服务。注入漏洞有时甚至可导致完全接管主机。

常见的注入：

（1）SQL 注入。

（2）os-shell。

（3）LDAP（轻量目录访问协议）。

（4）XPath（XPath 即为 XML 路径语言，它是一种用来确定 XML（标准通用标记语言的子集）文档中某部分位置的语言）。

（5）HQL 注入。

如何防范常见的注入？

（1）使用安全的 API，避免使用解释器。

（2）对输入的特殊字符进行 ESCAPE 转义处理，例如：

```
LIKE '%M%' ESCAPE 'M'
```

使用 ESCAPE 关键字定义了转义字符“M”，告诉 DBMS 将搜索字符串“%M%”中的第二个百分号（%）作为实际值，而不是通配符。

（3）使用白名单来规范化地输入验证方法。

2. 失效的身份认证

通常，通过错误使用应用程序的身份认证和会话管理功能，攻击者能够破译密码、密钥或会话令牌，或者利用其他开发缺陷来暂时性或永久性冒充其他用户的身份。

学习笔记

危害：这些漏洞可能导致部分甚至全部账户遭受攻击，一旦攻击成功，攻击者就能执行合法的任何操作，如何防范？

（1）使用内置的会话管理功能。

（2）通过认证的问候。

（3）使用单一的入口点。

（4）确保在一开始登录 SSL 保护的网页。

3. 敏感数据泄露

许多 Web 应用程序和 API 都无法正确保护敏感数据，如财务数据、医疗数据和 PII 数据。攻击者可以通过窃取或修改未加密的数据实施信用卡诈骗、身份盗窃或其他犯罪行为。未加密的敏感数据容易受到破坏，因此，我们需要对敏感数据加密，这些数据包括传输过程中的数据、存储的数据以及浏览器的交互数据。

4. XML 外部实体（XXE）

XXE（XML external entity attack）即 XML（可扩展标记语言）外部实体注入攻击，许多较早的或配置错误的 XML 处理器评估了 XML 文件中的外部实体引用。攻击者可以利用外部实体窃取使用 URI 文件处理器的内部文件和共享文件、监听内部扫描端口、执行远程代码和实施拒绝服务攻击。

5. 失效的访问控制

未对通过身份验证的用户实施恰当的访问控制。攻击者可以利用这些缺陷访问未经授权的功能或数据，如访问其他用户的账户、查看敏感文件、修改其他用户的数据、更改访问权限等。

危害：这种漏洞可以损坏参数所引用的所有数据。

如何防范失效的访问控制？

（1）使用基于用户或会话的间接对象访问，这样可防止攻击者直接攻击未授权资源。

（2）访问检查。对任何来自不受信源所使用的所有对象进行访问控制检查。

（3）避免在 url 或网页中直接引用内部文件名或数据库关键字。

（4）验证用户输入和 url 请求，拒绝包含 /…/ 的请求。

6. 安全配置错误

安全配置错误是最常见的安全问题，这通常是由于不安全的默认配置、不完整的临时配置、开源云存储、错误的 HTTP 标头配置以及包含敏感信息的详细错误信息所造成的。因此，我们不仅需要对所有操作系统、框架、库和应用程序进行安全配置，而且必须及时修补和升级它们。

危害：系统可能在未知的情况下被完全攻破，用户数据可能随着时间的推移被全部盗走或篡改，甚至导致整个系统被完全破坏。

如何防范：

（1）自动化安装部署。

（2）及时了解并部署每个环节的软件更新和补丁信息。

（3）实施漏洞扫描和安全审计。

7. 跨站脚本（xss）

xss 攻击全称为跨站脚本攻击，当应用程序的新网页中包含不受信任的、未经恰当验证或转义的数据时，或者使用可以创建 HTML 或 JavaScript 的浏览器 API 更新现有的网页时，就会出现 xss 缺陷。xss 让攻击者能够在受害者的浏览器中执行脚本，并劫持用户会话、破坏网站或将用户重定向到恶意站点。

危害：攻击者在受害者浏览器中执行脚本以劫持用户会话、插入恶意内容、重定向用户、使用恶意软件劫持用户浏览器等。种类有存储型、反射型、DOM 型。如何防范？

（1）验证输入。

（2）编码输出（用来确保输入的字符被视为数据，而不是作为 HTML 被浏览器所解析）。

8. 不安全的反序列化

不安全的反序列化会导致远程代码执行。即使反序列化缺陷不会导致远程代码执行，攻击者也可以利用它们来执行攻击，包括重播攻击、注入攻击和特权升级攻击。

9. 使用含有已知漏洞的组件

组件（如库、框架和其他软件模块）拥有和应用程序相同的权限。如果应用程序中含有已知漏洞的组件被攻击者利用，可能会造成严重的数据丢失或服务器接管。同时，使用含有已知漏洞的组件的应用程序和 API 可能会破坏应用程序防御、造成各种攻击并产生严重影响。如何防范？

（1）识别正在使用的组件和版本，包括所有的依赖。

（2）更新组件或引用的库文件到最新。

（3）建立安全策略来管理组件的使用。

10. 不足的日志记录和监控

不足的日志记录和监控，以及事件响应缺失或无效的集成，使攻击者能够进一步攻击系统、保持持续性或转向更多系统，以及篡改、提取或销毁数据。大多数缺陷研究显示，缺陷被检测出的时间超过 200 天，且通常通过外部检测方检测，而不是通过内部流程或监控检测。

3.8.3 SQL 注入攻击及防护

SQL 注入（SQL injection）简称注入攻击，是在输入的字符串之中注入 SQL 指令，在设计不良的程序当中忽略了检查、过滤不严谨，那么这些注入进去的指令就会被数据库服务器误认为是正常的 SQL 指令而运行，因此遭到入侵或是破坏。

只要是支持批处理 SQL 指令的数据库服务器，都有可能受到此种手法的攻击。

学习笔记

1. 注入类型

在 SQL 注入漏洞中，根据注入类型分为三种，即数字型、字符型、搜索型。

（1）数字型。在 Web 端中经常能看到如 http://xxx.com/news.php?id=1 语句，其注入点 id 类型为数字，所以称为数字型注入点。

这类 SQL 语句结构通常为 select * from user where id=1，如果攻击者将参数 id 的值改为 1 or 1=1，那么程序中拼接的 SQL 语句则为：select * from user where id=1 or 1=1，参数改变了原有的 SQL 语句结构，导致了 SQL 注入漏洞攻击。

（2）字符型。观察 SQL 语句 $sql="select username from user where id='$_GET['id']'"；这条 SQL 语句就是基于用户输入的 id 在 user 表中找到相应的 username，正常用户会输入如 1、2 等。但是如果有人输入 "1' union select database() #;" 语句，此时这条 SQL 语句就变成了 select username from user where id='1'union select database()#'，这样的话，不仅可以得到 id=1 的 username，还可以得到当前数据库的相关信息，这是开发人员所没有想到的。以上只是一个简单的 SQL 注入例子。但是通过简单的例子，我们可以明白一点：数字型不需要单引号来闭合，而字符型需要通过单引号来闭合。

如果闭合方式不是单引号，是双引号又或者是括号呢？依旧是字符型注入，数字型和字符型最根本的区别就是，数字型一般来讲不需要单引号或双引号、括号来闭合，而字符串一般需要通过单引号或双引号、括号等来闭合。

（3）搜索型。select * from database.table where users like '% 要查询的关键字 %'。这里“%”匹配任何字符，比如在搜索框中输入关键字 lucky，那么 SQL 语句就变成了 select * from database.table where users like '%lucky%'，意思就是查询 users 列中带有关键字 lucky 的数据。如果在输入关键字时不是输入 lucky，而是精心构造的 SQL 语句，并且对于输入的关键字也没有过滤，那么注入就形成了。

2. 寻找 SQL 注入点

如果要对一个网站进行 SQL 注入攻击，首先需要找到存在 SQL 注入漏洞的地方，也就是寻找所谓的注入点。可能的 SQL 注入点一般存在于登录页面、查找页面或添加页面等用户可以查找或修改数据的地方。

最常用的寻找 SQL 注入点的方法是在网站中寻找 http://www.xxx.com/xxx.php?id=1 形式的页面链接，其中“1”可能是数字，也可能是字符串，分别称为整数类型数据或者字符型数据。下面主要针对整数型数据进行 SQL 注入讲解。

通常可以使用以下两种方法进行检测，判断该页面链接是否存在 SQL 注入漏洞。

（1）“加引号”法。在浏览器地址栏页面链接地址后面增加一个单引号，如下所示：

```
http://www.xxx.com/xxx.php?id=1'
```

然后访问该链接地址，浏览器可能会返回类似于下面的错误提示信息：

```
Microsoft JET Database Engine 错误 '80040e14'
```

字符串的语法错误在查询表达式 'ID=1' 中

```
/xxx.php 行 8
```

当页面中返回了类似的错误信息，说明该网站可能存在 SQL 注入攻击的漏洞。

（2）“1=1 和 1=2”法。“加引号”法很直接，也很简单，但是对 SQL 注入有一定了解的程序员在编写程序时，都会将单引号过滤掉。如果再使用单引号测试，就无法检测到注入点了。这时，就可以使用经典的“1=1 和 1=2”法进行检测。

如果正常页面链接地址为：http://www.xxx.com/xxx.asp?id=YY，在浏览器中分别输入以下两个链接地址，分别查看它们返回的结果值。

```
http://www.xxx.com/xxx.php?id=1 and 1=1
http://www.xxx.com/xxx.php?id=1 and 1=2
```

如果页面正常显示，内容与正常页面显示的结果基本相同，则一般不存在注入。如果显示异常，内容与正常页面显示的结果不太一样，或提示找不到记录，或显示内容为空，则可能存在注入点。

3. 如何防护 SQL 注入

在认识到 SQL 注入的危害之后，可以知道，一个简单的 SQL 查询逻辑能够带来巨大的安全隐患。因此，应该做到在开发过程中避免出现 SQL 注入漏洞。接下来，介绍三种常见的防护方法，即使用 PreparedStatement、使用存储过程和验证输入。

（1）使用 PreparedStatement。通过合理地使用 PreparedStatement，就能够避免 99.99% 的 SQL 注入问题。下面介绍其实现过程。

当数据库在处理一个 SQL 命令时，大致可以分为如下两个步骤：

① 将 SQL 语句解析成数据库可使用的指令集。使用 EXPLAIN 关键字分析 SQL 语句即可完成。

② 将变量代入指令集，开始实际执行。之所以在批量处理 SQL 的时候能够提升性能，就是因为这样做避免了重复解析 SQL 的过程。

那么 PreparedStatement 为什么能够避免 SQL 注入的问题呢？这是因为，SQL 注入是在解析的过程中生效的，用户的输入会影响 SQL 解析的结果。因此，可以通过使用 PreparedStatement 将 SQL 语句的解析和实际执行过程分开，只在执行过程中代入用户的操作。这样一来，无论黑客提交的参数如何变化，数据库都不会执行额外的逻辑，也就避免了 SQL 注入的发生。

在 Java 中，可以通过执行下面的代码将解析和执行分开：

```
String sql = "SELECT * FROM Users WHERE UserId = ?";
PreparedStatement statement = connection.prepareStatement(sql) ;
statement.setInt (1,userId) ;
ResultSet results = statement.executeQuery();
```

学习笔记

为了实现相似的效果，在 PHP 中，可以使用 PDO（PHP data objects）。

这里有一点需要注意，前面说了，通过合理地使用 PreparedStatement 就能解决 99.99% 的 SQL 注入问题，那到底怎么做才算“合理地”使用呢？

PreparedStatement 为 SQL 语句的解析和执行提供了不同的“方法”，需要分开来调用。但是，如果在使用 PreparedStatement 时，通过字符串拼接来构造 SQL 语句，那仍然是将解析和执行放在了一块，也就不会产生相应的防护效果了。这里列举了一个错误案例，可以和上面的代码进行对比。

```
String sql = "SELECT * FROM Users WHERE UserId = " + userId;
PreparedStatement statement = connection.prepareStatement (sql) ;
ResultSet results = statement.executeQuery();
```

（2）使用存储过程。使用存储过程的原理和使用 PreparedStatement 类似，都是通过将 SQL 语句的解析和执行过程分开实现防护。区别在于，存储过程防注入是将解析 SQL 的过程由数据库驱动转移到了数据库本身。还是上述的例子，使用存储过程实现的代码如下：

```
delimiter $$            #将语句的结束符号从分号；临时改为两个 $$(可以是自定义)
CREATE PROCEDURE select_user(IN p_id INTEGER)
BEGIN
SELECT * FROM Users WHERE UserId = p_id;
END$$
delimiter;              #将语句的结束符号恢复为分号
call select_user(1);
```

（3）验证输入。防护的核心原则是一切用户输入皆不可信。因此，SQL 注入的防护手段和 XSS 其实也是相通的，主要的不同在于：

① SQL 注入的攻击发生在输入时，因此，只能在输入时进行防护和验证。

② 大部分数据库不提供针对 SQL 的编码，因为那会改变原有的语意，所以 SQL 注入没有编码的保护方案。

因此，对所有输入进行验证或者过滤操作，能够很大程度上避免 SQL 注入的出现。例如，在通过 userId 获取 Users 相关信息的示例中，可以确认 userId 必然是一个整数。因此，只需对 userId 参数进行一个整型转化（如 Java 中的 Integer.parseInt、PHP 中的 intval 等），就可以实现防护。

当然，部分场景下，用户输入的参数比较复杂。以用户发出的评论为例，其内容完全由用户定义，应用无法预判其格式。这种情况下，应用只能通过对部分关键字符进行过滤来避免 SQL 注入的发生。例如，在 MySQL 中，需要注意的关键词有 " % ' \ - 等。

在实际使用这些防护方法时需要注意：对于验证输入来说，尤其是在复杂场景下的验证输入措施，其防护效果是最弱的。因此，避免 SQL 注入的防护方法，首要选择仍然是 PreparedStatement 或者存储过程。

SQL 注入就是黑客通过相关漏洞篡改 SQL 语句的攻击。通过 SQL 注入，黑客既可以影响正常的 SQL 执行结果，从而绕过验证，也可以执行额外的 SQL 语句，对数据的机密性、完整性和可用性都产生影响。

为了避免 SQL 注入的出现，我们需要正确地使用 PreparedStatement 方法或者存储过程，尽量避免在 SQL 语句中出现字符串拼接的操作。除此之外，SQL 注入的防护也可以和 XSS 一样，对用户的输入进行验证、检测并过滤 SQL 中的关键词，从而避免原有语句被篡改。

3.8.4　配置 WAF 拦截 SQL 注入攻击

Web 基础防护开启后，默认防范 SQL 注入、XSS 跨站脚本、远程溢出攻击、文件包含、Bash 漏洞攻击、远程命令执行、目录遍历、敏感文件访问、命令 / 代码注入等常规的 Web 攻击。我们还可以根据实际使用需求，开启 Webshell 检测、深度反逃逸检测和 header 全检测等 Web 基础防护。

操作步骤：

（1）登录管理控制台。

（2）进入防护策略配置入口。

（3）在“Web 基础防护”配置框中，用户可根据自己的需要更改 Web 基础防护的“状态”和“模式”，如图 3-33 所示。

图 3-33　Web 基础防护设置

（4）在“Web 基础防护”配置框中，单击“高级设置”超链接，进入“Web 基础防护”界面。

（5）选择“防护配置”选项卡，开启合适的防护功能，如图 3-34 所示。

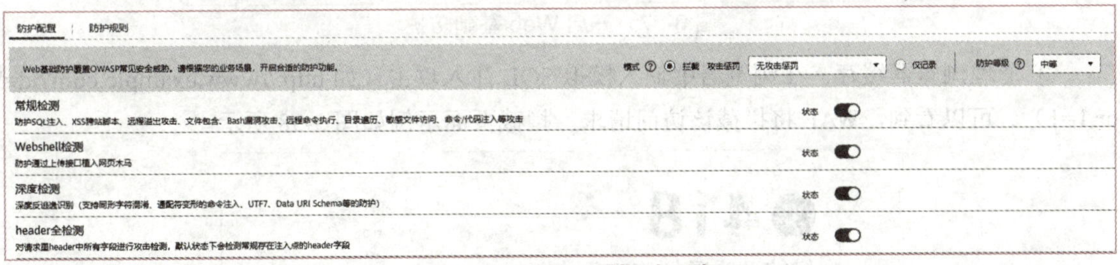

图 3-34　“防护配置”选项卡

① 防护等级设置。在“防护配置”选项卡上方，选择防护等级，Web 基础防护设置了三种防护等级，即“宽松”“中等”“严格”，默认情况下，选择“中等”。

② 防护检测类型设置。默认开启“常规检测”防护检测，用户可根据业务需要，开启其他需要防护的检测类型。

（6）选择“防护规则”选项卡，查看 Web 基础防护规则的详细信息，如图 3-35 所示。

学习笔记

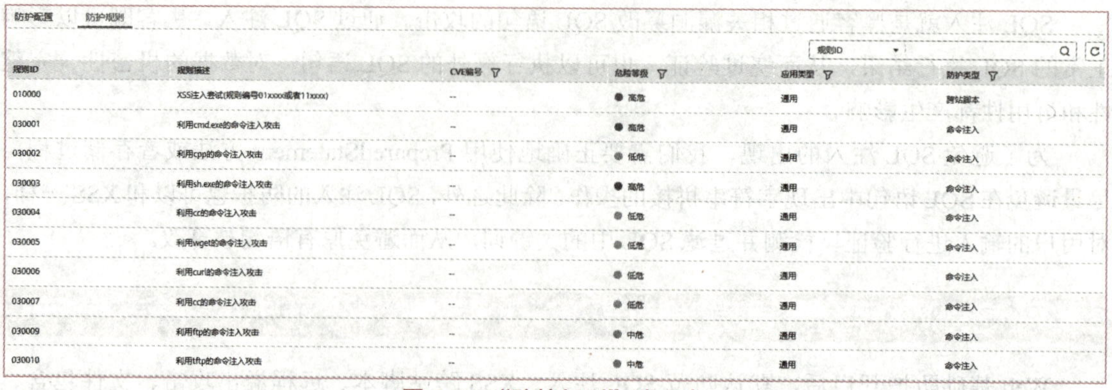

图 3-35 “防护规则”选项卡

防 SQL 注入攻击，假如防护域名“www.xxx.com”已接入 WAF，用户可参照以下操作步骤验证 WAF 拦截 SQL 注入攻击。

① 开启 Web 基础防护的“常规检测”并将防护模式设置为“拦截”，如图 3-36 所示。

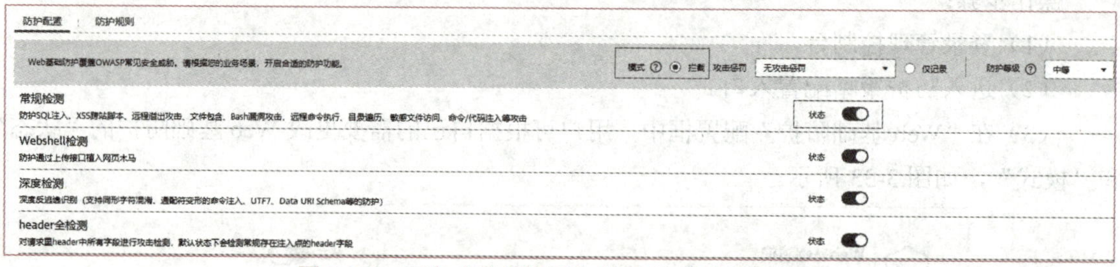

图 3-36 开启“常规检测”并设置“拦截”模式

② 开启 Web 基础防护，如图 3-37 所示。

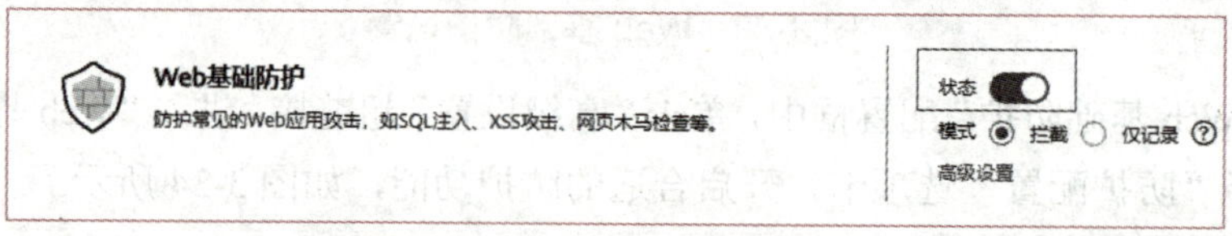

图 3-37 开启 Web 基础防护

③ 清理浏览器缓存，在浏览器中输入模拟 SQL 注入攻击（如 http://www.example.com?id=' or 1=1）。可以看到，WAF 将拦截该访问请求，拦截页面示例如图 3-38 所示。

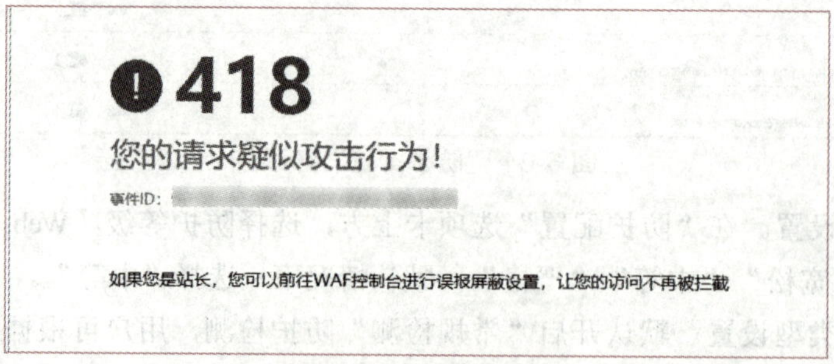

图 3-38 拦截页面

④ 返回 Web 应用防火墙管理控制台，在左侧导航树中，单击“防护事件”，进入“防护事

件”页面，可以查看该防护事件，如图 3-39 所示。

时间	源IP	地理位置	防护域名	URL	恶意负载	事件类型	命中规则	防护动作	操作
2021/11/16 11:10:52 G...	[illegible]	上海	www.example.com	/	id=' or 1=1	SQL注入攻击	225134	拦截	详情 误报处理

图 3-39　查看防护事件

扩展阅读

伴随着计算机技术和网络技术的拓展及普及，计算机网络在人们学习、教育、工作和生活等方面起到了不容忽视的作用，人们对于计算机网络的依赖性与日俱增。而计算机技术的发展，使计算机网络安全技术问题也日益凸显。黑客恶意攻击、病毒肆意传播扩散、网络违法事件频繁上演，给人们的生活频添困扰和麻烦。

在互联网发展的过程中，个人公司、银行以及企业都加入其中，对于网络信息的依赖程度较高，这样的使用情况，令网络的意义不断提升，因此，网络信息安全有着较为重要的经济发展意义。从目前来看，网络入侵的手段越来越高明，个别人员专门利用出售、贩卖网络信息获取收益，个人企业相关客户信息被盗、数据遗失等情况时有发生，不仅令企业蒙受巨大的经济损失，还对于社会的基本经济发展产生了威胁。这样的经济流动显然并不符合应有的经济发展行为，只有在其交易进行的源头进行遏制，才能够保证不合法交易能够逐渐减少以至消失。所以，加大网络信息安全的保护力度，是提高我国经济、保证社会正常发展的重要措施。

随着网络安全事件的频发，当前各行业的安全态势愈发严峻。网络安全及数据泄露事件不断地登上头条新闻，从医疗信息、账户凭证、个人信息、企业电子邮件到企业内部敏感数据等，不胜枚举。

比如在 2011 年春季，索尼宣布黑客窃取了 7 700 万 PlayStation 网络用户的详细信息，其中包括个人身份信息和财务详细信息。对于索尼来说，这次事件是灾难性事件。为了工程师能够修复安全漏洞，该公司不得不关闭 PlayStation 网络，时长达 23 天。迄今为止，这仍然是 PSN 历史上最长的一次修复期。该公司由于断网而亏损。但安全事件接踵而来，一些用户开始注意到信用卡欺诈之后，提起了集体诉讼。索尼 PSN 2011 黑客事件引人注目，是因为它表明，如果一个国家、一家公司没有适当的安全投资，黑客可能造成的损失远远是你所无法想象的。

安全设备对网络安全有着十分重大的意义，它直接影响着网络运行的有效性和安全性。但是，安全硬件设备与运行环境的优劣有着直接联系，安全设备在非常恶劣的环境中运行会大大缩短计算机硬件的使用寿命，也会影响计算机设备功能的正常发挥。环境因素包括温度、空气湿度，电磁波及静电等都会对计算机的正常运行产生影响，此外，计算机硬件在阻止网络病毒破坏网络运行发挥着至关重要的作用，网络病毒会破坏硬件和软件的防御系统，使网络的运行速度受到严重限制，继而导致网络运行系统瘫痪。这些问题的存在凸显出计算机硬件在网络安全中的重要地位。

环境和自身构件与计算机硬件的运行有着直接的联系，如气温、湿度等环境因素。例如，在夏季气温过高的时候使用计算机会导致计算机的运行系统出现紊乱现象，继而使运行系统陷

学习笔记

入崩溃状态。计算机硬件设备在低温环境中时，会导致空气中产生水汽，而水汽使得硬件设备会出现生锈或者短路问题。此外，电磁波的设施和设备对计算机网络的运行产生干扰，使得计算机出现错误的信息反馈，给网络用户带来不便。这些问题都影响着计算机运行的安全性，为此，应该及时采取积极有效的措施去解决这些问题。

（1）加强对硬件设备的维护。在计算机网络运行中，计算机硬件设备包括网卡、网络连接设备、计算机设备等，因此，在对计算机硬件设备进行维护时，应该对网卡、网络连接设备、计算机设备进行检查和维护，从而提高计算机网络运行的安全性。首先，加强网络防火墙的设置，随着计算机网络在人们生产生活中得到了普遍应用，计算机网络安全受到人们越来越多的关注。为了提高计算机网络的安全性，网络防火墙技术被广泛应用于维护计算机网络中。网络防火墙通过加强网络之间的访问权限避免非法的或者是没有权限的人员利用外部网络对内部网络进行访问，在对内部网络进行访问的过程中，内部网络中的数据遭到泄露或者通过入侵内部网络对其中的数据进行严重的破坏。网络防火墙的设置是使计算机网络安全地运行非常有效的途径，保证内部网络运行中所有数据的保密性，继而保证内部网络用户个人信息的安全性。通过设置访问权限来有效控制网络访问过程的合法性，一旦没有访问权限就无法进行网络访问，在运行过程中对导致网络不安全的风险隐患进行及时规避，进而提高了网络运行的安全性。此外，网络防火墙技术可以对网络系统的实际运行状态和安全状况进行实时监控，这使计算机网络运行的安全性得到提升，保证网络信息资源的完整性和安全性。其次，加强网络入侵技术的应用，这是对网络防火墙技术的延伸和拓展，通过这种入侵检测技术的合理应用来对计算机硬件设备中的各种网络信息进行分析和检测，继而及时发现计算机网络中存在的不安全因素，在有效的时限中及时处理这些不安全因素，使得计算机网络的安全得到保障。

（2）加大网络安全的教育力度。加大对网络用户的网络安全教育力度是保证计算机技术安全运行的重要途径。首先，对于相关的网络工作人员来说，进一步加强对网络工作人员的网络安全教育，保证他们掌控机房设备、网络数据信息等方面的网络安全知识，使得他们能够及时快速地发现网络安全问题。通过提高网络工作人员对计算机网络硬件设备管理的安全意识，及时规避计算机网络运行存在的安全风险。此外，应当加强对网络工作人员的安全培训工作，通过提高网络工作人员的专业知识技能来保证计算机网络安全运行。在进行网络相关工作时，工作人员必须严格按照具体的工作流程进行网络操作，使专业网络技术得到合理使用。而且，网络工作人员需要对网络用户的信息进行保密，防止出现人为因素导致的网络安全事故。除此之外，基础设施的安全性需要得到保障，这样才能更好地保证计算机网络的安全运行。目前，很多基础设施都是露天的，这使得网络安全防御系统存在着很大的安全隐患，为此，对露天的基础设施需要强化其科学的安全防御系统，或者将其埋在地下。还有对运输线路的设置，要充分考虑各种辐射源的干扰影响，保证网络信息在网络运行过程中得到安全完整的传输。

（3）通过硬件加速的方法提高网络安全。在一些商用以及家用的网络使用过程中，大量的数据信息流在计算机网络中传输，但是在网络传输过程中，不仅涉及有用的网络数据信息，而且包含很多垃圾信息流。垃圾信息流的存在不但影响计算机网络运行的速度，而且使网络管理人员要消耗大量的时间和精力去处理这些垃圾信息，阻碍了网络安全性的进一步提高。针对这种情况，硬件加速可以有效地处理垃圾信息，有效地提高网络的性能，进而保证计算机网络运行的安全性。

我们已经发现网络安全已不再是关乎个人和企业，现已上升至国家层面，网络空间同现实社会一样，既要提倡自由，也要保持秩序。自由是秩序的目的，秩序是自由的保障。我们既要尊重网民交流思想、表达意愿的权利，也要依法构建良好网络秩序，这有利于保障广大网民的合法权益。网络空间不是“法外之地”。网络空间是虚拟的，但运用网络空间的主体是现实的，大家都应该遵守法律，明确各方权利义务。要坚持依法治网、依法办网、依法上网，让互联网在法治轨道上健康运行。同时，要加强网络伦理、网络文明建设，发挥道德教化引导作用，用人类文明优秀成果滋养网络空间、修复网络生态。《中华人民共和国网络安全法》《中华人民共和国数据安全法》等相关法律的相继出台，表明国家对网络安全的重视，有了法律的约束，使信息基础设施运营者不得不遵守相关管理制度。

国家坚持网络安全与信息化发展并重，遵循积极利用、科学发展、依法管理、确保安全的方针，推进网络基础设施建设和互联互通，鼓励网络技术创新和应用，支持培养网络安全人才，建立健全网络安全保障体系，提高网络安全保护能力。

小　结

在本章中，学习了网络中的威胁与防御方式，掌握了怎样利用安全设备和技术来保护信息安全，实践了 Windows 系统和 Linux 系统的安全管理配置，知晓了 SQL 注入的拦截与防护，了解 WAF 的配置，拥有了信息安全理论和相关知识分析和归纳问题的能力。

练　习

1. 在硬盘空间已完全使用的 Windows 10 计算机上加装 RHEL Server 5 时，将采用（　　　）分区方式。

   A. 在选定磁盘上删除所有分区并创建默认分区结构

   B. 在选定驱动上删除 Linux 分区并创建默认的分区结构

   C. 使用选定驱动器中的空余空间并创建默认的分区结构

   D. 建立自定义分区

2. 在一个 Windows 域中，从组的使用范围来看，安全组分为（　　　）种。

   A. 1　　B. 2　　C. 3　　D. 4

3. 在一台安装了 Windows 2008 操作系统的计算机上，如果想让用户具有创建共享文件夹的权限，可以加入（　　　）用户。

   A. Administrators　　B. Power users

   C. Backup operators　　D. Print operators

学习笔记

4. 目前，对于大量数据存储来说，容量大、成本低、技术成熟、广泛使用的介质是（　　）。

A. 磁盘　　B. 磁带　　C. 光盘　　D. 软盘

5. 为了防御网络监听，最常用的方法是（　　）。

A. 采用物理传输（非网络）　　B. 信息加密

C. 无线网　　D. 使用专线传输

6. SQL 注入有哪几种注入类型？

7. 在一个 Windows 域中，从组的使用范围来看，安全组分为哪几种？

第4章 树立信息安全风险意识

学习笔记

知识目标

1. 理解信息安全风险管理的概念、原则和方法，包括风险评估、风险控制和风险监控。
2. 了解信息安全管理体系标准的相关标准和框架等，以及它们的要求和实施方法。
3. 理解信息安全内容监管的概念、目的和方法，包括信息过滤、合规性检查和安全审计。
4. 熟悉信息安全法律法规及道德规范，包括相关法律法规的适用范围主要内容和遵守要求。

能力目标

1. 能够进行信息安全风险评估，识别和评估信息系统中的安全风险，并提出相应的控制措施。
2. 能够实施符合信息安全管理体系标准要求的信息安全管理体系，并进行内部审核和持续改进。
3. 能够进行信息安全内容监管，包括配置和管理安全设备、监控信息流量、检查合规性和进行安全审计。
4. 能够遵守信息安全法律法规及道德规范，理解并遵循相关的法律要求和道德规范。

素质目标

1. 培养对信息安全风险的敏感性和意识，以及对信息安全管理的重要性的认识。
2. 培养分析和解决信息安全问题的能力，包括识别风险、制定安全策略和应对安全事件。
3. 培养对信息安全法律法规和道德规范的遵守意识，以及对信息安全责任和职业道德的理解。
4. 培养团队合作和沟通能力，以便在实际情境中协调信息安全管理和合规性要求。

信息安全风险管理已成为信息安全保障工作的一个主流方式，它从安全评估出发，落脚于安全控制，将风险评估理论和方法运用到信息系统中，在信息系统的整个生命周期中周期性地、反复地对信息资产的安全进行评估，科学分析信息和信息系统在机密性、完整性、可用性等安全属性方面所面临的安全风险，并在风险的预防、控制、转移和接受之间作出抉择，动态地解决信息安全问题，提高信息系统安全性，保障系统可以利用其所有资产完成使命。

学习笔记

本章将从信息安全管理体系、信息安全标准、信息安全风险评估、信息内容监管等几个方面介绍信息安全风险相关的内容，同时会介绍与信息相关的法律，避免大家在实践信息安全风险的项目时触犯法律法规。

4.1 信息安全风险管理

信息安全风险评估是信息安全管理的基础，也是信息安全管理的核心内容。本节主要介绍信息安全风险评估的相关概念、组成要素、评估流程、评估方法以及评估工具。

信息安全管理体系（ISMS）是建立和维持信息安全管理体系的标准，标准要求组织通过确定信息安全管理体系范围、制定信息安全方针、明确管理职责、以风险评估为基础选择控制目标与控制方式等活动建立信息安全管理体系；体系一旦建立组织应按体系规定的要求进行运作，保持体系运作的有效性；信息安全管理体系应形成一定的文件，即组织应建立并保持一个文件化的信息安全管理体系，其中应阐述被保护的资产、组织风险管理的方法、控制目标及控制方式和需要的保证程度。

4.1.1 信息安全风险评估概念

视频

信息安全风险评估概念

风险是指一定条件下和一定时期内不利事件发生的可能性。既强调风险发生的不确定性，又强调风险损失的不确定性。目前，信息安全风险没有统一的定义。在澳大利亚 / 新西兰国家标准 AS/NZS 4360 中，信息安全风险指对目标产生影响的某种事件发生的可能性，可以用后果和可能性来衡量。在 ISO/IEC 13335-1 中，信息安全风险是指某个特定的威胁利用单个或一组资产的脆弱性造成资产受损的潜在可能性。在国家标准《信息安全技术　信息安全风险评估方法》（GB/T 20984—2022）中，信息安全风险是指人为或自然的威胁利用信息系统及其管理体系中存在的脆弱性导致安全事件的发生及其对组织造成的影响。

一般而言，信息安全风险可表现为威胁、脆弱性和资产之间的相互作用，即“风险＝威胁＋脆弱性＋资产”，其中风险会随着任一因素的增加而增大，减少而减少。

根据国家标准《信息安全技术　信息安全风险评估方法》（GB/T 20984—2022），信息安全风险评估是指依据有关信息安全技术与管理标准，对信息系统及由其处理、传输和存储的信息的保密性、完整性和可用性等安全属性进行评价的过程。它要评估资产面临的威胁以及威胁利用脆弱性导致安全事件的可能性，并结合安全事件所涉及的资产价值判断安全事件一旦发生对组织造成的影响。

信息安全风险评估对信息安全保障体系建设具有重要的促进作用，能有效帮助组织制定决策策略。没有有效和及时的信息安全风险评估，将使得各个组织无法对其信息安全状况作出准确判断。因为任何信息系统都会有安全风险，信息安全建设的宗旨之一，就是在综合考虑成本和效益的前提下，通过安全措施来控制风险，使残余风险降至用户可控范围内。

4.1.2　信息安全风险评估组成要素

学习笔记

视频

信息安全风险评估组成要素

在 CC 标准、ISO/IEC 13335 标准和我国的《信息安全技术　信息安全风险评估方法》（GB/T 20984—2022）标准中都有对信息安全风险的构成要素及相关关系进行描述。本节以这三个标准为基础，介绍信息安全风险评估组成要素及其相关关系。

1. CC 标准

1993 年，美国、加拿大与欧洲四国组成六国七方，共同制定了国际通用的评估准则 CC（common criteria），其目的是建立一个各国都能接受的通用的信息安全产品和系统的安全性评价标准。在 1996 年颁布了 CC 1.0 版，1998 年颁布了 CC 2.0 版，1999 年，ISO 接纳 CC 2.0 版为 ISO/IEC 15408 草案，并命名为信息技术 - 安全技术 -IT 安全性评估准则，并于同年正式发布国际标准 ISO/IEC 15408 CC 2.1 版。

CC 标准主要由三部分构成，即简介和一般模型、安全功能要求和安全保障要求。在简介和一般模型中，定义了信息安全风险构成要素威胁、风险、脆弱性、资产，对策等关键风险要素的概念，同时又提出了所有者和威胁主体的概念，如图 4-1 所示。

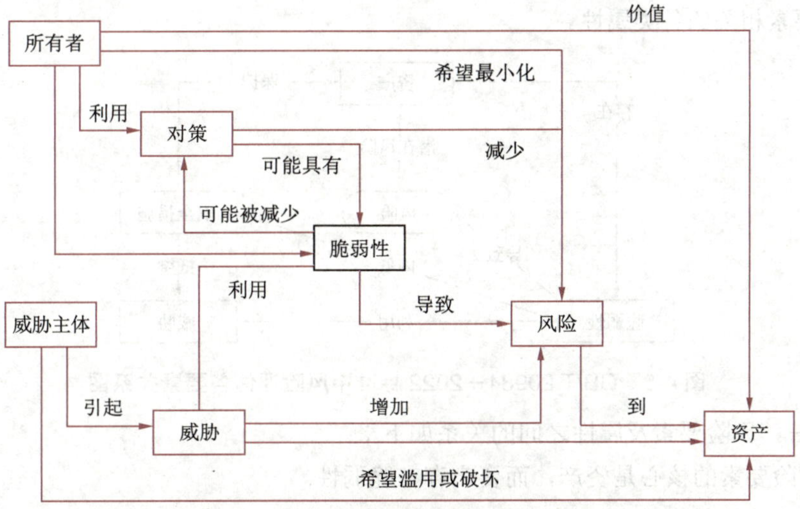

图 4-1　CC 标准中风险要素之间的关系

CC 标准中，风险要素之间的关系可概括为如下过程：

（1）信息资产的所有者给资产赋予了一定的价值，威胁主体希望滥用或破坏资产，因而引发威胁利用脆弱性，导致产生风险。

（2）资产所有者意识到脆弱性的存在和脆弱性被利用而导致的风险，因而希望通过对策来降低风险，使风险最小化。

（3）脆弱性可能被对策减少，但是同时对策本身可能具有其他脆弱性。

2. ISO/IEC 13335 标准和 GB/T 20984—2022 标准

ISO/IEC 13335 是信息安全管理方面的指导性标准，其中 ISO/IEC 13335-1 以风险为中心，确定了资产、威胁、脆弱性、影响、风险、防护措施为信息安全风险的要素，并描述了它们之

学习笔记

间的关系，如图 4-2 所示。

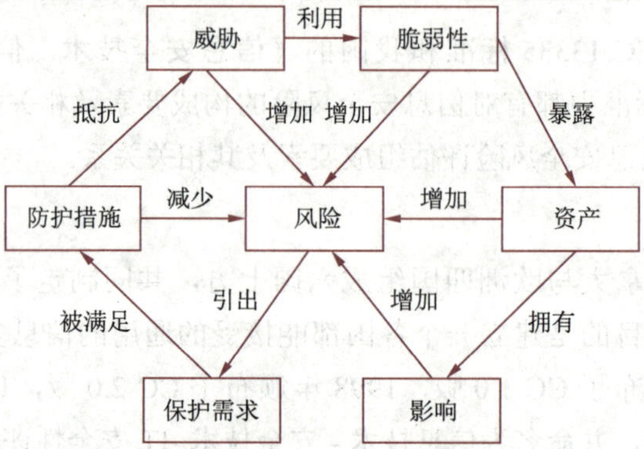

图 4-2　ISO/IEC 13335 标准中风险要素之间的关系

国家标准《信息安全技术　信息安全风险评估方法》（GB/T 20984—2022）对该模型进行了深化，如图 4-3 所示。风险评估围绕着资产、威胁、脆弱性和安全措施这些基本要素展开，在基本要素的评估过程中，充分考虑业务战略、资产价值、安全需求、安全事件、残余风险等与这些基本要素相关的各类属性。

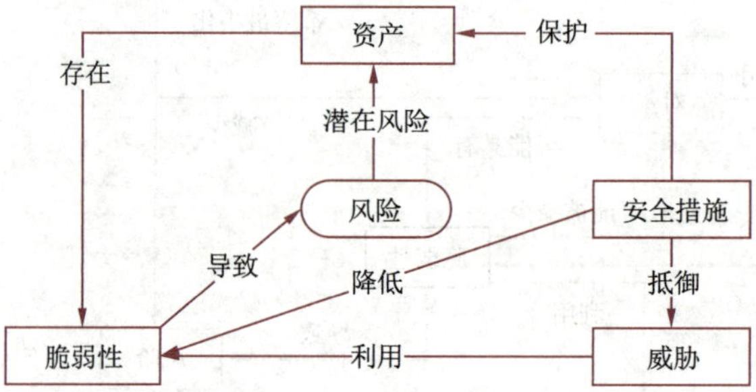

图 4-3　GB/T 20984—2022 标准中风险评估各要素关系图

具体而言，风险要素及属性之间的关系如下：

（1）风险要素的核心是资产，而资产存在脆弱性。

（2）安全措施的实施通过降低资产脆弱性被利用难易程度，抵御外部威胁，以实现对资产的保护。

（3）威胁通过利用资产存在的脆弱性导致风险。

（4）风险转化成安全事件后，会对资产的运行状态产生影响。

（5）风险分析时，应综合考虑资产、脆弱性、威胁和安全措施等基本因素。

视频

信息安全风险评估流程

4.1.3　信息安全风险评估流程

根据国家标准《信息安全技术　信息安全风险评估方法》（GB/T 20984—2022），详细的风险评估实施流程如图 4-4 所示。

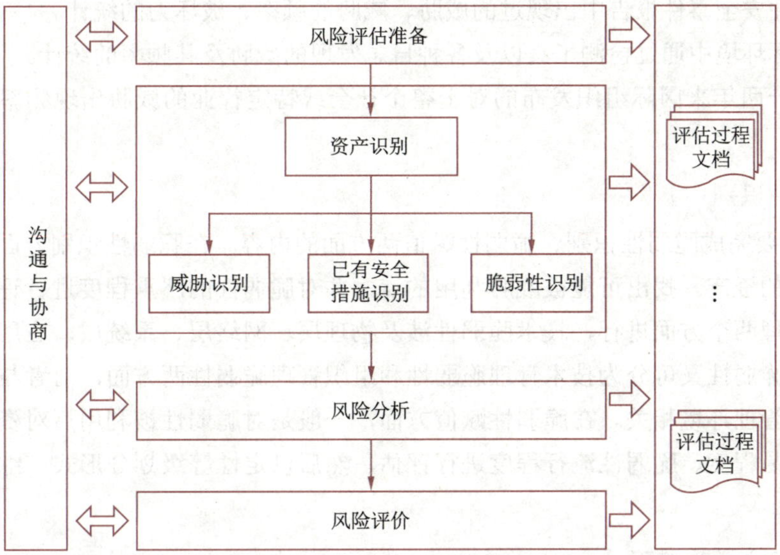

图 4-4　风险评估流程图

1. 风险评估准备

该阶段是整个风险评估过程有效性的保证。组织实施风险评估是一种战略性的考虑，其结果将受到组织的业务战略、业务流程、安全需求、系统规模和结构等方面的影响，因此，在风险评估实施前，应完成的任务有：确定风险评估的目标，确定风险评估的范围，组建合适的评估管理与实施团队，进行系统调研，确定评估依据和方法，建立风险评价准则，制定风险评估方案，获得最高管理者对风险评估工作的支持。

2. 资产识别

该阶段主要完成资产分类、资产赋值两方面的内容。资产分类是进行下一步的基础，在实际工作中，具体的资产分类方法可根据实际情况的需要，由评估值灵活把握。一般而言，根据资产的表现形式，可将资产分为物理资产、信息资产、软件资产、服务以及无形资产等方面。资产赋值是指对资产的价值或重要程度进行评估。一般地，资产的价值可由资产在安全属性上的达成程度或其他安全属性未达成时所造成的影响程度来决定，具体可分为保密性赋值、完整性赋值、可用性赋值三个方面；然后在此基础上，经过综合评定得到资产重要性等级。当前综合评定的常见方法有加权平均原则、最大化原则等。

3. 业务识别

该阶段主要完成组织资产面临的威胁识别、威胁赋值两方面的内容。在威胁识别方面，当前不同的手册给出了不同的威胁分类方式，如 ISO/IEC 13335-3、德国的《IT 基线保护手册》、OCTAVE 等。根据威胁来源，威胁可分为环境威胁和人为威胁，其中环境威胁包括自然界不可抗力威胁和其他物理因素威胁；人为威胁包括恶意和非恶意两种类型。在威胁赋值方面，可以对威胁出现的频率进行等级化处理，不同等级分别代表威胁出现频率的高低：等级数值越大，威胁出现的频率越高。在形成威胁出现频率的评估中，一般需要考虑如下因素：

学习笔记

（1）以往安全事件报告中出现过的威胁、威胁的频率、破坏力的统计。

（2）实际环境中通过检测工具以及各种日志发现的威胁及其频率的统计。

（3）近一两年来国际组织发布的对于整个社会或特定行业的威胁出现频率及其破坏力的统计。

4. 脆弱性识别

该阶段主要完成脆弱性识别、脆弱性赋值两方面的内容。在脆弱性识别方面，主要针对每一项需要保护的资产。找出可能被威胁利用的点，并对脆弱性的严重程度进行评估。当前，主要从技术和管理两个方面进行，技术脆弱性涉及物理层、网络层、系统层、应用层等层面的安全问题。管理脆弱性又可分为技术管理脆弱性和组织管理脆弱性两方面，前者与具体技术活动相关，后者与管理环境相关。在脆弱性赋值方面，一般是对脆弱性被利用后对资产损害程度、技术实现的难易程度、脆弱性流行程度进行评估，然后以定性等级划分形式，综合给出脆弱性的严重程度。

5. 已有安全措施的确认

安全措施一般可分为预防性安全措施和保护性安全措施两种。预防性安全措施可以降低威胁利用脆弱性导致安全事件发生的可能性，如入侵检测系统；保护性安全措施可以减少因安全事件发生后对组织或系统造成的影响。本阶段通过对当前信息系统所采用的安全措施进行标识，有助于对当前信息系统面临的风险进行分析；同时分析其预期功能和有效性，能避免不必要的工作和费用，防止安全措施重复实施。

6. 风险分析

该阶段主要完成风险计算、风险处理计划、残余风险评估三方面的内容。在风险计算方面，主要通过对威胁的赋值和脆弱性被利用的难易程度决定安全事件发生的可能性，脆弱性的影响程度和资产价值决定安全事件造成的损失对组织的影响，即得到安全风险值，具体过程如图 4-5 所示。

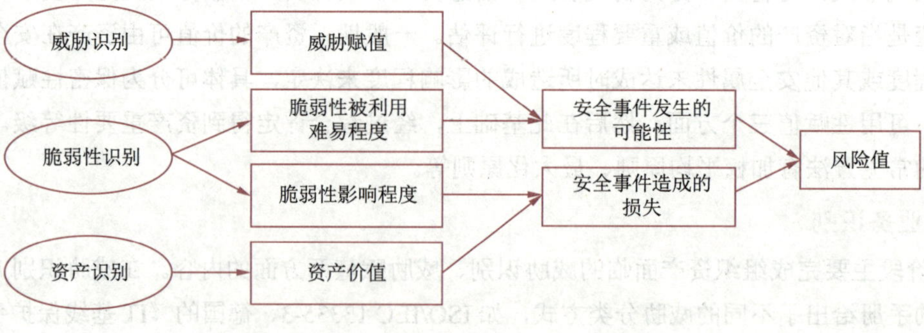

图 4-5 风险值计算

一般地，安全风险可形式化表达为：

$$\text{风险值} = R(A,T,V) = R(L(T,V) \times F(I_a,V_a))$$

学习笔记

其中，R 为风险函数；A，T，V 分别表示资产、威胁和脆弱性；I_a 表示安全事件所作用的资产价值；V_a 表示脆弱性严重程度；L 表示威胁利用资产的脆弱性而导致安全事件的可能性；F 表示安全事件发生后造成的损失。

在风险处理计划方面，主要完成对不可接受的风险的处理工作。风险处理计划中应明确采取的弥补脆弱性的安全措施、预期效果、实施条件、进度安排、责任部门等。在残余风险评估方面，主要用来评估在安全措施实施后残余风险是否降低到可以接受的水平。若仍然不满足风险水平的要求，则需要进一步调整风险处理计划，增加相应的安全措施。

7. 风险评估文档记录

该阶段主要记录在整个风险评估过程中产生的评估过程文档和评估结果文档，包括风险评价计划、风险评估程序、资产识别清单、重要资产清单、威胁列表、脆弱性列表、已有安全措施确认表、风险评估报告、风险处理计划和风险评估记录。

4.1.4　信息安全风险评估方法与工具

1. 信息安全风险评估方法

视频

信息安全风险评估方法和工具

评估信息安全的风险，首先必须选择适合本信息系统的方法。评估方法是使评估有效的重要因素，它对评估过程中的每个具体环节都有直接影响。评估方法除了具备较高的可信度外，还要尽可能确保评估指标的量化以便对其更有效地应用。有时评估方法不同甚至可能导致评估结果不同，因此，选择评估方法时，应该由具体情况决定。根据计算方法不同信息安全风险评估方法可分为定性的评估方法、定量的评估方法和定性与定量结合的评估方法。

（1）定性评估方法。这是一种采用比较广泛的模糊分析方法。这种方法主要依靠专家的知识和经验、被评估对象的相关记录以及相关走访调查来对资源、威胁、脆弱性和现有的防范措施进行系统评估。它主要通过与被调查对象的深入访谈、各种安全调查表格等方式确定资产的价值权重，并通过一定的计算方法确定某种资产所面临风险的近似大小。

定性分析方法的优点：操作简单易行并且容易理解和实施；不易产生不同的意见，并且能够较方便地对风险程度大小进行排序。缺点：对有些重要风险级别区分度欠缺，分析结果容易偏向主观性。

定性分析方法很多，如小组讨论、调查、人员访谈、问卷和检查列表等。典型的定性分析方法如下：

① 主观评分法。主观评分法是凭借专家的经验等，根据评价标准，让专家判断可能产生的每个风险并赋予其权重值，一般用 0 表示没有风险，10 代表风险很大，0 ～ 10 表示风险程度依次加大；然后把全部风险的权重加起来计算出整体风险水平，最后与风险评估标准进行比较，这里以故障树为例进行介绍。

② 故障树分析法。故障树分析法是由美国贝尔电话实验室的沃森（Watson）和默恩斯（Mearns）于 1961 年至 1962 年期间首次提出并采用的。故障树分析法源于他们在分析预测民兵式导弹发射控制系统安全性时发现的。故障树分析法主要应用遵循从结果找到原因的原则，

学习笔记

将风险形成的原因由总体到部分按树枝形状逐级细化，分析项目风险及其产生原因之间的因果关系，即在前期预测和识别各种潜在风险因素的基础上，运用逻辑推理的方法，沿着风险产生的路径，求出风险发生的概率：并能提供各种控制风险因素的方案。

故障树分析法以其广泛的应用、强大的逻辑性和形象化等特性，对分析和评估比较复杂系统的风险很有效。此外，该方法用其固定的流程来分析，并借助计算机辅助建树，其结果有系统性、预测性和准确性的特点。在项目评估中，故障树分析法对风险管理效率的提高作用很大。

（2）定量评估方法。该方法基于定性分析方法，用数学的方法分析处理已经量化的各项指标，得出系统安全风险的量化评估结果。其思想是对构成风险的各个要素和潜在损失的水平赋以数值，进而量化风险评估的整个过程和结果。常用的定量评估方法有：

① 决策树法。决策树法是一种直观运用概率分析的图解法。如果已知各种情况的发生概率，就可以通过构成决策树求取净现值的期望值的概率，以此评价项目风险并判断其可行性的决策分析方法。决策树方法因其形象化、清晰有效和特有的结构模型的特点非常利于项目执行人员进行集体分析和探讨。

② 模糊综合评价法。模糊评价法是对模糊系统进行分析的基本方法之一，多用于目标决策。对在评估过程中所带有主观性的问题以及客观遇到的模糊现象，模糊评价都可以进行有效的处理。模糊评价是在模糊条件下，考虑多种因素影响，为了某一目的而对事物作出决策的一种综合决策方法。模糊综合评价法是利用模糊数学中的模糊变换原理和最大隶属度原则对被评价事物相关的各个因素作出的综合评价。该评价方法着眼于各个相关因素。

③ 层次分析法。层次分析法（analytic hierarchy process，AHP）是美国的运筹学家萨蒂（Thomas L. Saaty）在 20 世纪 70 年代提出的，一种有效简便灵活处理不易定量化而又实用的一种定向与定量相结合的、层次化的多准则决策方法。层次分析法的核心是将负责的问题进行层次化，将原问题简单化并在层次基础上进行分析；它把决策者的主观判断量化，以数量形式进行表达和处理，通过定量形式的数据将定性和定量分析相结合从而帮助决策者进行决策。

（3）定性与定量结合的分析方法。定性分析要求分析者具有一定的能力和经验，且分析基于主观性，其结果很难统一；而定量分析依赖大量的统计数据，且分析基本客观，其结果很直观，容易理解。另外，信息安全风险评估是一个复杂的过程，涉及多个因素、多个层面，具有不确定性，它是一个多约束条件下的多属性问题。而在实际评估中，有些要素的量化很容易，而有此却是很困难甚至是不可能的。如果单纯地使用定性或定量的方法，对风险有效的评估则是很难的。因此将两种方法相结合对风险进行评估才能得出更有效的结论。

2. 信息安全风险评估工具

风险评估工具是随着人们在对信息安全风险评估不断认识以及对评估过程不断完善的过程中逐渐发展的。随着人们对信息资产的深入理解，发现信息资产不只包含存在于计算机环境中的数据、文档，信息在组织中的各种载体中传播，包括纸质载体等，因此信息安全包括更广泛的范围。同时，信息安全管理者发现解决信息安全的问题在于预防，而不是简单地防御，因此，许多国家和组织都建立了针对预防安全事件发生的风险评估指南和方法。基于这些方法，同时也开发了大量的风险评估工具，如 CRAMM、RA 等。

目前风险评估过程常用一些专用的自动化风险评估工具，无论是商用的还是免费的，此类工具都可以有效地通过输入数据来分析风险，最终给出对风险的评价并推荐相应的安全措施。目前最常用的自动化评估工具的比较见表 4-1。

表 4-1　常见的自动化评估工具的比较

比 较 项	评估工具				
	COBRA	RA	CRAMM	RISK	BDSS
组织 / 国家	C&A 系统安全公司 / 英国	英国标准协会（BSI）/ 英国	中央计算机与电信局（CCTA）/ 英国	Palisade 公司 / 英国	综合风险管理组织 / 美国
体系结构	C/S 模式	单机版	单机版	单机版	单机版
采用方法	专家系统	过程式算法	过程式算法	专家系统	专家系统
定性 / 定量算法	定性 / 定量算法	定性 / 定量算法	定性 / 定量算法	定性 / 定量算法	定性 / 定量算法
数据采集形式	调查问卷	过程	过程	调查问卷	调查问卷
对使用人员的要求	不需要有风险评估的专业知识	靠评估人的知识和经验	靠评估人的知识和经验	不需要有风险评估的专业知识	不需要有风险评估的专业知识
结果输出形式	结果报告：风险等级与控制措施	风险等级与控制措施（基于 BS7799 提供的控制措施）	风险等级与控制措施（基于 BS7799 提供的控制措施）	决策支持信息	安全防护措施列表

从表 4-1 可以看出：这五种自动化评估工具从发布的组织 / 国家、体系结构、评估所采用的方法、风险分析计算的方法等方面具有共同点也有其自身的特点。

（1）从发布的组织 / 国家来看，主要是英国和美国，我国现在还没有一种自动化评估工具软件得到国际上的认可。

（2）从体系结构来看，这些工具具有一定的共同点，大都是单机版，只有 COBRA 采用了 C/S 模式，采用这种模式可以将数据库和客户端进行分离，保证了系统的可维护性，实践中只要不断丰富完善数据库就可以对工具进行更新。

（3）评估方法和数据采集方式的使用是具有相关性的，RA 和 CRAMM 是使用传统的过程式算法，造成它们的数据采集方式都是过程式的，这种方法具有流程单一、不能适应实际评估目标情况的缺点；而更多的工具采用了专家系统和调查问卷的方法，专家系统可以使评估工具发挥更大的作用，结合调查问卷和背后强大知识库的支持，可以适应实际评估中多变的情况，更好地完成对被评估系统风险要素情况的采集，并且可以更有效地分析出被评估系统的风险状况。

（4）对使用者的要求是不断降低的趋势，大多数自动化评估工具不需要具有专业风险评估知识的使用者。

（5）从结果输出来看，各种工具的输出都侧重了不同的方向，不过根据被评估系统的风险状况提出有效的控制措施是基本的功能。

学习笔记

4.2 信息安全管理体系标准

据有关统计，信息安全事件中大约70%的问题都是由于管理方面的疏忽原因造成的，即对应于人们常说的“三分技术，七分管理”。因此，仅靠信息安全技术并不能实现信息安全的持续性，只有树立信息安全意识，完善信息安全组织，健全信息安全制度，建立体系化的流程化的信息安全管理机制，规范信息安全行为才能建立信息安全长久机制。

下面介绍信息安全管理体系的相关概念、过程方法、构建流程及信息安全管理标准。

4.2.1 信息安全管理体系概念

目前，信息安全管理的概念没有统一的定义。一般而言，信息安全管理是指组织为了实现信息安全目标和信息资产保护，用来指导和管理各种控制信息安全风险的一组相互协调的活动。要实现组织中信息的安全性、高效性和动态性管理，就需要依据信息安全管理模型和信息安全管理标准构建信息安全管理体系。

信息安全管理体系（information security management system，ISMS）是指组织以信息安全风险评估为基础的系统化、程序化和文件化的管理体系，包括建立、实施、运行、监视、评审、保持和改进信息安全等一系列的管理活动。管理体系通常包括组织结构、方针策略、规划活动、职责、实践、程序、过程和资源。由此可见，ISMS的建立是基于组织，立足于信息安全风险评估，体现以预防为主的思想，并且是全过程和动态控制。一般而言。ISMS具有如下功能：

（1）强化员工的信息安全意识，规范组织的信息安全行为。

（2）对组织的关键信息资产进行全面系统的保护，维持竞争优势。

（3）在信息系统受到侵袭时，确保业务持续开展并将损失降到最低限度。

（4）使组织的生意伙伴和客户对组织充满信心。

（5）使组织定期考虑新的威胁和脆弱性，并对系统进行更新和控制。

（6）促使管理层坚持贯彻信息安全保障体系。

4.2.2 信息安全管理体系过程方法

BS7799是国际公认的ISMS标准，其第一部分BS7799-2《信息安全管理体系规范》中详细说明了建立、实施和维护信息安全管理体系的要求。一个组织必须识别和管理众多活动使之有效运作。通过使用资源和管理，将输入转化为输出的任意活动，可以视为一个过程。通常，一个过程的输出可直接构成下一个过程的输入。一个组织内各个过程系统的运用，连同这些过程的识别和相互作用及管理，称为“过程方法”。

2002年，BS7799-2的修订版本BS7799-2：2002中引入了PDCA（plan-do-check-action）过程方法，用于建立、实施和持续改进ISMS。PDCA循环又称“戴明环”，由美国质量管理专家爱德华兹·戴明（Edwards Deming）在20世纪50年代提出，是全面质量管理所应遵循的科学程序。PDCA强调应将业务过程看作连续的反馈循环，在反馈循环的过程中识别需要改进的部分：以使过程得到持续的改进，质量得到螺旋式上升。BS7799-2：2002 标准在建立、实施和改进组织 ISMS 的过程方法中采用了 PDCA 循环的思想，具体如图 4-6 所示。

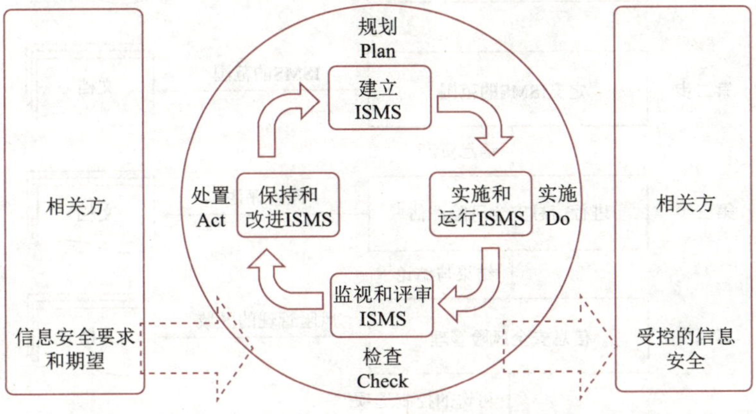

图 4-6 应用于 ISMS 过程的 PDCA 模型

应用于 ISMS 过程的 PDCA 模型在每个阶段的具体内容如下：

（1）规划（建立 ISMS）。在这个阶段，主要完成 ISMS 的构建工作，主要包括：定义 ISMS 的范围和方针，制定风险评估的系统性方法，识别风险。应用组织确定的系统性方法评估风险，识别并评估可选的风险处理方式，选择控制目标与控制方式，当决定接受剩余风险时应获得管理者同意，并获得管理者授权，以及拟定一份适用性声明。

（2）实施（实施和运行 ISMS）。实施阶段主要任务是实施和运行 ISMS 方针、控制措施、过程和程序，包括实施特定的管理程序、实施所选择的控制、运作管理、实施能够促进安全事件监测和响应的程序和其他控制。

（3）检查（监视和评审 ISMS）。检查阶段的主要任务是进行有关方针、标准、法律法规与程序的符合性检查，包括 ISMS 的执行程序及其他控制措施是否得以认真贯彻、ISMS 有效性的定期评审、度量控制措施的有效性以验证安全要求是否被满足、按照计划的时间间隔进行风险评估的评审等。

（4）处置（保持和改进 ISMS）。处置阶段主要对 ISMS 进行评价，寻求改进的机会，采取相应的措施，包括测量 ISMS 绩效、识别 ISMS 的改进措施并有效实施、采取适当的纠正和预防措施、与涉及的所有相关方协商并沟通结果及其措施、必要时修改 ISMS、确保修改达到既定的目标。

4.2.3 信息安全管理体系构建流程

本节主要介绍 ISMS 构建过程。ISMS 框架的搭建是按照适当的流程进行的，如图 4-7 所示。

学习笔记

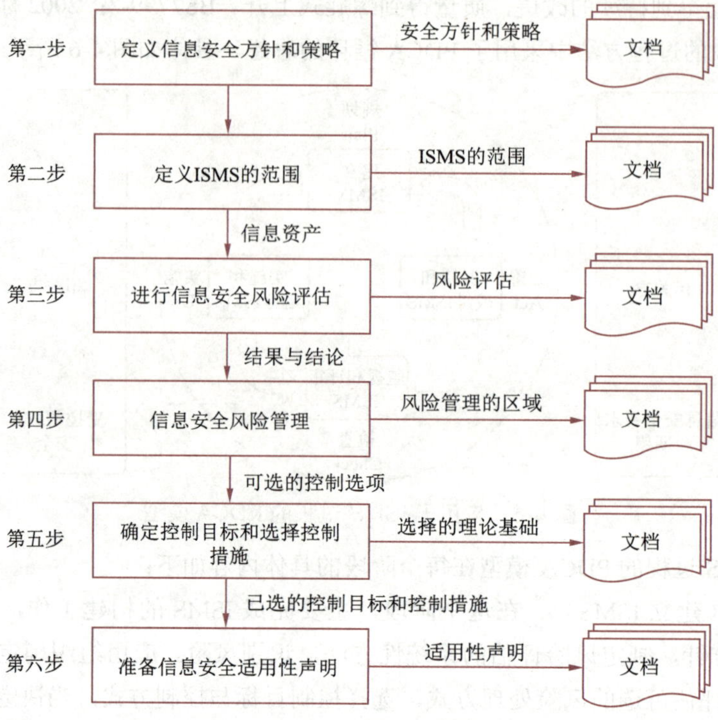

图 4-7 ISMS 框架建立流程

1. 定义信息安全方针和策略

信息安全方针是组织信息安全的最高方针，需要根据组织内各个部门的实际情况，分别制定不同的信息安全方针。信息安全方针的制定应遵循简洁明了、通俗易懂的原则，并形成书面文档，发给组织内的所有成员。为了加强组织内相关成员对方针的理解，更好地应用于实际工作中，需要对组织内的相关成员进行信息安全方针培训。

此外，除了总的信息安全方针外，还需要制定具体的信息安全策略，明确规定具体的信息安全实施规则，用来保证控制措施的有效执行。

2. 定义 ISMS 的范围

组织需要根据自身的特性，如地理位置、资产和技术等，对 ISMS 的范围进行界定。在本阶段，应将组织划分为不同的信息安全控制领域，以便于对不同需求的领域进行适当的信息安全管理。

3. 进行信息安全风险评估

信息安全风险评估的复杂程度将取决于风险的复杂程度和受保护资产的敏感程度。组织需要选择一个适合其安全要求的风险评估和管理方案，然后进行合乎规范的评估，识别当前面临的风险及风险等级。信息安全风险评估的对象是组织的信息资产，评估内容主要包括对信息资产面临的各种威胁和脆弱性进行评估，同时对已存在的安全措施进行鉴定。更多内容将在下节中详细介绍。

4. 信息安全风险管理

根据信息安全风险评估结果和结论进行相应的风险管理，将信息安全风险水平降至可接受的范围。当前主要措施有降低风险、避免风险、转移风险和接受风险。降低风险是在考虑转移风险之前，首先考虑要采取的措施，对于有些风险，可采用一定的技术措施或更改操作流程实现风险避免；若某些风险不能被降低或避免，在被转嫁风险方接受的情况下，可进行转移风险的操作；对于那些在采取了降低风险和避免风险的措施后，出于实际和经济方面的原因，只要组织进行运营，就必然存在并必须接受的风险。

5. 确定控制目标和选择控制措施

控制目标的确定和控制措施的选择原则是费用不能超过风险所造成的损失。由于信息安全是一个动态的系统工程，组织应实时对选择的控制目标和控制措施加以校验和调整，以适应变化了的情况，使组织的信息资产得到有效、经济、合理的保护。

6. 准备信息安全适用性声明

信息安全适用性声明记录了组织内相关的风险控制目标和针对每种风险所采取的各种控制措施。主要作用包括：向组织内的成员声明面对信息安全风险的态度；向组织外的人员表明组织的态度和作为，表明组织已经全面、系统地审视了组织的信息安全系统，并将所有应该得到控制的风险控制在能够被接受的范围内。

4.2.4　信息安全管理标准

信息安全管理标准对 ISMS 的建设具有重要的指导意义，本节介绍当前信息安全管理相关的技术标准。

1. BS7799

BS7799 是由英国标准协会 BSI/DISC（British Standards Institute/Delivering Information Solutions to Customers）的 BDD/2 信息安全管理委员会指导下完成的，是当前国际公认的信息安全实施标准。该标准旨在为一个组织提供用来制定安全标准、实施有效安全管理的通用要素，并不涉及“怎么做”的细节，它是制定一个机构自己标准的出发点，因此适用于各种产业和组织，其演进发展过程如图 4-8 所示。

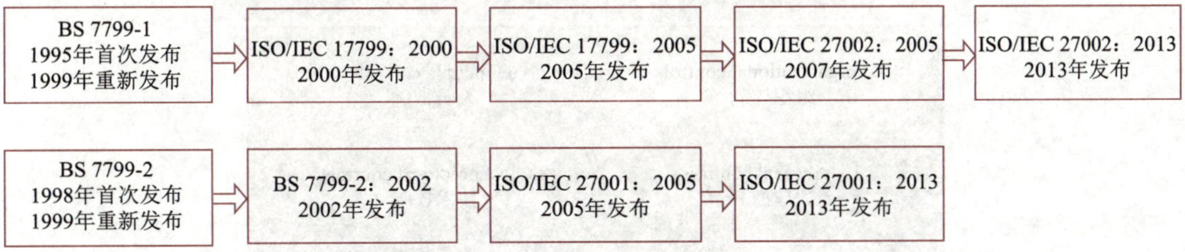

图 4-8　BS7799 演进发展过程

1993 年，BS7799 标准由英国贸易工业部立项。

1995 年，英国首次出版 BS 7799-1：1995《信息安全管理实施细则》。

1998 年，BS 7799-2：1998《信息安全管理体系规范》公布。

1999 年，BS 7799-1：1995 和 BS 7799-2：1998 被重新修订，并发布了 BS 7799-1：1999 和 BS 7799-2：1999，其中 BS 7779-1：1999 对如何建立并实施符合 BS 7799-2：1999 标准要求的 ISMS 提供了最佳的应用建议。

2000 年，BS 7799-1：1999《信息安全管理实施细则》通过了国际标准化组织 ISO 认证，正式成为国际标准 ISO/IEC 17799-1：2000《信息技术　信息安全管理实施规则》。

2002 年，BS 7799-2：1999 被重新修订，并发布了替代版本 BS 7799-2：2002。

2005 年，ISO/IEC 17799-1：2000 改版，发展成为 ISO/IEC 17799：2005 标准，BS 7799-2：2002 也被 ISO 正式采用，命名为 ISO/IEC 27001：2005。

2007 年，为了和 27000 系列保持统一，ISO 组织将 ISO/IEC 17799：2005 正式更改编号为 ISO/IEC 27002：2005。

2013 年，ISO/IEC 27002：2005 被重新修订，ISO 组织发布了替代版本 ISO/IEC 27002：2013《信息技术　安全技术　信息安全控制实用规则》（Information technology-Security techniques-Code of practice for information security controls）和 ISO/IEC 27001：2013《信息技术　安全技术　信息安全管理体系　要求》（Information technology-Security techniques-Information security management systems-Requirements)。

最新版本于 2022 年 2 月发布，同时废止旧版本 27002：2013，新版本与 2013 版本发生了较大的改变，主要是在标题中删除了“最佳实践”的叫法，标准名称改为“信息安全　网络安全及隐私保护　信息安全控制”；总体框架变为比较简单的分类；增加了控制措施的相关属性；一些控制措施被合并，一些被删除。

可见，BS7799 发展后分为两部分，这里以 ISO/IEC 27002：2022 为例进行介绍。ISO/IEC 27002：2013 标准包含有 14 项管理内容，113 条安全控制措施。修订后的 2022 版对框架结构进行了重新构建，将 2013 版的 14 项管理内容变为 4 个主题，控制措施项数量从 2013 版的 114 个减少到 93 个。ISO/IEC 27002：2022 的安全管理体系如图 4-9 所示。

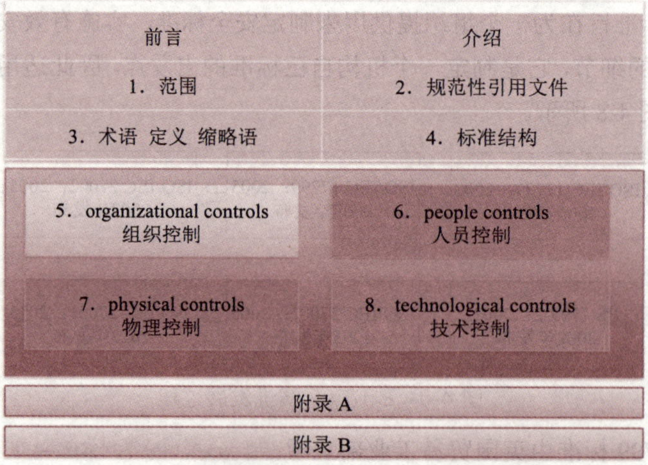

图 4-9　ISO/IEC 27002：2022 安全管理体系

ISO/IEC 27001：2022《信息安全管理体系规范》主要讨论了以 PDCA 过程方法建设 ISMS 以及 ISMS 评估的内容，具体内容已在前面进行了介绍。该标准详细地说明了建立、实施、监视和维护 ISMS 的具体任务和要求，指出实施机构应该遵循的风险评估标准。作为一套标准，ISO/IEC 27001：2022 给出了组织如何通过 ISO/IEC 27002：2022 来建立满足安全需求的 ISMS 的方法。到目前为止，已知的正式认可的 ISMS 认证方案是根据 ISO/IEC 27001：2022 实施的，而不是根据 ISO/IEC 27002：2022。

2. 信息和相关技术控制目标

信息和相关技术控制目标（control objective for information and related technology，COBIT）是目前国际上通用的安全与信息技术管理和控制标准。它在业务风险、控制需要和技术问题之间架起了一座桥梁，可以辅助管理层进行 IT 治理，指导组织有效利用信息资源，有效地管理与信息相关的风险。COBIT 共分为 4 个域，34 个高级控制目标和 318 个详细控制目标，其中 4 个域为：规划与组织（planning & organization，PO）、获取与实施（acquisition & implementation，A1）、交付与支持（delivery & support.DS）、监视与评价（monitor & evaluate，ME）。通过这 4 个域，对 IT 资源进行管理，实现 IT 的控制目标，具体如图 4-10 所示。

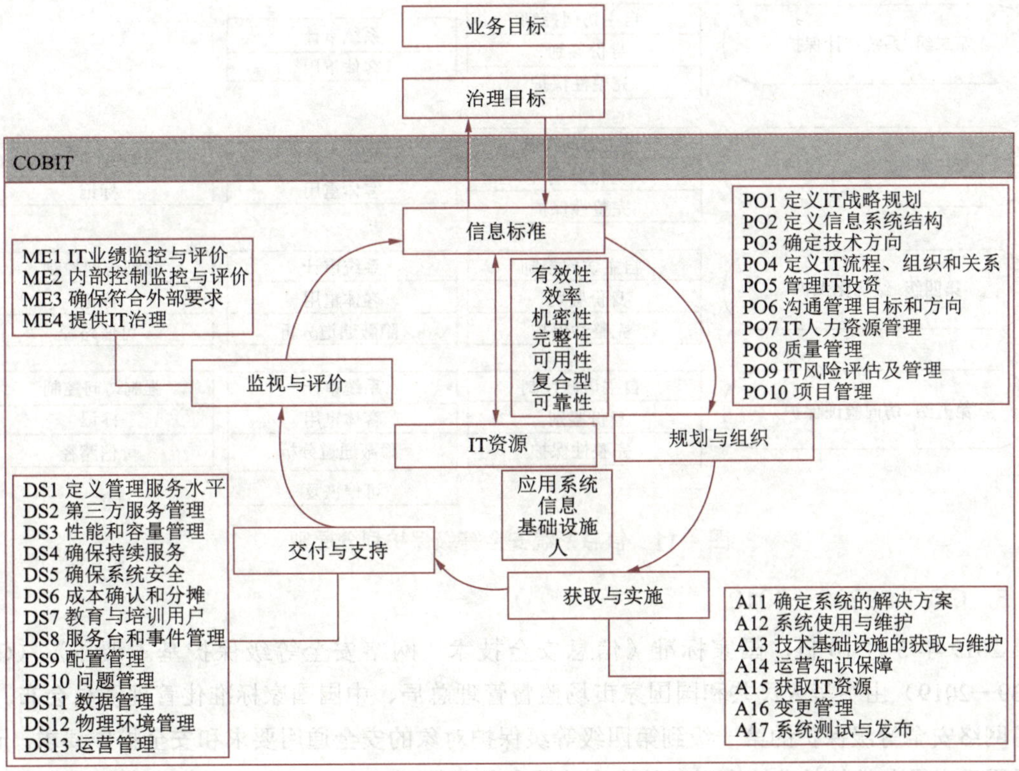

图 4-10　COBIT 框架

3. ISO/IEC 13335

ISO/IEC 13335 是国际标准《IT 安全管理指南》（guidelines for the management of IT security，GMITS），该标准由五部分组成：ISO/IEC 13335-1：1996《IT 安全的概念与模型》、ISO/IEC 13335-2：1997《IT 安全管理与规划》、ISO/IEC 13335-3：1998《IT 安全管理技术》、ISO/IEC l3335-4：2000《防护措施的选择》、ISO/IEC 13335-5：2001《网络安全管理指南》。其中 1SO/IEC 13335-1：1996《IT 安全的概念与模型》已经被新的 ISO/IEC 1335-1：2004《信息和通信技术安全管理的概念和模型》所取代。

4. GB 17859—1999

1999 年，由我国公安部主持制定、国家质量技术监督局发布的中华人民共和国国家标准《计算机信息系统　安全保护等级划分准则》（GB 17895—1999）正式颁布，于 2001 年 1 月 1 日起施行。该标准将计算机信息系统安全保护等级划分为五个级别：用户自主保护级、系统审计保护级、安全标记保护级、结构化保护级和访问验证保护级。这五个级别的划分准则如图 4-11 所示。

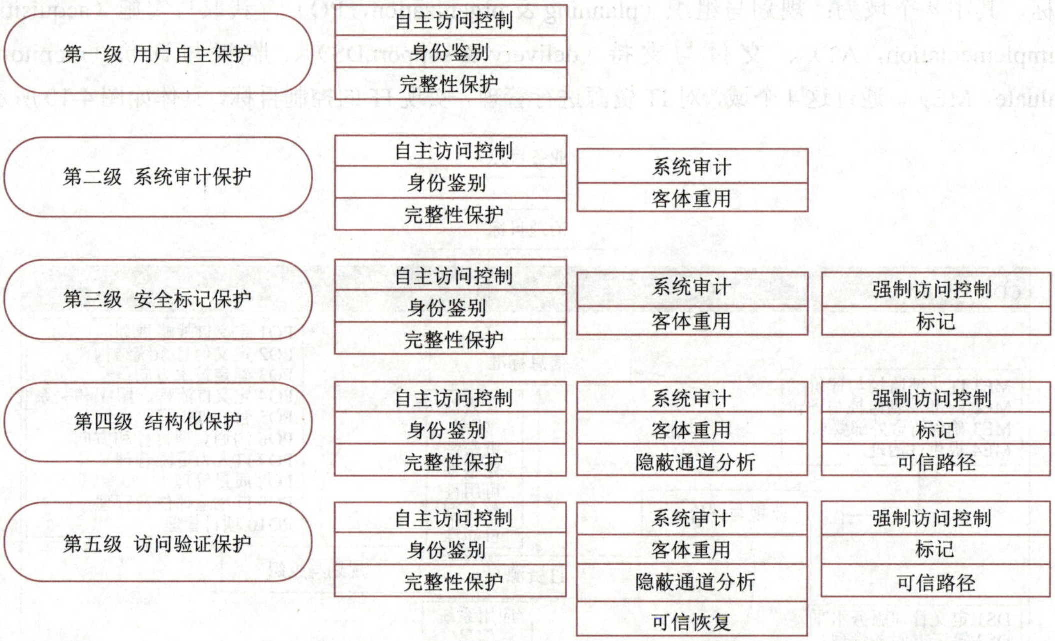

图 4-11　信息系统安全等级保护划分原则

5. GB/T 22239—2019

2019 年 5 月 10 日，国家标准《信息安全技术　网络安全等级保护基本要求》（GB/T 22239—2019）由中华人民共和国国家市场监督管理总局、中国国家标准化管理委员会布。规定了网络安全等级保护的第一级到第四级等级保护对象的安全通用要求和安全扩展要求。该标准适用于指导分等级的非涉密对象的安全建设和监督管理。

在开展网络安全等级保护工作中应首先明确等级保护对象，等级保护对象包括通信网络设施、信息系统（包含采用移动互联等技术的系统）、云计算平台 / 系统、大数据平台 / 系统、物联网、工业控制系统等；确定了等级保护对象的安全保护等级后，应根据不同对象的安全保护等级完成安全建设或安全整改工作；应针对等级保护对象特点建立安全技术体系和安全管理体系，构建具备相应等级安全保护能力的网络安全综合防御体系。应依据国家网络安全等级保护政策和标准，开展组织管理、机制建设、安全规划、安全监测、通报预警、应急处置、态势感知、能力建设、监督检查、技术检测、安全可控、队伍建设、教育培训和经费保障等工作。等级保护安全框架如图 4-12 所示。

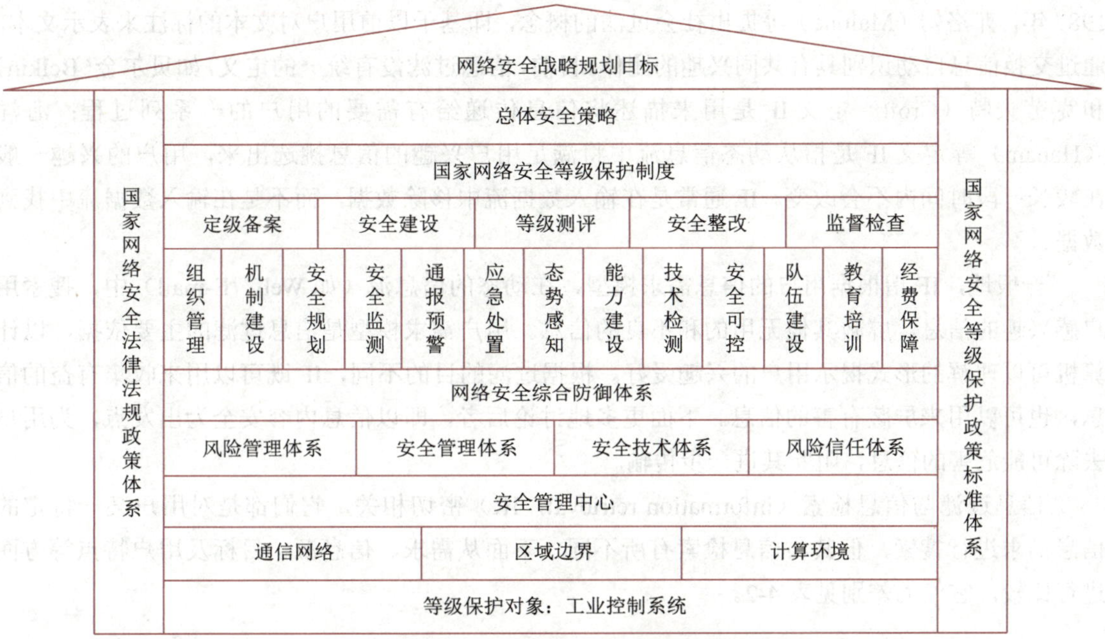

图 4-12　等级保护安全框架

4.3 信息安全内容监管

在信息内容识别与分析的基础上，对于不良的信息内容应进行过滤阻断，对私密信息应实现有效的隐藏，对涉及版权的信息内容应加以保护。本节主要从信息过滤、信息隐藏及数字水印与版权保护三个方面介绍有关信息内容控制与管理方面的相关技术。

4.3.1　信息过滤技术

当前，海量增长的互联网信息加剧了信息查找的难度，同时不法分子通过网络散布反动、暴力、色情、邪教等信息内容，严重扰乱人们的健康生活和社会稳定。信息过滤一方面可以帮助人们从海量信息中找到所需的信息，有效地缓解了信息过载的问题；另一方面作为一种信息内容控制技术，通过过滤各类不良信息，为用户营造一个健康的互联网环境提供了一种技术保障。作为信息过载和信息内容安全的一种有效解决方法，信息过滤得到业界的广泛关注。本节主要介绍信息内容过滤流程及相关技术，下两节中将以具体的电子邮件为实例，介绍信息内容

学习笔记

过滤技术的具体实践应用。

1. 信息过滤概念

信息过滤（information filtering，IF）最早出现在1982年，国际计算机协会（ACM）主席彼得·丹宁（Peter J. Denning）在国际计算机学会期刊（CACM）中指出不仅要研究电子文本的自动生成和扩散途径，同时也要研究对接收到的信息进行有效控制，即信息过滤。随后，在1987年，弗洛姆（Malone）等提出社会过滤的概念，即基于以前用户对文本的标注来表示文本，通过交换信息自动识别具有共同兴趣的团体。目前，信息过滤没有统一的定义，如贝尔金（Bclkin）和克劳夫特（Croft）定义IF是用来描述将信息传递给有需要的用户的一系列过程；海涅（Hanani）等定义IF是指从动态信息流中将满足用户兴趣的信息挑选出来，用户的兴趣一般在较长一段时间内不会改变。IF通常是在输入数据流中移除数据，而不是在输入数据流中找到数据。

一般地，IF指根据用户的信息需求模型，在动态的信息流（如Web、E-mail）中，搜索用户感兴趣的信息，屏蔽其他无用的和不良的信息。用户需求模型是信息过滤的主要依据，以计算机可以理解的形式揭示用户的兴趣爱好。根据过滤的目的不同，IF既可以用来收集有益的信息，也可以用来屏蔽有害的信息。下面更多地讨论后者，即以信息内容安全为出发点，为用户去除可能危害的信息，阻断其进一步传输。

信息过滤与信息检索（information retrieval，IR）密切相关，它们都是对用户某一特定的信息需求进行搜索，但其与信息检索有所不同。下面从需求、信息源、目标及用户特点等方面进行比较，它们的差别见表4-2。

表4-2 IR和IF比较

比较类别	信息检索IR	信息过滤IF
需求表示	查询表达式	兴趣模型
需求变化	动态	静态
信息源	静态	动态
目标	选择相关条目	过滤掉不相干的条目
了解用户	否	是
用户特点	短期使用	长期使用

在IR中，用户通常基于查询表达式进行信息检索，因而信息需求的变化率是比较快的，但是被检索的信息源的变化率是比较缓慢的，即IR是根据用户的特定信息需求在静态的信息源中，检索与用户需求相关的信息条目，屏蔽无用的信息，用户的信息需求行为是一个短期行为。在IF中，用户通过构建用户需求模型实现信息过滤，一般来说，用户的兴趣在一段时间内可认为变化不大，即用户的需求变化是静态的。但是数据源是将要到达的动态数据流，即IF是根据用户的信息需求，在动态信息源中搜索用户感兴趣的信息，屏蔽无用的信息，用户的信息需求行为是一个长期行为。可见，IR实现不需要了解用户的相关信息，适合多数用户短期使用，而

IF 需要了解用户的相关信息，得到用户的需求模型，适合少数用户长期使用。

除此之外，需要区分与 IF 密切相关的另外几个概念，如信息分类（information classification，IC）和信息抽取（information extraction，IE）。简单而言，某些场合下人们所称的 IF 实际就是一个 IC 问题，即判断信息是否符合用户需求可看作一个两类（是/否）的分类问题。一般而言，IC 中的分类范畴通常不会变化，而 IF 的用户需求会动态调整。至于 IE，一般直接从自然语言文本中抽取事实信息，并以结构化的形式描述信息，比如抽取恐怖事件发生的时间、地点、人物等字段。

信息过滤系统（information filtering system，IFS）是指支持信息过滤过程而设计的自动化系统。一般地，IFS 具有以下特点：①系统处理对象是半结构化或非结构化数据，主要是文本信息；②主要处理将要到达的数据流；③用户需求过滤模板一般情况下是静态的；④过滤意味着从即将到来的数据流中排除数据，而不是从数据流中发现数据。

2. 信息过滤系统的分类

根据不同的目的，信息过滤系统有不同的分类方式。

（1）按网络数据捕获方式分类。将网络信息内容获取方式分为主动信息内容获取和被动信息内容获取，其中主动信息内容获取主要通过搜索引擎技术实现网页信息的抓取；被动信息内容获取通过网络数据捕获实现。因此，根据网络信息内容的捕获方式不同，信息过滤系统可划分为主动数据搜集式过滤系统和被动数据获取式过滤系统。其中，主动数据搜集式过滤系统根据用户需求模型主动为用户搜集相关信息，然后将相关信息推送给用户；而被动数据获取式过滤系统不需要收集数据，通常应用于电子邮件或新闻组过滤。

（2）按过滤操作的位置分类。按信息过滤系统所在的操作位置，可分为信息源过滤系统、信息过滤服务器过滤系统和用户端过滤系统。具体而言，信息源过滤系统又称剪辑服务系统，是指用户将用户需求模型提交给一个信息提供者，由其为用户提供与过滤模型相匹配的信息，如对话提供的告警服务。信息过滤服务器系统是指信息提供者将信息提交给服务器，同时用户将用户需求模型提交给该服务器；服务器通过这些信息实现信息过滤，并将相关信息发给用户，如斯坦福（Stanford）在 1994 年开发的 SIFT 系统。用户端系统过滤是指对流经本地的信息进行评估，过滤掉不相关的信息，如 Outlook 邮件过滤。

（3）按过滤的方法分类。按照过滤的方法，信息过滤系统可分为认知过滤系统、社会过滤系统、基于效用的过滤系统、基于智能代理的信息过滤等，其中认知过滤系统和社会过滤系统是两种常用的过滤系统。

具体而言，认知过滤系统又称基于内容的信息过滤系统，马龙（Malone）等定义为“采用一种机制：描述信息内容和用户需求模型特征，然后用这些描述智能化地将信息与用户需求进行匹配。”社会协作过滤系统又称基于协同过滤的信息过滤系统，是指利用用户之间的相似的兴趣或相同的知识构建用户需求模型；从而进行信息过滤和信息推荐。其与认知推荐系统的不同之处在于不是基于信息内容，而是基于其他用户的使用模式。除此之外，还有一些过滤系统，如基于效用的过滤系统是利用成本、效益评价和价格机制实现信息过滤。基于智能代理的信息过滤系统是通过引入的智能代理自动修改用户需求模型并自动地进行相关的过滤操作。

学习笔记

(4)按获取用户知识的方式分类。按照用户知识的获取方法可分为显式知识获取过滤系统、隐式知识获取过滤系统以及显隐混合知识获取过滤系统。显式过滤系统需要用户的直接参与，通过提问或填表等方式获取用户的信息需求，然而，由于语言表达问题，用户往往不能找到合适的关键词来表达真实的需求，从而影响过滤系统的准确度。隐式知识获取过滤系统是在不打扰用户的前提下，通过观测用户行为，如阅读文档时间、次数、上下文、行为（如保存、删除、打印、点击等）等，然后采用机器学习方法获取用户的信息需求。显隐混合知识获取过滤系统是综合使用显式知识获取过滤系统和隐式知识获取过滤系统。

（5）按信息过滤的工具分类。按照所使用的过滤工具，信息过滤系统可分为专门的过滤软件系统、网络应用程序过滤系统、防火墙过滤系统、代理服务器过滤系统和旁路方式过滤系统。专门的过滤软件系统是为过滤网络信息专门开发的软件。网络应用程序过滤系统是利用应用程序所具有的过滤功能，如 Web 浏览器、搜索引擎、电子邮件等。防火墙过滤系统通过设置 IP 地址和端口等实现进入数据包的过滤。代理服务器过滤系统是在客户机和服务器之间增加一个代理服务器，通过配置代理服务器实现信息进出控制。旁路方式过滤系统通过获取进出局域网的所有信息，和对相应的内容过滤处理，进行网址和信息控制。与代理服务器过滤系统相比，这种方法对用户的网速不造成影响。

3. 信息过滤系统的工作流程

信息过滤系统的一般模型如图 4-13 所示，主要包括四个基本的组件，即数据分析组件、过滤组件、用户需求模型组件和学习组件。

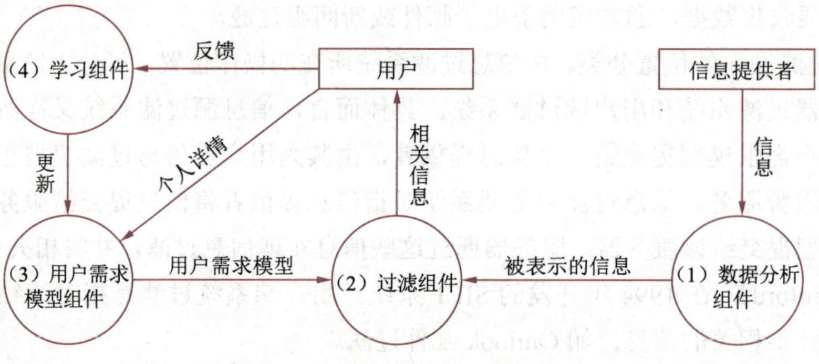

图 4-13 信息过滤系统一般模型

（1）数据分析组件。从信息提供者那里获取或收集信息（如文档、消息），对信息进行分析并抽取其中特征信息，以适当的数据形式（如空间向量）来表示，表示结果将被输入到过滤组件中。

（2）过滤组件。过滤组件是信息过滤系统的核心，主要用来计算信息源与用户需求模型的相关度。相关度可以通过一个二值数据表示，即相关或不相关；也可以通过对一个文本的评分，一般采用概率表示。过滤组件可应用于一条单独的信息，如一封电子邮件也可以应用于一组信息，如文档集合。然后将过滤的结果发送给用户，用户是信息相关性的最终决策者，其决策的结果可反馈给学习组件。当前，过滤组件采取相似性度量方法很大程度上取决于文本表示模型，在前面已经介绍了常见的文本表示模型，如基于集合论的模型、基于代数论的模型和基于概率的模型。除此之外，一些基于机器学习的方法，如支持向量机 SVM、最近邻分类法、基于贝叶斯的方法等也可用于文本表示。当前，典型的文本信息与用户需求模型的匹配技术包括基于关键字匹配、余弦相似性度量、基于范例的推理、朴素贝叶斯分类器、最近邻参照分类、一些典型的分类算法（如神经网络、决策树、归纳规则和贝叶斯网络等）等。

（3）用户需求组件。用户需求模型组件通过显式或隐式地搜集用户的信息生成用户需求模型，并将用户需求模型传递给过滤组件。因为过滤的主要目的是根据用户需求模型来判断信息与用户需求的相关度，因此如何有效地描述用户需求模型是信息过滤系统要解决的一个关键问题。若用户需求模型不准确，将会直接导致过滤结果的偏差和错误。一般将用户需求模型分成四类，具体如图 4-14 所示。

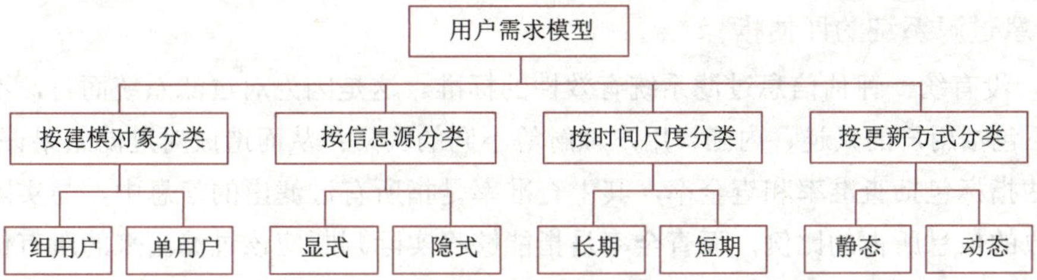

图 4-14　用户需求模型分类

此外，一般给出了当前常见的用户需求建模方法：用户手工创建用户模型、系统创建用户模型、用户和系统相结合的建模、基于人工神经网络学习用户模型、基于用户版型导出用户模型和基于规则的用户建模等。

（4）学习组件。考虑到建立和更改用户需求模型的困难性，信息过滤系统中通过增加一个学习组件能更好地提供过滤模型，提高过滤系统性能；否则，不精确的用户模型将影响过滤结果。学习组件通过发现用户兴趣变化，强化、弱化或取消现存有关用户的知识，来更新用户模型。

当前，常见的学习方法包括观察学习、反馈学习和用户训练学习等。观察学习是指将导致动作（保留或抛弃）发生的条件记录下来。当新的情况发生时，就与已经记录下来的情况相比较，从而决定是否采取某种行动。反馈学习是指通过用户直接或间接地提供反馈，来预测新的信息的相关度。用户训练学习是指通过模拟某种情景，用户对系统做出相应的操作来构建一个情景数据库。当要采取什么行动时，系统就使用所构建的情景数据库进行推断。

4. 信息过滤系统的关键技术

上面介绍了信息过滤系统的基本工作流程，然而，由于组件之间是相互关联的，因而单独描述每个部件的实现技术缺乏可操作性。

（1）基于统计学理论的信息过滤系统。在一般系统中，用户需求模型和信息均可用向量空间模型表示，过滤组件采用统计算法计算用户需求模型与信息的相似性，最常见的可采用夹角余弦。若要评估大量的信息，则可对计算得到的相似性结果进行排序。学习组件要求用户决

学习笔记

定过滤结果是否相关得到相应反馈，通过反馈学习方式来更新用户需求模型，主要更新用户的特征项及其权重。

（2）基于知识的过滤系统。在一般系统中，主要基于知识论、本体论等相关知识，如语义网、神经网络、产品规则等，实现信息过滤，主要包括基于规则的过滤系统、基于语义网络的过滤系统、基于神经网络的过滤系统和基于遗传学算法的过滤系统等。基于规则的过滤系统中用户需求模型和过滤组件都是由一组规则组成。若规则被满足，则系统能够运行，规则命令过滤组件将信息滤掉或保留下来。若新到来的信息是半结构化的，则将规则应用于信息的结构化部分；若新到来的信息是非结构化的，则必须对非结构化数据进行推导。然而基于规则的过滤系统中的规则随着时间的增长，需要动态进行更新。基于语义网络的过滤系统通过将语义信息引入到用户需求模型和过滤组件中，可提高过滤的准确率。

5. 信息过滤系统的评估指标

目前，没有统一评估信息过滤系统有效性的标准。这是因为对过滤系统而言，不仅针对信息内容，还包括用户的兴趣、内涵、用户理解等不同的因素；从而造成对过滤结果评价的不同。常用的评估指标包括查准率和查全率，其中查准率是指所有过滤出的信息中，与实际过滤判断的结果一致的信息所占的比例；而查全率是指能够将实际判断应该过滤出来的所有信息均识别出来。

对于集合大小为 N 的信息集合，实际与用户需求相关的集合大小为 M。通过过滤组件进行过滤，若已经通过过滤的 n 条相关信息中，有 m 条与用户需求是相关的，即是符合用户需求模型的，则有 $n-m$ 条是与用户需求不相关的，具体见表 4-3。

表 4-3 实例

通过状态	相关性		总数
	相关	不相关	
已通过过滤	m	$n-m$	n
未通过过滤	$M-m$	$N-n-M+m$	$N-n$
集合	M	$N-M$	N

则查准率和查全率可分别计算如下：

（1）查准率（precision）计算公式如下：

$$p=\frac{\text{已通过过滤中相关信息集合大小}}{\text{已通过过滤集合大小}}=\frac{m}{n}$$

（2）查全率（recall）计算公式如下：

$$r=\frac{\text{已通过过滤中相关信息集合大小}}{\text{信息源中实际相关的信息集合大小}}=\frac{m}{M}$$

除此之外，信息过滤系统的其他衡量指标还有响应时间、拒绝率、效用、平均精度等。

4.3.2 信息隐藏技术

学习笔记

当前，信息内容具有数字化、多样性、易复制、易分发、交互性等特点，极大地方便了对信息内容的操作。同时，开放的互联网环境为信息内容传播提供了有效的途径：有效地促进了信息交换与信息共享。然而，这种便捷的操作和传播方式在便利人们生活和工作的同时，也给敏感信息保护和知识产权保护带来极大的挑战，如非法用户对信息内容的窃取、泄密和篡改，以及在未经授权的情况下复制和传播有版权的信息内容等。可见，如何实现信息内容的安全传输及版权保护已成为信息内容安全的一个重要部分。为了有效应对这种挑战，信息隐藏（information hiding，IH）和数字水印（digital watermark）技术应运而生。

本节首先介绍信息隐藏技术的基本概念，重点阐述其与密码学之间的关系；然后介绍信息隐藏技术的原理、分类、特征及应用场景；最后介绍信息隐藏技术的重要分支——数字水印的相关理论。

1. 信息隐藏技术的基本概念

信息隐藏技术是研究如何将某一机密信息秘密地隐藏于公开传输的媒介信息中，使人难以察觉到机密信息的存在，然后通过公开媒介信息的传输传递隐藏的信息，其中公开媒介信息既可以是数字媒体信息，如图像、视频、音频，也可以是一般性文本由于含有隐藏信息的媒介信息是公开发布的，并且攻击者难以从公开信息中检测隐藏信息是否存在，更难以截获隐藏的信息，从而在一定程度上保障信息的安全传输。

密码学和信息隐藏是信息安全领域两大重要分支，两者之间的差别如下：

（1）信息传输方式不同：密码学中的加密技术主要研究如何通过数学变换将机密信息编码成不可识别的密文信息。然而，加密后的信息更容易引起攻击者的注意，攻击者可通过截获密文，对其进行破译或者将密文进行破坏后发送，从而影响私密信息的安全性。对于信息隐藏而言，其目标是要使得攻击者难以从公开的媒介信息中检测是否有私密信息的存在，难以截获机密信息，从而能保证机密信息的安全。

（2）信息保护的形式和时间不同：加密技术通过使攻击者无法从密文中获取机密信息而达到信息安全保护的目的，因此无法解决网络传输中的版权保护问题。一方面，加密技术将信息内容编码成无法理解的密文形式，阻碍了信息内容的传播和交流；另一方面，加密技术针对的是传输过程中或其他加密状态的信息安全问题，一旦信息内容被解密后，其对信息内容的保护也将消失，从而无法防止信息内容的非法复制和传播，也就丧失了对信息内容数字版权的保护。

尽管加密技术和信息隐藏存在如上不同，但是加密技术和信息隐藏两者都是实现信息安全的重要手段，两者并不矛盾。在有些情况下，信息隐藏技术会用到加密技术，通过先加密机密信息，然后把类似乱码的机密信息用嵌入算法隐藏到公开媒介中，可实现更好的安全性。

2. 信息隐藏技术模型

信息之所以能够隐藏在公开媒介信息中，主要有两方面原因：一方面，多媒体信息本身存

学习笔记

在较大的冗余性，从信息论角度看，未压缩的多媒体信息的编码效率很低，所以将某些信息嵌入多媒体信息中进行秘密传送是可行的，并不会影响多媒体本身的传输和使用。另一方面，人眼或人耳本身的生理局限性对某些信息不敏感。利用人的这些特点，可以较好地将信息隐藏而不被察觉。

在介绍信息隐藏技术模型之前，先给出一些专业术语。在信息隐藏技术中：被隐藏的信息称为隐秘信息；用于嵌入隐秘信息的媒介信息称为载体；嵌入隐秘信息之后的载体称为伪装介质；将隐秘信息嵌入载体得到伪装介质的过程称为嵌入过程，对应的算法称为嵌入算法；通过处理伪装介质得到隐秘信息的过程称为提取过程，对应的算法称为提取算法；嵌入过程和提取过程中所使用的密钥分别称为嵌入密钥和提取密钥，由密钥分发中心提供。

典型的信息隐藏技术模型如图 4-15 所示，主要由嵌入算法和提取算法构成。

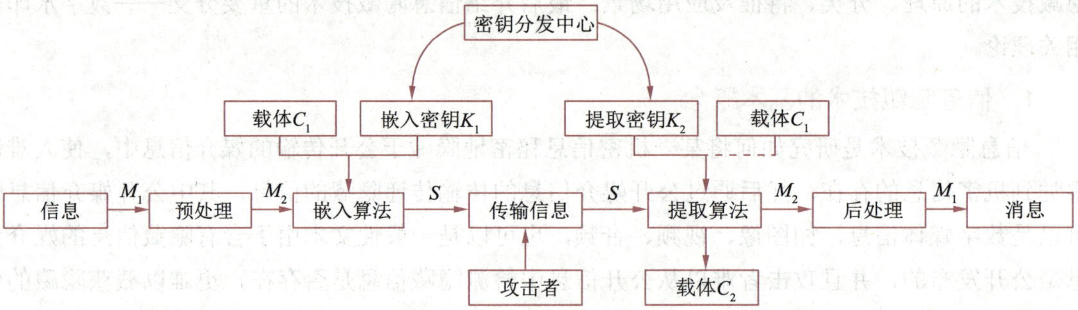

图 4-15　信息隐藏技术模型

隐秘信息 M_1 在加密、数据压缩或其他预处理操作之后得到中间信息 M_2；然后在嵌入算法和嵌入密钥 K_1 的作用下，将 M_2 嵌入载体 C_1 中，得到嵌入隐秘信息的伪装介质 S；S 通过公共传输信道发送给接收方，攻击者可在传输信道处窃听或截获传输的信息；接收方在收到传输过来的伪装介质 S 之后，利用提取算法和提取密钥 K_2 可能也需要使用载体 C_1，从 S 中提取中间消息 M_2 和得到载体 C_2；在后处理阶段利用先前预处理的逆过程将 M_2 恢复成隐秘信息 M_1。为了能有效提取所嵌入的信息，通信双方需要事先协商好所采用的算法和密钥。若嵌入时密钥 K_1 与提取时密钥 K_2 相等，则为对称 IH 算法；反之为非对称 IH 算法。在提取过程中，可使用原始载体 C_1，也可以不使用载体 C_1，若提取时不使用原始载体 C_1，则称为盲检测，反之则称为非盲检测。若原始载体 C_1 与恢复的载体 C_2 相等，则为无损 IH 模型，又称可逆 IH 模型，反之为有损 IH 模型。

3. 信息隐藏技术分类

按照不同的标准；信息隐藏技术有不同的分类方法。最典型的信息隐藏技术分类如图 4-16 所示，信息隐藏可以被划分为如下四部分。

（1）隐蔽信道。隐蔽信道是指允许进程以危害系统安全策略的方式传输信息的通信信道。目前，对其有多种不同的定义方式，较为常见的是 Tsai 等的定义：给定一个强制安全策略 M 及其在一个操作系统中的介绍 $I(M)$，则 $I(M)$ 中的两个主体 $I(S_A)$ 和 $I(S_t)$ 之间的通信是隐蔽的，当且仅当模型 M 中的对应主体 S_A 和 S_t 之间的任何通信都是非法的。可以看出：隐蔽通道只与系统的强制访问策略模型相关，并且广泛地存在于部署了强制访问控制机制的安全操作系统、安全网络和安全数据库中。

（2）隐写术。隐写术是信息隐藏技术的重要分支之一，主要研究如何隐藏实际存在的隐秘信息。一般地，隐写术可分为语言隐写术和技术隐写术，其中语言隐写术是利用语言本身的特性，将隐秘信息隐藏在文本中，如藏头诗。技术隐写术则是将信息隐藏在某种特定载体中，如图像、音频、视频等。

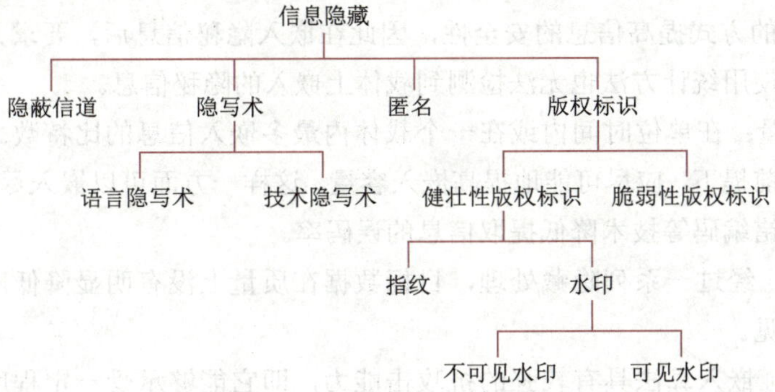

图 4-16　信息隐藏技术分类

隐秘信息进行技术处理后隐藏到载体中，使得隐秘信息不易被察觉，同时也不影响载体信息的使用，例如使用不可见墨水给报纸上的某些字母加上标记向间谍发送信息等。

（3）匿名。匿名是通过隐藏信息通信的主体（信息的发送者和接收者）来达到信息隐匿。不同情况下的应用决定了匿名的对象，即是匿名发送者，抑或是匿名接收者，还是两者都要匿名。例如，Web 应用比较强调接收者的匿名性；而电子邮件用户则更关心发送者的匿名性。

（4）版权标识。版权标识是实现信息内容产品版权保护的一种有效技术，即是将证明版权所有者的信息嵌入到信息内容产品中以达到版权保护的目的。根据标识性质可分为健壮性版权标识和脆弱性版权标识，其中健壮性版权标识主要用来在信息内容产品中标识版权信息，要求能抵御一般的信息处理，如滤波、缩放、旋转、裁剪和有失真压缩等，以及一些恶意的攻击；脆弱性版权标识嵌入信息量和提取阈值都很小，很小的变化就足以破坏版权标识信息，一般用来对信息内容产品做真伪鉴别以及完整性校验。根据标识内容和采用的技术，可将健壮性版权标识分为指纹技术和水印技术，其中指纹技术是为了避免未经授权的复制和发行，出版商可将不同序列号作为不同指纹嵌入信息内容产品的合法复制中，一旦发现未经授权的非法复制，可通过恢复指纹确定其来源；水印技术是将特制的标记，利用数字内嵌的方法嵌入信息内容产品中，用来证明作者对其作品的所有权。根据水印的外观可分为不可见水印和可见水印。

除此之外，信息隐藏技术按照其他的标准，还有不同的分类方式：

（1）根据信息隐藏技术的载体类型分类：文本信息隐藏技术、图像信息隐藏技术、音频信息隐藏技术、视频信息隐藏技术等。

（2）根据嵌入域分类：时域（空域）信息隐藏技术和频域（变换域）信息隐藏技术，其中时域信息隐藏技术是直接用待隐藏的信息替换载体信息中的冗余部分。频域信息隐藏技术是

学习笔记

将待隐藏的信息注入载体的一个变换空间（如频域）中。

4. 信息隐藏技术特征

根据信息隐藏技术的目的和技术要求，信息隐藏技术具有如下特征：

（1）健壮性：指载体不因某种攻击或改动而导致隐藏信息丢失的能力，是衡量信息隐藏技术性能的重要指标。

（2）不可检测性：要求嵌入隐秘信息的载体与原始载体之间具有一致性。由于信息隐藏技术主要通过伪装的方式提高信息的安全性，因此在嵌入隐秘信息后，要求人们的感觉器官是不可感知的，同时使用统计方法也无法检测到载体上嵌入的隐秘信息。

（3）嵌入容量：在单位时间内或在一个载体内最多嵌入信息的比特数。在满足嵌入隐秘信息到载体的质量前提下，应尽可能地提高嵌入容量。这样一方面可以嵌入尽量多的隐秘信息；另一方面可采用纠错编码等技术降低提取信息的误码率。

（4）透明性：经过一系列隐藏处理，目标数据在质量上没有明显降低，但隐藏的数据却无法被人看见或听见。

（5）安全性：嵌入算法具有较强的抗攻击能力，即它能够承受一定程度的攻击，但隐秘信息不会被破坏。

（6）自恢复性：在嵌入隐秘信息的载体遭受破坏的情况下，能够从留下的片段数据中恢复出隐秘信息，且恢复过程中不需要原始载体的能力。

（7）对称性：嵌入过程和提取过程具有对称性，以减少存取难度。

在这些特点中，健壮性、不可检测性和嵌入容量是信息隐藏技术最主要的三个属性，它们之间相互制约。除此之外，信息隐藏技术还有一些其他的特征，如可纠错性、通用性等。

5. 信息隐藏技术主要应用

当前，信息隐藏技术在不同领域得到广泛应用，下面介绍一些典型应用。

（1）隐秘通信。信息隐藏技术最早主要用于实现隐秘信息的安全传输。由于嵌入隐秘信息的载体从表面上看与普通的公开媒介信息没有差别，使得攻击者难以觉察隐秘信息的存在。只有合法的接收者才知道隐秘信息的存在，并且能从伪装介质中恢复出隐秘信息。目前，信息隐藏技术除了可用于军事用途，同时也被应用于个人、商业机密信息保护、电子商务中的数据传输、网络金融交易中重要信息的传递等。

（2）版权保护。当前，信息内容产品具有数字化、易窃取、易篡改和易复制等特点，使得版权问题在当前开放的互联网环境下尤为突出。通过信息隐藏技术分支中的数字水印技术能有效解决信息内容产品的版权保护问题。数字水印以不可检测的方式嵌入到载体中，在不损害原信息内容产品的使用价值的前提下，同时达到了版权保护的目的。此外，通过指纹版权标识能有效追查盗版来源。即信息内容产品拥有者向授权使用用户所提供的信息内容产品中嵌入不同且唯一序列号的指纹信息，同时维护授权的信息内容产品复制中指纹与使用用户身份之间的对应关系数据库。一旦出现未经授权的复制，则信息内容产品拥有者可通过所维护的对应关系数据库找到提供非法复制的来源。即可实现有效追查盗版的目的。

（3）认证和篡改检测。通过在信息内容产品中嵌入数字水印信息，能有效实现对信息内容产品所有权的认证。此外，通过使用脆弱性版权标识能够有效地检测信息内容的真实性以及完整性。目前，已经广泛应用于公安、法院、商业、交通等领域，用来判断犯罪记录、现场事故照片是否被篡改、伪造或特殊处理过。

（4）票据防伪。高精度扫描机、打印机、复印机等产品的出现，使得货币、支票及其他票据的伪造变得更加容易。通过在票据中嵌入隐藏的水印信息，为各种票据提供不可见的认证标识，大大增加了伪造的难度，从而可有效保证票据的真实性。

（5）数据的不可抵赖性。在电子商务交易中，交易双方均不能抵赖自己所做过的行为，也不能否认曾经接收对方的信息。此时，可通过信息隐藏技术给交易过程中的信息嵌入各自的特征标识，并且这种特征标识是不可去除的，从而能有效达到不可抵赖行为的发生。

（6）信息备注。在有些情况下，需要备注某些信息的有关情况，如数据采集时间、地点和采集人信息。若直接将这些私密信息标注在原始文件上，将对用户的个人隐私造成极大的威胁。则此时利用信息隐藏能有效解决该问题，通过将要备注的信息秘密地嵌入媒介信息中，只有通过特殊的提取算法或密钥才能读取，从而有效地解决了私密信息备注问题。

4.3.3　数字水印与版权保护

在信息隐藏技术中，隐写术和数字水印是两个主要分支，其中隐写术主要实现隐秘通信；数字水印技术作为信息隐藏技术的重要分支，主要用来实现版权保护、真伪鉴别、认证和完整性检测等。作为数字版权保护的主要技术，下面主要介绍数字水印的基本概念、特征、框架、分类及其在数字版权保护中的应用。

1. 数字水印的基本概念

当前，数字水印没有统一的定义，一般地，数字水印技术是指把标识版权的数字信息嵌入多媒体数据中，如图像、音频、视频等，以达到数字产品真伪鉴别、版权的所有者证明等功能。这些信息可以是用户序列号、公司标识等版权标识，并且永久地镶嵌在数字多媒体中，只有通过专门的检测器或阅读器才能提取水印信息，从而确定版权归属问题。

总之，数字水印技术是信息隐藏技术的一个主要分支，它的出现主要为了解决信息内容在互联网上的版权保护问题。

2. 数字水印的特征

数字水印技术除了具备前面所述的信息隐藏技术的一般特点外，还有其固有特点，主要包括：

（1）健壮性：是数字水印最重要的一个特征。具体而言，健壮性是指含有数字水印的信息内容产品经过包括信道噪声、滤波、重采样、剪切、尺度变化以及有损压缩编码等操作后，水印信息仍然可以正确地检测并提取出来。

（2）不可感知性：主要是针对不可见水印而言，指从人类视觉上和采用统计方法也无法检测或提取数字水印信息。

学习笔记

（3）安全性：即使攻击者知道数字水印算法的情况下，也无法实现未经授权的数字水印嵌入、检测、提取和未经授权的数字水印删除等操作。

（4）可证明性：在含有数字水印的信息内容产品在遭受到盗版、侵权或泄露等行为时，数字水印技术可以为用户提供安全、可靠且毫无争议的版权证明。

（5）嵌入容量：一般而言，对于数字水印系统而言，其嵌入容量要求相对较小，而隐写术则通常要求较大的嵌入容量。这是因为对于数字水印算法而言，嵌入的信息量越大，则可能降低数字水印的健壮性。在实际应用中，需要均衡嵌入容量和健壮性之间的关系。

3. 数字水印的系统框架

一般地，数字水印的系统框架可形式化为一个九元组，即（M，X，W，K，G，E_m，A，D，E_x），其中 M 表示原始信息 m 的集合；X 表示所有要保护的信息内容产品 x 的集合；W 表示所有可能数字水印信号 w 的集合；K 表示数字水印密钥集合；G，E_m，A，D，E_x，分别表示数字水印的生成、嵌入、攻击、检测和提取算法。一个完整的数字水印系统框架应由五部分组成，即数字水印生成模型、数字水印嵌入模型、数字水印攻击模型、数字水印检测模型和数字水印提取模型，具体如图 4-17 所示。

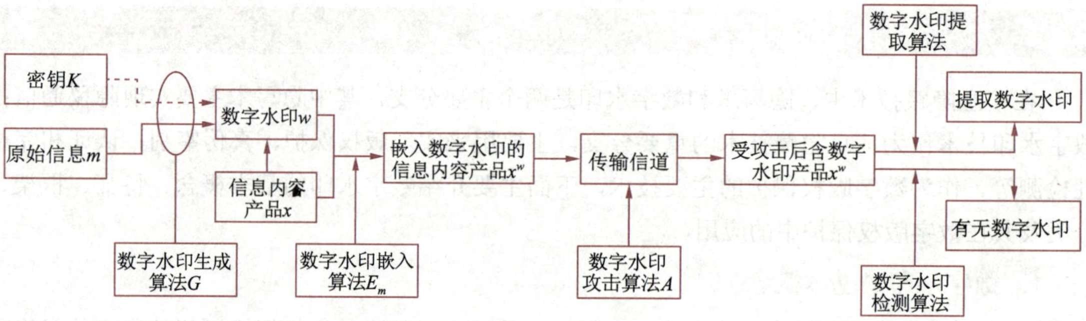

图 4-17　数字水印系统框架

（1）数字水印生成算法。数字水印生成算法 G 主要思想是在密钥 K 的控制下，由原始信息 m 生成适合嵌入到信息内容产品 x 中的待嵌入数字水印 w 的过程，是数字水印处理的基础。G 可形式化表示如下：

$$G:M\times X\times K\rightarrow W,\ w=G(m,x,K)$$

其中，原始信息 m 主要类型有文本信息、声音信号、二值图像、灰度图像、彩色图像和无特定含义的序列。数字水印生成算法 G 应保证数字水印信息的唯一性和有效性。为了提高数字水印系统的健壮性和安全性，通常不是直接嵌入原始信息；而是通过某种方法生成适合嵌入的数字水印 w。常见的数字水印生成算法有伪随机水印生成、扩频水印生成、混沌水印生成、纠错编码水印生成、基于分解的水印生成、基于变换的水印生成、多分辨率水印生成和自适应水印生成方法。

（2）数字水印嵌入算法。数字水印嵌入算法 E，是指将生成的数字水印按照一定的规则嵌入到信息内容产品 x 中，生成嵌入数字水印的信息内容产品 x^w，可形式化表示如下：

$$E_m:X\times W\rightarrow X,\ x^w=E_m(x,w)$$

其中，x 表示信息内容产品；x^w 表示嵌入数字水印的信息内容产品。为了提高安全性，有时候在 Em 中使用嵌入密钥进行水印嵌入。

常见的数字水印嵌入规则有加性规则、乘法规则、替换规则、量化规则、基于关系嵌入、基于统计特性嵌入等。

为加强数字水印强度，可以调节数字水印不可感知性和数字水印健壮性。

（3）数字水印攻击算法。与密码技术类似，数字水印技术在实际应用中也会遭受各种各样的攻击。主要思路是攻击者通过对含有数字水印的信息内容产品进行常规或恶意的处理，使得数字水印系统的检测工具无法正确地恢复数字水印信号，或者不能检测到水印信号的存在。数字水印攻击算法可表示如下：

$$A{:}X\times K\rightarrow X,\ x^w=A\ (x^w,K')$$

其中，K′ 为攻击者伪造的密钥；x^w 是被攻击后含数字水印的产品。

（4）数字水印检测算法和提取算法。数字水印检测算法是根据检测密钥通过一定的算法判断出信息内容产品 x^w 中是否含有数字水印信息。数字水印提取算法 E_m 是在确定信息内容产品运用含有数字水印信息的情况下，利用提取密钥，根据数字水印嵌入算法 E_m 的逆过程 E，提取信息内容产品 x^w 中的数字水印信息 x，也即数字水印提取算法 E_m 可看作数字水印嵌入算法 E_m 的逆过程。

目前，数字水印检测算法主要有基于相关的数字水印检测算法和基于统计决策理论的数字水印检测算法，其中基于相关性数字水印检测算法得到了广泛应用，其基本思想是通过计算受到攻击后嵌入数字水印的信息内容产品与原始信息内容产品 x 之间的相似性，若相似性超过了给定的阈值，则可判断信息内容产品之中已经嵌入数字水印信息 w，反之，则没有嵌入数字水印信息。

4. 数字水印的分类

按照不同的标准，数字水印有不同的分类方式，主要有：

（1）按数字水印所附载信息内容类型分类。根据数字水印所依附的载体不同，可将数字水印划分为文本数字水印、图像数字水印、音频数字水印、视频数字水印等。

（2）按数字水印的外观分类。根据数字水印的外观可见性，可将数字水印划分为可见数字水印和不可见数字水印。可见数字水印的目的在于明确标识版权，防止非法使用。虽然不会影响信息内容产品的使用，但降低了信息内容产品的质量。不可见数字水印从信息内容产品表面是察觉不到的，当发生版权纠纷时，版权所有者可通过专门的检测器从中提取标识，从而证明信息内容产品的版权，是目前应用比较广泛的数字水印。

（3）按数字水印的内容分类。根据数字水印的内容可将数字水印分为有意义数字水印和无意义数字水印。有意义数字水印是指数字水印本身也是某个数字图像。如商标图形或数字视频片段的编码；无意义数字水印则使用一个随机序列来表示，无法从主观视觉上判断其表达的意思。

（4）按数字水印的特性分类。按数字水印的特性可将数字水印划分为健壮型数字水印和脆弱型数字水印。健壮型数字水印主要用于标识信息内容产品的版权归属，如版权信息、所有者信息等，其要求嵌入的数字水印能抵抗多种有意无意攻击；脆弱型数字水印与健壮型数字水印刚好相反，其对内容的修改非常敏感，主要用于信息内容完整性保护。

（5）按数字水印的检测 / 提取过程分类。根据数字水印的检测、提取过程可将数字水印划分为非盲水印、半盲水印和盲水印。非盲水印是指在检测和提取时需要原始附载信息内容和原始数字水印的参与；半盲水印是指在检测和提取过程中不需要原始附载信息内容，但需要原始数字水印；盲水印是指数字水印检测和提取过程中既不需要原始附载信息内容参与，也不需要原始数字水印。

（6）按数字水印隐藏的位置分类。根据数字水印的隐藏位置，可划分为时域（空域）数字水印、频域（变换域）数字水印。时域（空域）数字水印是通过在时 / 空域修改信号样本达到隐藏数字水印的目的。主要有最低有效位（least significant bit，LSB）方法、Patchwork 方法、纹理块映射编码方法等。频域（变换域）数字水印是指通过将信号样本经过某种变换如离散小波变换（discrete wavelet transform，DWT）、离散傅里叶变换（discrete Flourier transform，DFT）、离散余弦变换（discrete cosine transform，DCT）或奇异值分解（singular value decomposition，SVD）变换后通过改变其变换系数达到嵌入数字水印的目的。

（7）按数字水印算法的可逆性分类。根据数字水印检测和提取后是否可以完全恢复原始信息，可分为不可逆数字水印和可逆数字水印。

（8）按数字水印算法的用途分类。根据数字水印的用途，可将数字水印划分为版权保护水印、票据防伪水印、认证、篡改提示水印和隐藏标识水印等。

5. 数字水印在数字版权保护中的应用

数字水印技术为数字版权保护提供了一种解决方案。在开放的互联网环境中，要构建一个完整的信息内容产品的保护系统；除了制定数字水印的嵌入和检测、提取过程的实施方案外，还需要采取一套完整的体系和协议，规定网上利益各方在信息内容产品交易时，必须遵守一套认可的协议。

（1）数字版权保护概念。数字版权保护技术（digital rights management，DRM）就是对各类数字内容知识的知识产权进行保护的一系列软硬件技术，用以保证数字内容在整个生命周期内的合法使用，平衡数字内容价值链中各个角色的利益和需求，促进整个数字化市场的发展和信息的合法传播。DRM 贯穿于数字内容的产生到分发、从销售到使用的整个内容流通过程，涉及整个数字内容价值链，如图 4-18 所示。

图 4-18　数字内容价值链

对数字内容的版权保护，必须根据所保护的数字内容特征，按照相应的商业模式和现行的法律体系进行。数字版权保护技术和商业模式、法律基础三者相辅相成，构成整个数字版权保护体系。这里主要介绍数字版权保护技术。在 DRM 系统中，数字水印技术可实现元数据保护、

学习笔记

发现盗版后取证或跟踪、篡改提示与完整性保护、许可证信息保护和数据注解和访问控制等功能。

（2）基于数字水印的数字版权保护系统。一个比较有影响的安全数字水印体系是欧洲委员会 DGII 计划制定的网络数字产品的知识版权保护（intellectual property rights，IPR）认证和保护体系标准 IMPRMATUR。这里仅考虑数字产品原创者、销售商到用户之间的利益关系。在此基础上，介绍了一种简化的基于数字水印的数字产品的版权保护系统，如图 4-19 所示。

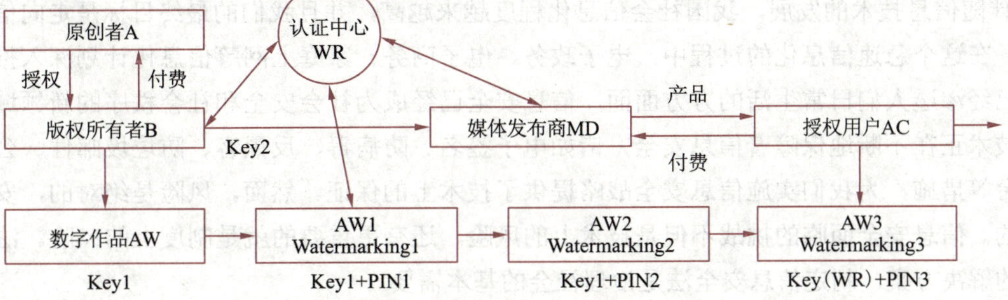

图 4-19　基于数字水印的数字版权保护系统

在该系统中，A 为数字产品的原创者，WR 为版权登记认证中心，A 在完成数字产品的生产后，将授权给版权所有者 B，然后由版权所有者 B 向版权认证中心 WR 进行作品登记，并在 WR 中 B 选择私钥 Key1 向期望保护的数字作品 AW 嵌入含有 B 标识 PIN1 的第一个数字水印 Watermarking1，在将加过数字水印的数字产品 AW1 传一份备份给 WR 的数据库中，Key1 由 B 产生，具有唯一性。

当 B 决定将其数字产品授权给数字媒体发布商 MD，让 MD 销售其作品的复制品时，B 需要将 MD 的标识 PIN2 结合私钥 Key1 对数字作品嵌入第二个数字水印 Watermarking2，用来表示对 MD 的授权和认可。MD 得到加有两个数字水印的数字作品，并可以用 B 的公钥 Key2 验证 B 确实在其数字产品的复制品中加入了 MD 的标识 Watermarking2。MD 作为 B 的数字产品销售商，可以验证第二个数字水印内容和第一个数字水印内容。

授权的 MD 将数字产品出售给授权用户 AC，为证明 AC 是经过授权的正版用户，MD 用 WR 的私钥 Key(WR) 和 AC 的标识 PIN3 对数字作品嵌入第三个数字水印 Watermarking3，并将该消息通知给 WR，WR 发给 MD 一个证书，给 B 增加一份收益。

4.4　信息安全法律法规及道德规范

信息安全法律关系是国家运用刑罚手段对计算机入侵、制作和传播计算机病毒等破坏性程序以及破坏计算机信息系统和程序、数据等危害网络安全的行为予以处罚，从而确保信息安全，而形成的一种法律关系。

国际计算机专家认为，网络的普及程度、社会资产网络化的程度以及信息网络系统的社会作用的大小，决定了破坏网络安全行为的社会危害性的大小。网络的作用越大，普及程度越高，

学习笔记

应用面越广，发生犯罪案件的概率就越高，潜在的社会危害性也就越大。计算机入侵、制作和传播计算机病毒等威胁信息安全的行为，与传统犯罪相比，信息犯罪所涉及的财产数额更大，因而其社会危害性更加明显。

4.4.1 信息安全法的必要性

1. 社会治理的基本需要

伴随信息技术的发展，我国社会信息化程度越来越高，并且我们的最终目标是走向信息化社会。在这个急速信息化的过程中，电子政务、电子商务、家庭上网等信息化计划深入推广，网络已经渗透人们日常生活的方方面面，信息安全已经成为社会安全和社会秩序的新领域。先进的技术正在不断地保障着信息安全，诸如电子签名、防病毒、反黑客、防垃圾邮件、公共安全平台等措施，为我们实施信息安全战略提供了技术上的保证。然而，风险是绝对的，安全是相对的。信息安全面临的挑战不但是技术上的风险，还有更重要的就是制度上的风险。法律是最终的解决方案，制定信息安全法是治理社会的基本需要。

2. 协调信息安全管理机关职责的需要

目前，我国是由公安部、国家安全部、国家保密局、国家商用密码管理办公室等协同管理。实际上，涉及信息安全工作的国家机关还远不止于此，几乎所有的部委和行业主管部门都在根据自己的职责管理相关的部分。这个看似庞大的规模和队伍，需要统一和协调。制定信息安全法，明确管理机关的责权利，是保障信息安全的重要内容。

3. 规范网络行为的需要

信息安全问题的实质是网络行为是否符合社会规范的问题。在信息网络上，黑客、病毒和垃圾邮件并称为“三大公害”，极大地影响了我国网络运行的正常秩序。有关统计数据显示，我国95%的与因特网相连的网络管理中心都遭到国内外黑客的攻击或入侵，其中银行、金融和证券机构是攻击重点。这些犯罪行为往往会给社会经济和国家安全造成灾难性的后果。制定统一的信息安全法，为网络信息提供规范，可以震慑犯罪，净化网络空间。

4. 完善法律自身的需要

自1994年以来，我国先后颁布了一系列有关计算机及国际互联网络的法规、部门规章或条例，这些信息安全立法，许多内容已明显滞后，并且有的内容还相互冲突、抵触。近年陆续颁布的信息安全法律法规，也难以适应现实的诸多需要。因此，制定信息安全法，废止过时的或者相互抵触的行政法规，非但不会打乱现行法律体系，而且能够减少现有信息安全法律和法规的冲突和抵触，是社会信息化过程中，法律自身健康发展的需要。

4.4.2 信息安全相关法规

1994年2月18日，国务院颁布了《中华人民共和国计算机信息系统安全保护条例》，这是一件具有重要意义的事情，这是我国第一部保护计算机信息系统安全的专门条例。条例指出，计算机信息系统的建设和应用，应当遵守法律、行政法规和国家其他有关规定。任何组织或者个人，不得利用计算机信息系统从事危害国家利益、集体利益和公民合法利益的活动，不得危害计算机信息系统的安全。

《中华人民共和国网络安全法》（以下简称《网络安全法》）于 2017 年 6 月 1 日正式实施，《网络安全法》作为我国网络空间安全管理的基本法律，框架性地构建了许多法律制度和规范体系，重点包括网络信息内容管理制度、网络安全等级保护制度、关键信息基础设施安全保护制度、网络安全审查、个人信息和重要数据保护制度、数据出境安全评估制度、网络关键设备和网络安全专用产品安全管理制度、网络安全事件应对制度等。

为保障上述制度的有效实施，一方面，以国家互联网信息办公室为主的监管部门制定了多项配套法规，进一步细化和明确了各项制度的具体要求、相关主体的职责以及监管部门的监管方式；另一方面，全国信息安全标准化技术委员会同时制定并公开了一系列以信息安全技术为主的重要标准的征求意见稿，为网络运营者提供了非常具有操作性的合规指引。

《网络安全法》实施以来，为网络法律体系建设提供上位法基础。有关法律法规项目提上议程，如《关键信息基础设施安全保护条例》列入国务院立法工作计划并加快推进出台，落实了《网络安全法》关键信息基础设施安全保护制度的有关要求。国家互联网信息办公室出台《互联网新闻信息服务管理规定》（国家互联网信息办公室令第 1 号）、《区块链信息服务管理规定》（国家互联网信息办公室令第 3 号）等部门规章，以及《互联网跟帖评论服务管理规定》《互联网群组信息服务管理规定》等多部规范性文件，细化网络信息安全的有关要求。同时，《网络安全审查办法》《数据安全管理办法》《儿童个人信息网络保护规定》《个人信息出境安全评估办法》等已经起草完成，并向社会公开征求意见。这些法规制度，既是《网络安全法》的具体配套措施，也是完善网络法律体系的重要内容。

《网络安全法》实施以来，为网络执法活动提供法律依据。《网络安全法》的法律责任部分规定了具体的处罚措施，包括警告、罚款（对象包括单位和直接负责人）、没收违法所得、责令停产停业（包括停业整顿、关闭网站、暂停有关系统运行、停止更新、暂停新用户注册）、吊销相关业务许可证或者吊销营业执照、行政拘留等六类，覆盖了《行政处罚法》所规定的所有行政处罚的种类。罚款和责令整改是依据《网络安全法》处罚的常见手段，几乎所有执法案例中都使用了这两种处罚措施。这些处罚措施为网络安全执法活动提供了充足的依据，大大提高了执法效率和执法效果。同时，《网络安全法》还规定了约谈制度，可以对网络运营者的法定代表人或者主要负责人进行约谈。实践中，对于一些未产生严重后果但可能存在重大安全风险的行为，监管部门也会通过约谈的方式要求其整改。

4.4.3　信息安全道德规范

法律和道德之间存在着一个有趣的关系。大多数情况下，法律是基于道德的，并且它的实施是为了确保其他行为符合道德要求。然而，法律有时并不能解决所有问题，这就是道德起作用的场合。有些事情可能并不违法，但这并不意味着它们就是道德的。

道德建立在许多不同的事情和基础之上，它们与许多不同状况相关，并会被不同的人给出

学习笔记

不同的解释。因此，它们常常成为一次辩论的主题。然而，总有一些道德比其他道德的争议要小得多，这类道德比较容易被所有人接受。下面的四条是一个大纲，每名从事信息安全行业的人员都要阅读并理解道德规范的完全版本。

（1）保护社会、公共利益，必要的公共信任和信心。

（2）行为得体、诚实、公正、负责和遵守法律。

（3）为委托人提供尽职的和胜任的服务工作。

（4）发展和保护职业声誉。

在计算机领域，总是存在一些为不道德行为辩解的常见错误道德见解。它们之所以存在，是因为人们看待问题的观点不同，或是人们对现有规则、法律具有不同解释（或曲解）。下面列出了错误道德见解的一些事例：

（1）黑客只是希望学习并提高他们的技能，很多黑客没有因为他们的行为而获得利益，因此他们的活动不应该被认为是非法的或不道德的。（正确道德见解：黑客即使没有获利也因为他们的部分错误行为对公民的财产和信息造成了损失。）

（2）信息应当被自由、公开地共享，因此共享机密信息和商业秘密应该是合法的和道德的。（正确道德见解：信息自由、公开地共享的前提是建立在遵循开源或信息来源者自身认可的前提下。）

（3）黑客行为并没有对任何人造成实际伤害。（正确道德见解：黑客行为可能没对人造成直接伤害但是信息泄露会间接地影响他人，在法理上也是无法容忍的。）

1. 计算机道德协会

计算机道德协会（computer ethics institute）是一个非营利组织，它以道德的方式帮助推进技术发展。

如下所示，计算机道德协会制定了自己的计算机道德 10 诫：

（1）不得使用计算机伤害他人。

（2）不得干预他人的计算机工作。

（3）不得窥探他人的计算机文件。

（4）不得使用计算机进行盗窃。

（5）不得使用计算机提交伪证。

（6）不得复制或使用尚未付款的专利软件。

（7）在未获授权或未提交适当赔偿的前提下，不得使用他人的计算机资源。

（8）不得盗用他人的知识成果。

（9）应该考虑你所编写的程序或正在设计的系统的社会后果。

（10）在使用计算机时，应考虑尊重他人。

2. 互联网架构研究委员会

互联网架构研究委员会（internet architecture board，IAB）是用于互联网设计、工程和管理的协调委员会。负责对互联网工程任务组（internet engineering task force，IETF）的活动、互联网标准流程（internet standards process）的监督和上诉、注释请求（request for comment, RFC）的编辑进行架构监督。图 4-20 所示说明了 IAB 在帮助确保互联网结构和标准化的实体层次结构中的位置。否则，互联网将无法使用，人们恐怕仍然要写信和购买邮票。

IAB 就互联网的使用发表了与道德相关的声明。IAB 认为互联网是一种资源，互联网依赖于其可用性和可达性，使其能够被广泛使用。它主要关心互联网上不负责任的行为，这种行为会威胁互联网的存在，或者对其他方面产生负面影响。IAB 还认为使用互联网是一种特权，并且应当以尊敬的情绪来对待并使用它。

IAB 认为下列行为是不道德和不可接受的：

（1）故意寻求访问未获授权的互联网资源。

（2）破坏互联网的使用。

（3）通过有目的的行为浪费资源（人、容量和计算机）。

（4）破坏计算机信息的完整性。

（5）危害他人的隐私安全。

（6）在进行互联网范围的实验时出现过失。

IAB 通过新的技术、方法或措施来使互联网更好地抵抗各种破坏。在进行保护和减少功能之间有一个平衡。互联网的一个重要目的就是保证信息能够自由流通，并且不被禁止。因此，IAB 的方式及其企图执行的限制必须符合逻辑且充分灵活。互联网是我们所有人的工具，因此我们要共同努力保护好它。

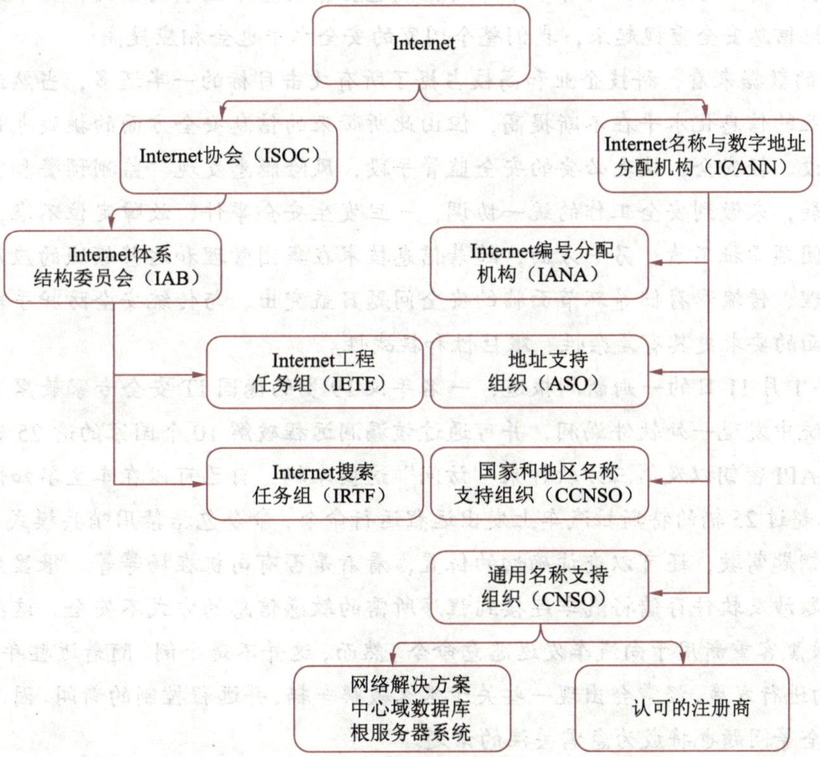

图 4-20　负责为互联网组件维持秩序的机构

学习笔记

3. 企业道德计划

越来越多的法规要求组织制定一份道德声明，甚至可能是个道德计划。道德计划作为“确定的基调”，表示管理人员不仅需要确保其下属的行为合乎道德，而且他们自身也应遵循自己的规则。道德计划的主要目标是确保“成功绝非必然”这句座右铭不会成为工作环境中的口头或非口头文化。某些结构可能成为不道德行为的滋生地。如果股价上涨，CEO 的工资就会随着增加，那么他可能会想办法使股价人为上升，这可能直接伤害公司投资者和股东的利益。如果经理只有在销售业绩增加的情况下才能得到奖金，那么他们就会捏造出不符合实际的销售数据。如果员工只有保持低预算才能得到奖金，那么他可能会愿意选择有害于公司客户服务或产品开发的捷径。虽然道德非常抽象，谈论它们也让我们感觉良好，但它们必须通过适当的业务过程和管理形式在现实世界的企业中得到实现。

扩展阅读

随着世界不断改变，人们对增强安全、改进技术的需求愈加迫切。每个组织、政府机构、企业和军事单位都开始关注安全问题。几乎所有公司和组织机构都在积极寻求才华横溢、经验丰富的安全专业人员，以便保护公司赖以生存和保持竞争力的宝贵资源。

没有网络安全就没有国家安全，看似宏观的一句话，其实需要我们每个人、每个企业真真切切地去落实。有国才有家，而每个个体的强大也会推动整个国家的强大，引申到网络安全，每个企业都把信息安全重视起来，我们整个国家的安全水平也会相应提高。

从往年的数据来看，科技企业和高校占据了所有攻击目标的一半还多，当然这也能从侧面说明我们企业的信息化水平在不断提高，但由此所带来的信息安全方面的挑战也日益凸显：一方面，重建设、轻安全，缺乏必要的安全监管手段，风险隐患发现、监测预警和突发事件处治能力相对薄弱，未做到安全工作的统一协调，一旦发生安全事件，故障定位不准，追查事故源困难，责任问题牵扯不清；另一方面，随着信息技术在集团管理和运营领域的应用推广，在数据采集、处理、传输和存储等环节面临的安全问题日益突出，与传统安全防护手段相比，新技术在安全方面的要求更具有复杂性、艰巨性和挑战性。

2022 年 1 月 11 日的一则新闻报道，一名年仅 19 岁的德国 IT 安全专家兼黑客表示，他在特斯拉的系统中发现一处软件漏洞，并可通过该漏洞远程破解 10 个国家的逾 25 辆特斯拉电动汽车，使用 API 密钥以及第三方软件来“访问”这些车辆，自己可以在车主不知情的情况下，在 10 个国家超过 25 辆的特斯拉汽车上发出远程运行命令，命令包括禁用哨兵模式、打开门 / 窗，甚至启动无钥匙驾驶，还可以查询确切的位置，看看是否有司机在场等等。很显然，这是非常危险的，问题涉及软件存储将汽车连接到程序所需的敏感信息的方式不安全。这些信息可能会被窃取，并被黑客重新用于向汽车发送恶意命令。然而，这并不是个例。随着近些年汽车朝着“科技终端”方向进行发展，经常会出现一些关于黑客破解车辆，并远程控制的新闻。因此，信息安全、个人隐私安全等问题也将成为急需关注的话题。

凯文·米特尼克在《欺骗的艺术》中曾提到，人为因素才是安全的软肋。很多企业、公司在信息安全上投入大量的资金，最终导致数据泄露的原因，往往却是发生在人本身。企业是由人组成的，由此可见，提高人员的安全意识显得尤为重要。

因此，信息安全水平的提升，需要全面审视业务发展与安全的关系，在发展的同时兼顾安全，在全面发现和解决现有安全问题的同时，以长远发展的视角打造业务发展与信息安全工作的协同。也正是由于企业所面临的如此多的威胁，所以我们必须响应国家号召，从自身做起，重视信息和网络安全。伴随着信息技术的发展，信息已经渗透人们日常生活的方方面面，信息安全已经成为社会安全和社会秩序的新领域。作为新时代的我们，应该树立足够的信息安全风险意识，努力学习信息安全相关的知识，为信息社会的发展贡献自己的一份力量。

小 结

信息安全评估是为了更好地保障信息系统的安全，以确保对信息化技术的正常使用。信息安全风险评估是信息系统安全管理的必要和关键环节，因为信息系统的安全管理必须建立在科学的风险评估基础上，科学的风险评估有利于正确判断信息系统的安全风险问题，提供风险问题的及时解决方案。

一般而言，信息安全管理是指组织为了实现信息安全目标和信息资产保护，用来指导和管理各种控制信息安全风险的、一组相互协调的活动。信息安全管理体系的构建流程和管理标准，便于建立信息安全更长久的机制。实施风险评估是一种战略性的考虑，是一种分析确定风险的过程，可以发现信息安全现存的主要问题和矛盾。

练 习

1. 国家标准《信息安全技术 信息安全风险评估方法》（GB/T 20984—2022）中规定，信息安全风险是由（　　）引起的。

A. 脆弱性　　B. 威胁

C. 安全措施不充足　　D. 资产

2. （多选）信息安全管理模型和信息安全管理标准构建信息安全管理体系可以实现组织中信息的（　　）。

A. 安全性　　B. 高效性　　C. 动态性　　D. 保密性

3. （多选）根据信息安全风险评估结果和结论进行相应的风险管理，将信息安全风险水平降至可接受的范围的主要措施有（　　）。

A. 降低风险　　B. 避免风险　　C. 转移风险　　D. 接受风险

4. 我国的（　　）法律首次界定了计算机犯罪。

A. 《计算机安全法》

学习笔记

B. 《计算机软件保护条例》

C. 《计算机信息网络国际联网安全保护管理办法》

D. 《中华人民共和国刑法》

5. 为了保障网络安全，维护网络空间主权和国家安全、（　　）、保护公民、法人和其他组织的合法权益，促进经济社会信息化健康发展，制定《中华人民共和国网络安全法》。

A. 国家利益

B. 社会公共利益

C. 私人企业利益

D. 国有企事业单位利益

6. 简述信息监管系统内容监管的原理。

7. 简述信息过滤系统的不同分类方式及内容。

8. 简述信息安全管理体系对信息安全管理的作用。

第5章 迎接信息安全新世界

知识目标

学习笔记

1. 理解云计算安全的基本概念、挑战和解决方案。
2. 了解大数据安全的重要性和挑战。
3. 理解物联网与工控安全的特点和挑战。
4. 了解人工智能安全的关键问题和解决方案。

能力目标

1. 能够评估云计算环境的安全措施，包括身份认证与访问控制、数据加密和安全监控等。
2. 能够分析和评估大数据安全风险，制定相应的安全策略和控制措施，如数据分类、访问控制和数据备份等。
3. 能够实施物联网与工控系统的安全方案，包括设备认证、安全通信和应急响应等。
4. 能够应对人工智能安全挑战。

素质目标

1. 培养对云计算、大数据、物联网和人工智能安全的重视和意识，以及对信息安全的敏感性。
2. 培养分析和解决复杂安全问题的能力，包括风险评估、安全策略制定和应急响应等。
3. 培养跨学科合作和团队合作的能力，以便在实际情境中应用安全技术和解决方案。
4. 培养持续学习和更新安全知识的习惯，以跟上信息安全领域的发展和变化。

随着越来越多的事物、人、数据和互联网联系起来，互联网的力量越来越强大，进入万物互联时代，清晨自动打开迎接阳光的窗帘播放自己喜欢的音乐；起床后一碗刚好可以入口的粥；下班回家后已洗好烘干的衣物；睡前合上书不用起身关掉的灯等等。但这只是表象，在体验带来便利的同时我们更需要扛起安全这面大旗。

本章介绍万物智能互联新世界各种安全问题与威胁。

学习笔记

5.1 云计算安全

5.1.1 云计算面临的安全威胁

作为一种新型的计算模式，云计算有传统计算模式所不具备的高灵活性、大规模、分布式，海量存储等特性，它在给用户带来方便、高效、优质的服务的同时，也引入了许多新的安全威胁。此外，云计算自身具有复杂的架构，涉及众多的技术，并且云计算环境中的信任边界具有不确定性，因此云计算在安全方面仍然存在很多问题。

常见的云计算安全威胁主要包括基础设施层面的安全威胁、数据层面的安全威胁、应用层面的安全威胁以及管理层面的安全威胁。下面就对这几个安全威胁逐一进行介绍。

1. 基础设施层面的安全威胁

云计算基础设施是支撑云计算服务的软硬件体系，它包括物理基础设施和虚拟基础设施。虚拟基础设施是在物理基础设施的基础上利用虚拟化技术构建的，包括 CPU、存储、网络、操作系统等软硬件资源。云计算基础设施是云计算模式的基础支撑，各种云服务和云应用都要建立在云计算基础设施上，因此要保障云计算环境的安全，必须首先确保云计算基础设施的安全和可信。

云计算基础设施采用分层架构，分为以下四层：底层是 CPU、内存、网络设备等硬件设施；上一层包含虚拟化管理软件，如虚拟机管理器（Hypervisor）等，是虚拟化的基础；顶层是虚拟资源，包括虚拟网络、虚拟计算能力、虚拟化操作系统等；顶层是与云相关的管理软件，包括云管理器组件、云安全管理组件、计费管理组件等，用以确保云计算环境安全和规范。

与传统基础设施相比，新技术和新服务模式的引入使云计算基础设施具有许多新特征，这些特征在提高云计算性能的同时，也引入了许多新问题，这使得云计算基础设施不仅要面临传统网络安全威胁，如网络攻击、数据泄露等，还要面临许多新的安全威胁。

目前，虚拟化技术已经被引入到大多数云环境中，尽管虚拟化有助于增强云计算基础设施提供多租户云服务的能力，帮助云计算实现资源共享，提高基础设施资源利用率等，但它也带来了许多新的安全威胁，例如，虚拟机跳跃和虚拟机逃逸这两种典型的针对 Hypervisor 的攻击。其中，虚拟机跳跃是指借助与目标虚拟机共享相同物理硬件的其他虚拟服务器来攻击目标虚拟机；虚拟机逃逸是指利用宿主机或 Hypervisor 的漏洞获取其控制权限，进而攻击虚拟化平台上的其他宿主机或虚拟机。此外，拒绝服务攻击是攻击者攻击云计算基础设施的主要类型之一，一些恶意用户利用系统的漏洞，通过向服务器发送大量毫无意义的服务请求以消耗服务器大量的计算能力，从而导致服务器拒绝正常的服务器请求。在云计算环境下，用户的数据和应用存储在云数据中心，拒绝服务攻击使得用户无法正常访问这些资源，这会严重影响企业业务的正常运作。一些非恶意的行为也可能导致严重后果，例如云基础设施的配置错误、云基础设施资源分配算法不合理等。

2. 数据层面的安全威胁

在云计算模式下，用户将所有数据存放在云端，云服务提供商全权负责数据的存储和安全管理。在这种模式下，用户将企业的重要数据和应用完全交由第三方负责管理。云服务提供商能否确保其内部的安全管理、职责划分和审计追踪，能否保证海量数据存储的安全，能否避免多用户共存引起的潜在数据风险，能否保证数据在传输过程中不被窃取和篡改等，都直接影响着用户数据的安全。这些数据可能包含用户的个人隐私、企业的敏感信息和政府的机密数据等重要信息，一旦被云服务提供商窥探或泄露，或是在使用云服务期间被攻击者攻击，必然会导致严重的安全问题，危及用户的个人隐私、商业机密以及国家安全。因此，数据安全是云计算中需要重点考虑和关注的一个安全问题。

云计算具有多租户、动态性、无边界以及流动性等特点，这些特点使得云计算环境下的数据存在着许多不确定性，数据在存储、传输和使用过程中都面临着一定的安全威胁，其中数据泄露和数据丢失较为突出，用户数据的隐私保护面临着巨大的安全风险。

与传统系统相比，云计算在数据方面最大的特点就是将数据交由第三方直接管理，云服务提供商负责数据管理与维护，掌握了数据的控制权，因此云服务提供商的内部员工可以利用自己对系统的操作权限或一些已知的内部漏洞来窥探存储在云端的数据，检查用户记录以获取用户的隐私信息、篡改数据库信息、窃取和利用用户信息，等等，这致使用户数据面临极大的泄露风险。

云计算中采用了共享技术，在提高资源利用率的同时，也带来了一定的安全威胁。如果不能有效隔离不同用户的数据，或用户的访问权限无法得到有效控制，那么一些恶意攻击者就会越过隔离机制，非法访问不属于自己的数据，从而导致用户数据泄露。

数据的传输和操作不当也会带来一定的安全威胁，用户与云服务提供商之间的数据交互将增加数据丢失的风险。首先，云计算中的数据是通过网络传输的，而网络往往存在着很多安全漏洞，因此攻击者可能会在数据传输的过程中利用网络安全漏洞入侵网络，截获大量传输数据，甚至对截获的数据进行篡改或删除，这些都严重破坏了用户数据的机密性、完整性和真实性。其次，在数据传输的过程中，硬件设备的损毁、电磁波的干扰等也会导致数据泄露，破坏数据的机密性。最后，在对数据的操作过程中（如数据查询或输入 / 输出时），由于疏忽大意等原因而对数据采取了不当的操作，导致数据在没有预先进行备份的情况下被删除或清空等，都会造成云计算数据丢失，影响数据的安全。

3. 应用层面的安全威胁

在云计算体系中，云服务提供商以服务的形式向用户提供计算、存储、网络和其他资源，由于云计算环境完全暴露在公开的网络中，而网络中总是不断涌现各种病毒、木马等恶意代码，因此云服务在云计算环境中运行时会时刻面临多种安全威胁，这些安全威胁涉及服务安全、Web 安全、身份认证、访问控制等方面。此外，虽然云服务提供商对外提供服务，但它自身也可能购买由其他云服务提供商提供的服务，因此，用户在使用云服务的时候可能会间接涉及多个云服务提供商，多层转包让云计算环境更加复杂，同时也带来了更多的安全威胁。

学习笔记

为了使用户能够正常地与云平台交互，云计算服务通常会提供一组控制着大量虚拟机的应用程序编程接口，甚至云服务提供商会使用一些接口来控制整个云系统。而一旦这些接口存在安全漏洞并被攻击者利用来发动攻击，则会引发灾难性的后果。

目前，大部分云计算服务提供的API都存在安全风险，远程访问机制以及Web浏览器的使用催生了新的安全威胁，给接口带来了新的安全漏洞。攻击者往往会利用这些漏洞发起跨站脚本攻击或者跨站请求伪造等。

比较常见的安全漏洞是跨站脚本漏洞，如果Web应用程序直接将用户的执行请求送回浏览器而不对其进行加密，那么攻击者可以在获取用户的Cookie或Session信息后，直接伪造用户的身份登录系统并非法获取信息。命令注入漏洞也比较常见，攻击者会利用程序设计的缺陷，在提交给服务端的请求数据中插入恶意的命令行指令，从而使得恶意代码能够被执行。另外，SQL注入漏洞也是很常见的安全漏洞，攻击者会将SQL命令插入Web表单提交或页面请求的查询字符串中，从而欺骗服务器执行恶意的SQL命令。此外，Web应用程序引入恶意文件并执行，Web应用程序本身的文件操作功能被攻击者利用来获取系统资料，等等，都是不安全的接口所面临的安全威胁。

身份认证和访问控制是任何信息系统为了维持系统安全都必需的基本功能，它们通过识别用户身份来确定用户对系统资源的访问能力及范围，防止云端数据被非法访问和非法使用，降低安全威胁，减少可能带来的损失。传统IT系统的信任边界几乎是静止的，且处于系统管理人员的监控之下，因此身份认证和访问控制技术基本上可以有效地保护系统资源。然而，在云计算环境中，云端数据的位置具有不确定性，用户与云服务提供商之间的信任边界模糊，使用云计算服务的用户规模庞大，这些都使得云计算中的身份认证和访问控制相较于以往要复杂很多，如何实现跨云身份认证和管理、如何安全而及时地创建和删除账户信息等是要重点关注的问题。

4. 管理层面的安全威胁

在云计算模式下，数据的所有权和管理权是分离的，用户将自己的应用和数据放在云端，交由第三方云服务提供商管理，云服务提供商可以优先访问和控制这些数据，而用户本身则失去了许多影响安全问题的决策权和管理权，需要依赖云服务提供商保护存储在云端的数据。因此，云服务提供商对云端数据和应用的管理规范度、用户与云服务提供商之间管理边界及责任的划分，以及服务提供商对双方达成的合同的履行情况，等等，都直接影响着云环境下用户的数据及应用安全。

目前，云计算在管理规范方面仍不完善，相关法律法规尚不健全，大多数云服务提供商的服务水平协议（service level agreement，SLA）、安全责任、提供的管理功能、云计算服务运行情况等信息缺乏透明性，云计算结构的复杂性、实现方式的多样性以及虚拟化技术的引入，使得用户与用户之间的物理边界以及用户和云服务提供商之间的管理界限十分模糊，责任划分很难明确，一旦发生云计算安全事故，司法取证面临很大的障碍。另外，云计算中的数据具有位置不确定性，云端的数据和应用可能分布在世界上不同的国家和地区，而各国有着不同的司法体系，不同国家对于数据丢失责任、知识产权保护、数据的公开政策等的司法解释是不一样的，相关法律法规的差异会给云计算的管理带来潜在的法律风险，当云计算安全问题出现时，到底应该遵守哪一方制定的规则，到底应该由谁承担责任，都是很棘手的问题。除此以外，云服务提供商对于内部人员的管理也至关重要，一些内部人员，尤其是具有高级权限的运维和管理人员，可能会利用自身拥有的权限窥探用户数据，甚至窃取并出售用户的数据，导致用户数据泄露，给用户的数据安全带来极大威胁。

5.1.2　云计算安全架构及关键技术

云计算具有虚拟化、多用户、快速弹性伸缩、按需自助服务等特征，这些特征给整个信息系统带来了许多新的安全威胁，这些威胁不但促使访问控制、身份认证，漏洞扫描等传统信息安全技术进一步发展，同时也催生了多用户隔离、虚拟机隔离、共享虚拟化资源池的数据保护等新的信息安全技术。因此，云计算安全技术可以说是信息安全扩展到云计算范畴的创新领域，它需要从云计算架构的各个层次入手，通过将传统安全技术与云计算环境下催生的新信息安全技术相结合，以确保云计算服务的运行环境更加安全。所以，建立合理完备的、可以有效部署各种安全技术，满足云计算的各种安全需求的云安全体系架构，是解决云计算安全问题的关键所在。下面介绍国内外的几种云安全体系框架。

1. IBM 云计算安全框架

IBM 公司提出了一个基于企业信息安全框架的云安全框架，该框架可以分为用户认证和授权、数据隔离和保护、流程管理和分级控制、灾备以及服务器、存储、网络等基础设施的安全保护，下面分别对这五个方面进行介绍。

（1）用户认证和授权。给用户分配身份并授予相应权限，系统允许合法用户进入系统和访问数据，同时拒绝未授权用户对系统的非法访问。

（2）数据隔离和保护。对数据的访问权限进行管理，对不同用户的数据进行隔离，采用快照、备份、容灾等手段确保存储在云计算平台的用户重要数据的安全。在云计算中，多个用户共享同一个存储设备。因此，为了保护用户的数据和信息安全，系统首先需要隔离不同用户的数据，这里可以利用存储设备自身的安全措施以及 LUN Masking、LUN Mapping 等功能实现。其次，对存储格式完全不同的数据进行归类、保护和监控，保护关键知识产权和敏感企业信息的安全。再次，云服务提供商可以根据用户的数据备份需求和设定的备份策略，利用专门的软件，自动在线或离线备份及恢复用户的文件、数据库。最后，为进一步确保数据及运行环境的安全，云服务提供商也可以进行操作系统级的整体备份。

（3）流程管理及分级控制。对在云计算系统中运行的服务，如资源的申请、变更、监控以及使用，统一采用流程化的管理，同时对云计算资源访问和管理涉及的每个安全领域进行多级权限控制，一般可以分为机房管理和维护人员、云计算管理员、云计算维护员以及系统管理员等几个级别。

（4）灾备。系统统一采用集中灾备的方式为平台用户提供业务和数据的恢复服务，用户可以在本地或异地建立远距离的容灾中心，容灾中心与计算中心通过专用网络连接，从而实现

学习笔记

应用和数据的传输。

（5）服务器、存储、网络等基础设施的安全保护。利用虚拟化解决方案中的分区组件对平台中的服务器、网络以及存储等基础设施进行有效隔离，确保在同一个云计算平台上运行的进程、动态链接库以及应用程序不会相互影响。在服务器隔离中，对于重要的应用可以通过双机备份保障应用的可靠性，实现虚拟机之间的热迁移。在存储隔离中，可以采用单独的存储设备在物理层面隔离数据，也可以采用虚拟统一存储，通过划分 LUN 并设置 LUN 访问权限实现在逻辑层面保护数据的访问安全。在网络隔离方面，可以通过 VLAN 保证网络的安全性和隔离性。VLAN 的隔离性由交换机及各主机上的虚拟化引擎保证，它可以提供数据链路层的隔离，保证一个 VLAN 的帧不会发送给另一个 VLAN。另外，VLAN 通过虚拟机的 MAC 地址对虚拟机进行标识，因此用户即使手动改变虚拟机 IP 地址，也无法改变虚拟机所处的 VLAN。通常来说，云计算管理服务器以及各物理主机本身都处于一个独立的 VLAN 中，这样可以防止用户从自己的项目环境入侵到系统环境。

2. VMware 公司云计算安全框架

VMware 公司云计算安全框架主要分为三个层面。第一个层面是保护云计算中的虚拟数据中心，使它免受外围网络的威胁；第二个层面是保护整个数据中心内部的安全区域；第三个层面是保护虚拟机的安全，使其免受病毒和恶意软件的攻击。VMware 公司云计算安全框架由 VMware vShield Edge、VMware vShield App、VMware vShield Endpoint 和 VMware vShield Zones 等安全产品实现，这些安全产品受 VMware vShield Manager 管理。

3. 思科数据中心安全框架

思科公司提出了一个云计算安全框架，并且认为云数据中心安全的关键在于该架构中每一层的实现。思科公司提出的云计算安全框架描述了云数据中心的威胁模型以及可用于降低安全风险的措施，显示了控制合规和 SLA（service-level agreement，服务等级协议）组件的关系。该框架主要分为以下五部分：

（1）威胁。包括服务崩溃、入侵、数据泄露、数据修改以及身份窃取和假冒。

（2）云数据中心可视性。包括身份的识别、监控及关联分析。

（3）云数据中心保护。包括虚拟机的加固和隔离，以及网络的隔离和强制。

（4）云数据中心控制。包括安全基线、数据划分、加密策略、虚拟机操作系统的管理和访问、强认证、身份和访问管理、单点登录等多个维度。

（5）合规和 SLA。包括多方面内容，例如对数据和系统的合规必须考虑分类需求和隔离等。

4. 阿里云的云计算安全框架

阿里云的云计算安全架构是基于多层次的安全防护体系，从物理层数据中心、硬件层级的芯片，到平台层的存储、网络、计算，再到上层的虚拟化执行环境，阿里云基于 TPM、vTPM、虚拟化 Enclave 技术，构建了基于神龙安全芯片的全隔离、高可信的计算环境，并叠加软硬件加密计算能力，在公共云、混合云、边缘云等多种场景下均提供给客户安全可靠的平台环境。

此外，阿里云的安全体系还涵盖了账户安全（身份和访问控制）以及安全监控和运营管理两个纵向维度。它通过云原生架构优势，提供云上资产管理、配置核查、主动防御、安全加固、云产品配置评估和安全可视化等能力，可有效发现和阻止病毒传播、黑客攻击、勒索加密、漏洞利用、AK 泄露等风险事件。

同时，阿里云发布了全新定义的下一代安全架构白皮书，该白皮书通过“五横两纵”的 7 个架构维度、26 个架构模块、80 余个功能点，全面定义和介绍了企业云上安全架构所应具备的能力，如图 5-1 所示。

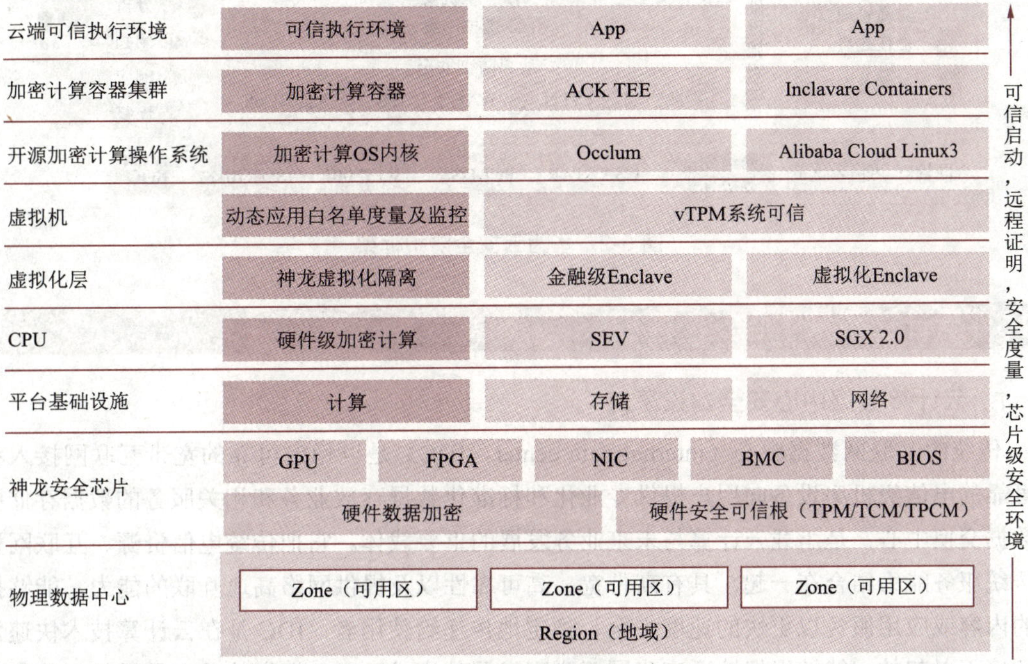

图 5-1　阿里云的云计算安全架构

5. 华为云安全体系架构

华为云以数据保护为核心，以云安全能力为基石，以法律法规业界标准遵从为城墙，以安全生态圈为护城河，依托华为独有的软、硬件优势，打造业界领先的竞争力，构建起面向不同区域、不同行业的完善云服务安全保障体系，并将其作为华为云的重要发展战略之一。

依托华为自身强大的安全研发能力，以数据保护为核心，开发并采用世界领先的云安全技术，致力于实现高可靠、智能化的云安全防护和自动化的云安全运维运营体系。同时，通过对现网安全态势的大数据分析，有目的地识别出华为云存在的重要安全风险、威胁和攻击，并采取防范、削减和解决措施；通过多维、立体、完善的云安全防御、监控、分析和响应等技术体系支撑云服务运维运营安全，实现对云安全风险、威胁和攻击的快速发现、快速隔离和快速恢复，让租户受益于华为云先进技术带来的便捷、安全与业务增值，如图 5-2 所示。

学习笔记

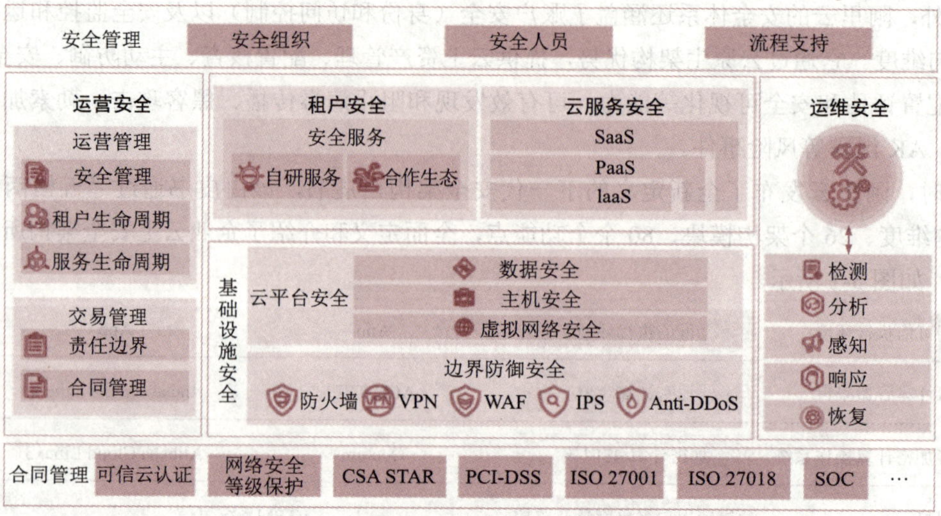

图 5-2　华为云安全防护框架

5.1.3　云计算数据中心安全建设

1. 云计算数据中心安全建设思路

传统的互联网数据中心（internet data center，IDC）是以稳定可靠的宽带互联网接入和安全可靠的电信级机房设备向用户提供专业化和标准化数据存放业务和相关服务的数据存储中心和数据交换中心，是承载云计算与未来业务发展的重要载体。它把传统电信资源、互联网资源和传统服务能力结合在一起，具有高带宽、高可靠性以及提供网络高速互联的能力，能够把用户的内容或应用服务以更快的速度安全、稳定地传递给使用者。IDC 是在云计算技术快速发展的环境下兴起的，能够很好地适应我国互联网发展的需求。IDC 提供的是有品质保证的专业互联网服务，因此其安全性十分重要。IDC 必须能够提供有效的容灾和容错等风险保障机制来应对火灾、盗窃、洪涝等意外以及各种不可预知的人为操作失误；必须能够有效抵御来自系统外部的恶意攻击以及来自系统内部的恶意破坏。

在云计算数据中心安全建设的过程中，除了要明确各种安全技术以及安全管理方法以外，还必须遵循现阶段较成熟的传统的互联网数据中心（以下简称传统数据中心）安全建设原则，这样才能结合具体安全问题制定合理的安全措施部署方案，为云计算数据中心的安全提供强有力的安全保障。

云计算数据中心与传统数据中心的差异主要体现在计算、存储及网络资源的松耦合程度，虚拟化程度、模块化程度、绿色节能程度以及自动化管理程度等几个方面。但总体而言，两者之间并没有本质上的区别。因此，云计算数据中心在进行安全建设时可以将传统数据中心的安全建设原则作为建设初期的参考，并在此基础上结合云用户与云服务提供商的安全需求进行合理规划建设和部署。

传统数据中心的安全防护部署一般按照“分区规划、分层部署”的原则进行。其中，“分区规划”指的是根据数据中心中应用或业务单元易受攻击的程度以及自身价值的不同，为其建立不同的安全策略和信任模型，将数据中心划分为不同区域，以满足数据流、IT 安全、业务、应用的逻辑功能等需求。另外，数据中心为满足对业务、应用以及数据的安全需求，还会根据不同的信任级别划分为管理器、远程接入区、核心区、容灾备份区、测试区、存储区、Internet 服务器区等多个分区，每个分区的安全功能是根据各自的特性进行定义的，因此每个分区可以单独进行安全部署而不会影响到其他应用或者整个数据中心，这使得采用分区规划的架构设计具有很好的伸缩性，可以在不需要对整个架构进行大修改的情况下灵活地增加新分区。“分层部署”指的是在数据中心分区规划的基础上按照安全防护部署的要求，根据实际情况在每个分区的边界处部署异构多重防火墙、虚拟专用网、DDoS 攻击防护、流量分析与控制、入侵防御以及负载均衡等相应的安全防护措施。

云计算数据中心的建设可以借鉴传统数据中心“分区规划、分层部署”的思想，在此基础上还要考虑如何实现计算和存储等 IT 资源的灵活调度、如何让资源得到充分利用等云计算自身对于安全的需求。对于云计算数据中心来说，其所需遵循的安全原则是保护基础设施安全、保护网络安全以及保护应用安全。

与传统数据中心安全建设相比，云计算数据中心的安全建设主要有以下几个方面需要关注：

（1）对虚拟化技术的支持。目前服务器、网络设备以及存储器的虚拟资源池化技术已经日渐成熟，现代化数据中心的基础网络架构、计算资源、存储资源以及应用资源都开始使用虚拟化技术，在云计算环境下也采用了可以最大限度提高资源利用率并降低运营成本的虚拟资源池。因此，云计算数据中心的防火墙、负载均衡等安全控制设备也必须支持虚拟化能力，即将这些安全控制设备像计算、存储和网络一样以按需服务的形式提供给用户。

（2）高性能要求。相较于传统模型，云计算网络的流量模型具有从外部到内部的纵向流量加大以及云计算业务内部虚拟机之间的横向流量加大这两个不同。因此，为保证业务的顺利开展，云计算数据中心必须具有较高的吞吐能力和处理能力，应具备突发流量的承载能力，防止数据转发和控制的节点出现阻塞现象。

（3）虚拟机（virtual machine，VM）之间的安全防护需求。云计算的一大特点是虚拟化，在虚拟化环境下，一台物理服务器会虚拟化为多台 VM，VM 之间的流量交换是基于服务器内部的虚拟交换，这部分流量对管理员而言既不可控也不可见，因此云计算数据中心要采取适当的措施，做好 VM 之间的安全防护。

（4）建设统一的安全威胁防护系统。由于云计算数据中心的安全边界模糊，物理上的安全边界已经不存在，且资源高度整合，因此管理人员只能对整个数据中心进行逻辑上的分区，针对用户单独部署独立的安全系统已经不现实。在这种情况下，应该建立统一的安全威胁防护系统，将过去基于各子系统的安全防护转变为基于整个云计算数据中心的安全防护。

（5）形成安全风险快速反应机制。云计算具有强大的资源共享能力和计算能力，因此云计算数据中心在安全建设中可以充分利用这些优势对安全风险进行快速反应和处置，当发现安全威胁时可以快速定位和解析，并将安全威胁的处置方式推送到整个数据中心，让所有的安全设备都具备这种安全威胁的检测能力。

学习笔记

2. 云计算数据中心安全部署

云计算数据中心的安全防护需要覆盖环境、链路、系统、网络、内容等方面的安全需求，需要构建立体的安全防御体系来抵御各类攻击。具体来说，云计算数据中心总体的安全部署可以从以下几个方面进行。

（1）环境安全部署。建设云计算数据中心前需要考虑一个重要问题就是选址，它关系到云计算数据中心的长远发展。选址时需要重点考虑云计算数据中心周围的水利资源、电力能源、通信发展、交通条件、税费、社会安保、城市气候、环境质量、人才聚集等因素。

（2）角色管控部署。角色可以分为云服务提供商和用户。其中，云服务提供商对云的威胁主要来自内部工作人员，因此面对该角色应该采取加密、认证以及访问控制等技术手段进行管控。用户对云安全性的威胁主要来自各种移动终端。随着信息技术的不断发展，智能终端也越来越普及，用户可以通过智能手机、PC、平板电脑等多种形式的终端访问云计算数据中心。但与此同时，各种终端面临的安全威胁也越来越多样化，攻击者可以利用恶意软件攻击用户，给用户造成巨大的安全威胁；另外，终端一旦遭受了攻击，云的安全性也会受到威胁。因此，用户需要选择安全的移动智能终端。而云服务提供商则可以采用身份认证技术确保用户身份的合法性，并采用分级认证这种信息系统认证的核心方法，实现用户对数据的访问控制。

（3）安全防护部署。安全防护部署包括主机安全部署，虚拟化安全部署以及网络基础设施安全部署。下面对这几方面进行介绍。

① 在主机安全部署方面，由于云计算环境中的主机不仅是进行计算和存储的主体，同时还充当着虚拟宿主机的角色，因此主机的安全对于上层虚拟机的安全十分重要。为保证主机的安全，首先必须保证主机上运行的程序和数据资源是“干净”的，另外还要求其承载的资源务必来自正确的安全域。由于云计算环境中的安全边界很模糊，因此可以在云计算环境中设定不同级别的安全域并针对不同安全域采取不同的保护措施。

② 在虚拟化安全部署方面，由于虚拟机环境下一台物理服务器被虚拟化成多台虚拟机，虚拟机之间的流量交流是基于服务器内部的虚拟交换，这部分流量不可见也不可控。因此可以将不同的虚拟机划分到不同的安全域进行隔离和访问控制，通过 EVB（edge virtual bridging，边缘虚拟桥接）协议将虚拟机内部不同虚拟机之间的网络流量全部交由与服务器相连的物理交换机处理。

③ 在网络基础设施安全部署方面，由于云计算数据中心面临着病毒、木马、攻击者入侵、蠕虫、窃听、拒绝服务攻击等安全威胁，因此可以通过部署防火墙、IPS、VPN、病毒墙等一系列安全设备对网络基础架构进行安全加固，应对各种混合型攻击。

（4）安全监控和管理部署。云计算数据中心运行着大量用户的海量应用，并且其设备的种类和数目众多，通常需要跨地域管理，云计算环境中一旦出现异常就会很难定位。因此，在安全监控和管理的部署方面，应该建立实时监控系统，对云计算中心进行 7×24 h 的监控，并建立不同级别的安全监控措施，做到监控工作的分级管理。另外，云计算中心的管理人员还必须能随时掌握全局安全态势。云计算日志审计中心以及可视化安全管理可以帮助管理人员深入了解每个安全细节，为安全建设、监控、响应及优化提供科学依据。

学习笔记

5.2 大数据安全

大数据的产生使企业数据更加复杂且难以管理。据统计，全球在过去 5 年中产生的数据量要比以往 400 年产生的数据量加起来还要多，这些数据包括文档、图片、视频、Web 页面、电子邮件、微博等不同的数据类型，其中只有 20% 是结构化数据，其余 80% 都是非结构化数据。企业如果要利用这些数据必须花费大量的时间与金钱，而面对这样庞大的数据，如何保障其安全也是一项极具挑战性的任务。

5.2.1 大数据面临的安全威胁

数据的不断增多使得数据安全和隐私保护问题日益突出，各种安全事件给企业和组织敲响了警钟。在整个数据的生命周期里，企业需要遵守比以往更严格的合规标准和保密规定；随着数据存储和分析使用的安全性和隐私保护要求越来越高，传统的数据保护方法常常无法满足需求；网络和数字化生活使得黑客容易获得他人的相关信息，有了许多不易被追踪和防范的犯罪手段。因此，大数据应用中数据安全和隐私保护是一个重要的问题。

隐私是指当事人不愿意被他人知道或他人不便知道的敏感信息，它与公共利益、群体利益无关，具有隐藏特性。安全是指不受威胁，没有危险、危害或损失。信息安全是指采取技术和管理的安全保护手段，保护软硬件与数据不因偶然的或恶意的原因而遭到破坏、更改或泄露。

在大数据时代，传统的隐私数据内涵与外延有了巨大的突破与延伸，隐私数据保护不力所造成的恐慌已不能由个人或团体承受，隐私数据保护技术面临更多的挑战。大数据时代下的隐私数据保护与安全体系除涉及技术、管理外，还涉及国家安全与国际秩序。隐私数据泄露影响的波及面很可能会突破个人、团体或地区的限制，发展到全球性的影响。

从本质上来说，大数据的安全与隐私问题就是我们要能够在大数据时代兼顾安全与自由、个性化服务与商业利益、国家安全与个人隐私的基础上，从数据中挖掘其潜在的巨大商业价值和学术价值，并使其研究成果真正地服务于社会。

在大数据时代，随着我们对大数据的进一步认识和研究，呈现出的安全隐私威胁主要有以下几个方面：

1. 大数据基础设施安全威胁

大数据基础设施包括存储设备、计算设备、一体机和其他基础软件（如虚拟化软件）等。为了支持大数据的应用，需要创建支持大数据环境的基础设施。例如，需要高速的网络来收集各种数据源，大规模的存储设备对海量数据进行存储，还需要各种服务器和计算设备对数据进行分析与应用，并且这些基础设施带有虚拟化和分布式性质等特点。这些基础设施给用户带来各种大数据新应用的同时，也会遭受到安全威胁。

（1）非授权访问。没有预先经过同意，就使用网络或计算机资源。例如，有意避开系统访问控制机制，对网络设备及资源进行非正常访问使用，或擅自扩大利用权限，越权访问信息。

学习笔记

由于在基础设施层，大量的数据（包括大量的企业运营数据、客户信息、个人隐私和各种行为的细节记录）汇集，使得这些数据进行集中存储，但是集中存储的同时，也增加了数据泄露的风险，而这些数据不被越权访问，也成为保护大数据安全的重要部分。非授权访问的主要形式有假冒、身份攻击、非法用户进入网络系统进行违法操作，以及合法用户以未授权方式进行操作等。

（2）信息泄露或丢失。数据在传输过程中泄露或丢失（例如利用电磁泄漏或搭线接听的方式截获机密信息，或通过对信息流向、流量、通信频度和长度等参数分析，窃取有用信息等），在存储介质中丢失或泄露，以及黑客通过建立隐蔽隧道窃取敏感信息等。

（3）网络基础设施传输过程中破坏数据完整性。大数据采用的分布式和虚拟化架构，意味着比传统的基础设施有更多的数据传输，大量数据在一个共享的系统里被集成和复制，当加密强度不够的数据在传输时，攻击者能通过实施嗅探、中间人攻击、重放攻击来窃取或篡改数据。

（4）拒绝服务攻击。通过对网络服务系统的不断干扰，改变其正常的作业流程或执行无关程序，导致系统响应迟缓，影响合法用户的正常使用，甚至使合法用户遭到排斥，不能得到相应的服务。

（5）网络病毒传播，即通过信息网络传播计算机病毒。针对虚拟化技术的安全漏洞攻击，黑客可利用虚拟机管理系统自身的漏洞，入侵到宿主机或同个宿主机上的其他虚拟机。

2. 大数据存储安全威胁

大数据规模的爆发性增长，对存储架构产生新的需求，大数据分析应用需求也在推动着IT技术以及云计算技术的发展。大数据的规模通常可达到PB量级，结构化数据和非结构化数据混杂其中，数据的来源多种多样。传统的结构化存储系统已经无法满足大数据应用的需要，因此，需要采用面向大数据处理的存储系统架构。大数据存储系统要有强大的扩展能力，可以通过增加模块或磁盘存储增加容量；大数据存储系统的扩展要操作简单快速，扩展操作甚至不需要停机。在此种背景下，Scale-out架构越来越受到青睐。Scale-out是指根据需求增加不同的服务器和存储应用，依靠多部服务器、存储协同计算、负载平衡及容错等功能来提高运算能力及可靠度。与传统的存储系统架构完全不同，Scale-out架构可以实现无缝平滑的扩展，避免产生“存储孤岛”。

在传统的数据安全中，数据存储是非法入侵的最后环节，目前已形成完善的安全防护体系。大数据对存储的需求主要体现在海量数据处理。大规模集群管理，低延迟读/写速度和较低的建设及运营成本方面。大数据时代的数据非常繁杂，来自生活、学术、商业等方面，而且其数据量非常惊人，其数据之间的彼此相关性也使得保证这些信息数据在有效利用之前的安全是一个重要话题。在数据应用的生命周期中，数据存储是一个关键环节，数据停留在此阶段的时间最长。目前，可采用关系型（SQL）数据库和非关系型（NoSQL）数据库进行存储。现阶段，大多数企业主要采用非关系型数据库存储大数据。

（1）关系型数据库存储安全。关系型分布式数据的理论技术是ACID模型，即原子性

学习笔记

（atomicity）、一致性（consistency）、隔离性（isolation）、持久性（durability）。事务的原子性是指事务中包含的所有操作要么全做，要么全不做。一致性是指在事务开始之前，数据库处于一致性的状态；事务结束后，数据库也必须处于一致性状态。事务隔离性要求系统必须保证事务不受其他并发执行的事务影响。例如，对于任何一对事务 T_1 和 T_2，在事务 T_1 看来，T_2 要么在 T_1 开始之前已经结束，要么在 T_1 完成之后才开始执行。而持久性是指一个事务一旦成功完成，它对数据库的改变必须是持久的，即便是在系统遇到故障的情况下也不会丢失。数据的重要性决定了事务持久性的重要性。

通过 SQL 数据库的 ACID 模型可以知道，传统的关系型数据库虽然因为通用性设计带来了性能上的限制，但可以通过集群提供较强的横向扩展能力。关系型数据库的优点除了较强的并发读 / 写能力，数据一致性保障，很强的结构化查询与复杂分析能力和标准的数据访问接口外，还有操作方便、易于维护、便于访问、安全便捷等优点。

通常，数据结构化对于数据库开发和数据防护有着非常重要的作用。结构化的数据便于管理、加密、处理和分类，能够有效地智能分辨非法入侵数据，数据结构化虽然不能够彻底避免数据安全风险，但是能够加快数据安全防护的效果。

关系型数据库所具有的 ACID 特性保证了数据库交易的可靠处理。关系型数据库通过集成的安全功能保证了数据的机密性、完整性和可用性，例如基于角色的权限控制、数据加密机制、支持行和列的访问控制等。

但是，关系型数据库也存在很多瓶颈，包括不能有效地处理多维数据，不能有效处理半结构化和非结构化的海量数据，高并发读 / 写性能低，支持控制容量有限，数据库的可扩展性和可用性低，建设和运维成本高等。

（2）非关系型数据库存储安全。由于大数据具备数据量大、多数据类型、增长速度快和价值密度低等特点，采用传统关系型数据库管理技术往往面临成本支出过多、扩展性差、数据快速查询困难等问题。对于占数据总量 80% 以上的非结构化数据，通常采用 NoSQL 技术完成对大数据的存储、管理和处理。NoSQL 指的是非关系型数据库，包含大量不同类型结构化数据和非结构化数据的数据存储。和关系型分布式数据库的 ACID 理论基础相对，非关系型数据库的理论基础是 BASE 模型。BASE 来自互联网电子商务领域的实践，它是基于 CAP 理论逐步演化而来，核心思想是即便不能达到强一致性（strong consistency），但可以根据应用特点采用适当的方式达到最终一致性（eventual consistency）的效果。BASE 是对 CAP 中 CA 应用的延伸。BASE 的含义包括：基本可用（basically available）；软状态 / 柔性事务（soft state），即状态可以有一段时间的不同步；最终一致性（eventual consistency）。BASE 是反 ACID 的，它完全不同于 ACID。

从 NoSQL 的理论基础可以知道，由于数据多样性，非关系型数据并不是通过标准的 SQL 语句进行访问的。NoSQL 数据存储方法的主要优点是数据的可扩展性和可用性、数据存储的灵活性。每个数据的镜像都存储在不同地点以确保数据可用性。NoSQL 的不足之处在数据一致性方面需要应用层保障，结构化查询统计能力也较弱。

NoSQL 数据库存储带来如下安全挑战：

（1）模式成熟度不够。目前的标准 SQL 技术包括严格的访问控制和隐私管理工具，而在 NoSQL 模式中，并没有这样的要求。事实上，NoSQL 无法沿用 SQL 的模式，它应该有自己的新模式。例如，与传统 SQL 数据存储相比，在 NoSQL 数据存储中，列和行级的安全性更为重要。此外，NoSQL 允许不断对数据记录添加属性，需要为这些新属性定义安全策略。

（2）系统成熟度不够。在饱受各种安全问题的困扰后，关系型数据库和文件服务器系统的安全机制已经变得比较成熟。虽然 NoSQL 可以从关系型数据库安全设计中学习经验教训，但至少在几年内 NoSQL 仍然会存在各种漏洞。

（3）客户端软件问题。由于 NoSQL 服务器软件没有内置足够的安全机制，因此，必须对访问这些软件的客户端应用程序提供安全措施，这样又会产生其他问题，如身份验证和授权功能、SQL 注入问题、代码容易产生漏洞、数据冗余和分散性问题等。

3. 大数据网络安全威胁

互联网及移动互联网的快速发展不断地改变人们的工作、生活方式，同时也带来严重的安全威胁。网络面临的风险可分为广度风险和深度风险。广度风险是指安全问题随网络节点数量的增加呈指数级上升。深度风险是指传统攻击依然存在且手段多样，APT（高级持续性威胁）攻击逐渐增多且造成的损失不断增大；攻击者的工具和手段呈现平台化、集成化和自动化的特点，具有更强的隐蔽性、更长的攻击与潜伏时间、更加明确和特定的攻击目标。结合广度风险与深度风险。大规模网络主要面临的问题包括：安全数据规模巨大、安全事件难以发现、安全的整体状况无法描述、安全态势难以感知等。

通过上述分析，网络安全是大数据安全防护的重要内容。现有的安全机制对大数据环境下的网络安全防护并不完美。一方面，大数据时代的信息爆炸，导致来自网络的非法入侵次数急剧增长，网络防御形势十分严峻。另一方面，攻击技术的不断成熟，现在的网络攻击手段越来越难以辨识，给现有的数据防护机制带来了巨大的压力。因此，对于大型网络，在网络安全层面，除了访问控制、入侵检测、身份识别等基础防御手段，还需要管理人员能够及时感知网络中的异常事件与整体安全态势，从成千上万的安全事件和日志中找到最有价值、最需要处理和解决的安全问题，从而保障网络的安全状态。

4. 大数据隐私泄漏安全威胁

大数据通常包含了大量的用户身份信息、属性信息、行为信息，在大数据应用的各个阶段内，如果不能保护好大数据，极易造成用户隐私泄露。此外，大数据的多源性，使得来自各个渠道的数据可以用来进行交叉检验。过去，一些拥有数据的企业经常提供经过简单匿名化的数据作为公开的测试集，在大数据环境下，多源交叉验证有可能发现匿名化数据后面的真实用户，同样会导致隐私泄露。

隐私泄露成为大数据必须要面对且急需解决的问题。大数据时代，现有的隐私保护技术手段还不够完善，除了要建立健全个人隐私保护的法律法规和基本规则之外，还应鼓励隐私保护技术的研发、创新和使用，从技术层面来保障隐私安全，完善用户保障体系。

传统数据安全往往是围绕数据生命周期部署的，即数据的产生、存储、使用和销毁。随着大数据应用越来越多，数据的拥有者和管理者相分离，原来的数据生命周期逐渐转变成数据的产生、传输、存储和使用。由于大数据的规模没有上限，且许多数据的生命周期极为短暂，因此，常规安全产品要想继续发挥作用，则需要解决如何根据数据存储和处理的动态化、并行化特征，动态跟踪数据边界，管理对数据的操作行为等。

大数据中的隐私泄露主要有以下表现形式：

（1）在数据存储过程中对用户隐私权造成的侵犯。大数据中用户无法知道数据确切的存放位置，用户对其个人数据的采集、存储、使用、分享无法有效控制。

（2）在数据传输过程中对用户隐私权造成的侵犯。大数据环境下数据传输将更为开放和多元化，传统物理区域隔离的方法无法有效保证远距离传输的安全性，电磁泄漏和窃听将成为更加突出的安全威胁。

（3）在数据处理的过程中对用户隐私权造成的侵犯。大数据环境下可能部署大量的虚拟技术，基础设施的脆弱性和加密措施的失效可能产生新的安全风险。大规模的数据处理需要完备的访问控制和身份认证管理，以避免未经授权的数据访问，但资源动态共享的模式无疑增加了这种管理的难度，账户劫持、攻击、身份伪装、认证失败、密钥丢失等都可能威胁用户数据安全。

5. 其他安全威胁

大数据除了在基础设施、存储、网络、隐私等方面面临上述安全威胁外，还包括如下几个方面。

（1）网络化社会使大数据易成为攻击的目标。论坛、博客、微博、社交网络、视频网站为代表的新媒体形式促成网络社会的形成，在网络化社会中，信息的价值要超过基础设施的价值，极易吸引黑客的攻击。另一方面，网络化社会中大数据蕴藏着人与人之间的关系与联系，使得黑客成功攻击一次就能获得大量数据，无形中降低了黑客的进攻成本，增加了攻击收益。近年来，在互联网上发生用户账号信息失窃等连锁反应可以看出，大数据更容易吸引黑客，而且一旦遭受攻击，造成的损失十分惊人。

（2）大数据滥用风险。计算机网络技术和人工智能的发展，为大数据自动收集以及智能动态分析提供方便。但是，大数据技术被滥用或者误用也会带来安全风险。一方面，大数据本身的安全防护存在漏洞。对大数据的安全控制力度仍然不够，API访问权限控制以及密钥生成、存储和管理方面的不足都可能造成数据泄露。另一方面，攻击者也在利用大数据技术进行攻击。例如，黑客能够利用大数据技术最大限度地收集更多用户的敏感信息。

（3）大数据误用风险。大数据的准确性、数据质量以及使用大数据作出的决定可能会产生影响，例如，从社交媒体获取个人信息的准确性，基本的个人资料（如年龄、婚姻状况、教育或者就业情况等）通常都是未经验证的，分析结果可信度不高。另一个是数据的质量，从公众渠道收集到的信息，可能与需求相关度较小。这些数据的价值密度较低，如果对其进行分析和使用可能产生无效的结果，从而导致错误的决策。

学习笔记

5.2.2 大数据安全与隐私保护技术

大数据安全与隐私保护技术可以从两个方向进行研究：一是确保大数据安全的关键技术，涉及大数据业务链条上的数据产生、存储、处理、价值提取、商业应用等环节的数据安全防御和保护技术；二是利用涉及安全信息的大数据在信息安全领域进行分析与应用，涉及安全大数据的收集、整理、过滤、整合、存储、挖掘、审计、应用等环节的关键技术。

大数据安全保障技术可以从物理安全、系统安全、网络安全、存储安全，访问安全，审计安全、运营安全等角度进行考虑，围绕大数据全生命周期，即数据产生、采集、传输、存储、处理、分析、发布、展示和应用、产生新数据等阶段进行安全防护。其目标在于最大程度地保护具有流动性和开放性特征的大数据自身安全，防止数据泄露、越权访问、数据篡改、数据丢失、密钥泄露、侵犯用户隐私等问题的出现。因此，大数据安全保障技术需要设计和构建更多的技术标准、安全规范、安全服务等形式来保护大数据的安全。

根据大数据特点及应用需求的特点将数据的生命周期进行合并与精简，可以将大数据的应用过程划分为采集、存储、挖掘、发布四个环节。数据采集环节是指数据的采集与汇聚，安全问题主要是数据汇聚过程中的传输安全问题；数据存储环节是指数据汇聚完毕后大数据的存储，需要保证数据的机密性和可用性，提供隐私保护；数据挖掘是指从海量数据中抽取出有用信息的过程，需要认证挖掘者的身份、严格控制挖掘的操作权限，防止机密信息的泄露；数据发布是指将有用信息输出给应用系统，需要进行安全审计，并保证可以对可能的机密泄露进行数据溯源。

1. 数据采集安全技术

海量大数据的存储需求催生了大规模分布式采集及存储模式。在数据采集过程中，可能存在数据损坏、数据丢失、数据泄露、数据窃取等安全威胁，因此需要使用身份认证、数据加密、完整性保护等安全机制来保证采集过程的安全性。下面将首先讨论数据采集过程中传输安全的要求，然后简单介绍虚拟专用网技术，并重点介绍 SSL VPN 技术在大数据传输过程中的应用。

一般来说，数据传输的安全要求有机密性、完整性、真实性和防止重放攻击等。要达到上述安全要求，一般采用的技术手段有：目的端认证源端的身份，确保数据的真实性；数据加密以满足数据机密性要求；密文数据后附加 MAC（消息认证码），以达到数据完整性保护的目的；数据分组中加入时间戳或不可重复的标识来保证数据抵抗重放攻击的能力等。

一般地，要实现数据的安全传输，可采用虚拟专用网 VPN 技术。该技术将隧道技术、协议封装技术、密码技术和配置管理技术结合在一起，采用安全通道技术在源端和目的端建立安全的数据通道，通过将待传输的原始数据进行加密和协议封装处理后再嵌套装入另一种协议的数据报文中，像普通数据报文一样在网络中进行传输。经过这样的处理，只有源端和目的端的用户对通道中的嵌套信息能够进行解释和处理，而对其他用户而言只是无意义的信息。

目前较为成熟的 VPN 实用技术均有相应的协议规范和配置管理方法。这些常用配置方法和协议主要包括路由过滤技术、通用路由封装协议（GRE）、第二层转发协议（L2F）、第二层隧道协议（L2TP）、IP 安全协议（IPSec）、SSL 协议等。多年来，IPSec 协议一直被认为是构建 VPN 最好的选择，从理论上讲，IPSec 协议提供了网络层之上所有协议的安全。然而，由于 IPSec 协议的复杂性，使其很难满足构建 VPN 要求的灵活性和可扩展性。

SSL VPN 凭借其简单、灵活、安全的特点；得到了迅速的发展，尤其在大数据环境下的远程接入访问应用方面，SSL VPN 具有明显的优势。SSL VPN 采用标准的安全套接层协议，基于 X.509 证书，支持多种加密算法。可以提供基于应用层的访问控制，具有数据加密、完整性检测和认证机制；而且客户端无须安装特定软件，更加容易配置和管理等特点，从而降低用户的总成本，提高远程用户的工作效率。

在大数据环境下的数据应用和挖掘，需要以海量数据的采集与汇聚为基础，采用 SSL VPN 技术可以保证数据在节点之间传输的安全性。以电信运营商的大数据应用为例，运营商的大数据平台一般采用多级架构，处于不同地理位置的节点之间需要传输数据，在任意传输节点之间均可部署 SSL VPN，保证端到端的数据安全传输。安全机制的配置意味着额外的开销，引入传输保护机制后，除了数据安全性之外，对数据传输效率的影响主要有两个方面：一是加密与解密对数据速率造成的影响；二是加密与解密对于主机性能造成的影响。在实际应用中，选择加解密算法和认证方法时，需要在计算开销和效率之间进行权衡。

2. 数据存储安全技术

大数据的关键在于数据分析和利用，因此不可避免增加了数据存储的安全风险。相对于传统的数据，大数据还具有生命周期长，多次访问、频繁使用等特征。大数据环境下，云服务商、数据合作厂商的引入增加了用户隐私数据泄露、企业机密数据泄露、数据被窃取的风险。另外，由于大数据具有如此高的价值，大量的黑客就会设法窃取平台中存储的大数据，以谋取利益，大数据的泄露将会对企业和用户造成无法估量的后果，如果数据存储的安全性得不到保证，将会极大地限制大数据的应用与发展。

接下来将阐述大数据存储安全的几项关键技术，包括隐私保护、数据加密、备份与恢复等。

（1）隐私保护。简单地说，隐私就是个人、机构等实体不愿意被外部世界知晓的信息。在具体数据应用中，隐私即为数据所有者不愿意被披露的敏感信息，包括敏感数据以及数据所表征的特性，如用户的手机号、固定电话、位置信息等。但当针对不同的数据以及数据所有者时，隐私的定义也会存在差别，例如，保守的病人会视疾病信息为隐私，而开放的病人却不视之为隐私。一般来说，从隐私所有者的角度而言，隐私可以为个人隐私和共同隐私，其中个人隐私是指任何可以确认特定个人或与可确认的个人相关及个人不愿被透露的信息，都称为个人隐私，如身份证号、就诊记录等。共同隐私不仅包含个人隐私，还包含所有个人共同表现出的但不愿被暴露的信息，如公司员工的平均薪资、社交网络群组成员的共同爱好等信息。

隐私保护技术主要保护以下两个方面的内容：如何保证数据应用过程中不泄露隐私，以及如何更有利于数据的应用。

当前，隐私保护领域的研究工作主要集中于如何设计隐私保护原则和算法更好地达到这两方面的均衡。隐私保护技术主要有以下三类：

① 基于数据变换的隐私保护技术。所谓数据变换，简单地讲就是对数据的敏感属性进行转换，使原始数据部分失真，但是同时保持某些数据或数据属性不变的保护方法。目前，该类

技术主要包括随机化、数据交换、添加噪声等。一般来说，当进行分类器构建和关联规则挖掘，而数据所有者又不希望发布真实数据时，可以预先对原始数据进行扰动后再发布。

② 基于数据加密的隐私保护技术。采用对称或非对称加密技术在数据挖掘过程中隐藏敏感数据，多用于分布式应用环境中，如分布式数据挖掘、分布式安全查询、集合计算、科学计算等。

分布式应用一般采用两种模式存储数据，即垂直划分数据和水平划分数据。垂直划分数据是指分布式环境中每个站点只存储部分属性的数据，所有站点存储的数据不重复；水平划分数据是将数据记录存储到分布式环境中的多个站点，所有站点存储的数据不重复。

③ 基于匿名化的隐私保护技术。匿名化是指根据具体情况有条件地发布数据。如不发布数据的某些域值、数据泛化等。限制发布即有选择地发布原始数据、不发布或者发布精度较低的敏感数据，以实现隐私保护。数据匿名化一般采用两种基本操作，即抑制和泛化。抑制是指抑制某些数据项，即不发布该数据项；泛化是指对数据进行更概括、抽象的描述。

（2）数据加密。大数据环境下，数据可以分为两类，即静态数据和动态数据。静态数据是指文档、报表、资料等不参与计算的数据；动态数据则是指需要检索或参与计算的数据。

使用 SSL VPN 可以保证数据传输的安全，但存储系统要先解密数据，然后进行存储，当数据以明文的方式存储在系统中时，面对未被授权的人入侵破坏，修改和重放攻击显得很脆弱，对重要数据的存储加密是必须采取的技术手段。然而，“先加密再存储”的加密方案只能适用于静态数据，对于需要参与运算的动态数据则无能为力，因为动态数据需要在 CPU 和内存中以明文形式存在。

（3）数据备份与恢复。数据存储系统应提供完备的数据备份和恢复机制来保障数据的可用性和完整性。一旦发生数据丢失或破坏，可以利用备份恢复数据，从而保证在故障发生后数据不丢失。常见的备份与恢复机制有异地备份、RAID（独立磁盘冗余阵列）、数据镜像、快照等。

在大数据环境下，备份与恢复数据是一个比较棘手的问题，Hadoop 作为应用最广泛的大数据软件架构，其分布式文件系统 HDFS 可以利用自身的数据备份和恢复机制实现数据可靠保护。

3. 数据挖掘安全技术

数据挖掘是大数据应用的核心部分，是挖掘大数据价值的过程，即从海量的数据中自动抽取隐藏在数据中有用信息的过程，有用信息可能包括规则、概念、规律及模式等。数据挖掘融合了数据库、人工智能、机器学习、统计学、高性能计算、模式识别、神经网络、数据可视化、信息检索和空间数据分析等多个领域的理论和技术，数据挖掘的专业性决定了拥有大数据的机构又往往不是专业的数据挖掘者，因此，在挖掘大数据核心价值的过程中，可能会引入第三方挖掘机构，如何保证第三方在进行数据挖掘的过程中不植入恶意程序、不窃取系统数据，这是大数据应用进程中必然要面临的问题。

对数据挖掘者的身份认证和访问管理是需要解决的首要安全问题，接下来在介绍这两类技术机制的基础上，总结其在大数据挖掘过程中的应用方法。

（1）身份认证。身份认证是指计算机及网络系统确认操作者身份的过程，也就是证实用户的真实身份与其所声称的身份是否符合的过程。根据被认证方能够证明身份的认证信息，身份认证技术可以分为如下三种：

① 基于秘密信息的身份认证技术。所谓的秘密信息是指用户所拥有的秘密知识，如用户ID、口令、密钥等。基于秘密信息的身份认证方式包括基于账号和口令的身份认证、基于对称密钥的身份认证、基于密钥分配中心（KDC）的身份认证、基于公钥的身份认证、基于数字证书的身份认证等。

② 基于信物的身份认证技术。主要有基于信用卡、智能卡、令牌的身份认证等。智能卡又称令牌卡，实质上是IC卡的一种。智能卡的组成部分包括微处理器、存储器、输入/输出部分和软件资源。为了更好地提高性能，通常会有一个分离的加密处理器。

③ 基于生物特征的身份认证技术。包括基于生理特征（如指纹、声音、虹膜等）的身份认证和基于行为特征（如步态、签名等）的身份认证等。

（2）访问控制。访问控制是指主体依据某些控制策略或权限对客体或其资源进行的不同授权访问，限制对关键资源的访问，防止非法用户进入系统及合法用户对资源的非法使用。访问控制是进行数据安全保护的核心策略，为有效控制用户访问数据存储系统，保证数据资源的安全，可授予每个系统访问者不同的访问级别，并设置相应的策略保证合法用户获得数据的访问权。访问控制一般可以是自主或者非自主的，最常见的访问控制模式有自主访问控制、强制访问控制和基于角色的访问控制。虽然这三种访问控制模式在底层机制上不同，但它们本身却可以相互兼容，并以多种方式组合使用。后来出现一些新的访问控制机制，如基于时空的访问控制、基于行为的访问控制、基于身份的访问控制和基于属性的访问控制等。

4. 数据发布安全技术

数据发布是指大数据在经过数据挖掘分析后，向数据应用实体输出挖掘结果数据的环节，也就是数据“出门”的环节，其安全性尤其重要。数据发布前必须对即将输出的数据进行全面的审查，确保输出的数据符合“不泄密、无隐私、不超限、合规约”等要求。因此，安全的审计技术在数据输出环节是必需的。

当然，再严密的审计手段，也难免有疏漏之处，在数据发布后，一旦出现机密外泄、隐私泄露等数据安全问题，必须要有必要的数据溯源机制，确保能够迅速地定位到出现问题的环节、出现问题的实体，以便对出现泄露的环节进行封堵，追查责任者，杜绝类似问题的再次发生。

（1）安全审计技术。安全审计是指在记录一切（或部分）与系统安全有关活动的基础上，对其进行分析处理、评估审查、查找安全隐患，对系统安全进行审核、稽查和计算，追查造成事故的原因，并作出进一步的处理。目前常用的审计技术有如下几种：

① 基于日志的审计技术。通常SQL数据库和NoSQL数据库均具有日志审计功能，通过配置数据库的自审计功能，即可实现对大数据的审计。日志审计能够对网络操作及本地操作数据的行为进行审计，由于依托于现有的数据存储系统，兼容性很好。但这种审计技术的缺点也比较明显，在数据存储系统上开启自身日志审计对数据存储系统的性能有影响，特别是在大流量情况下，损耗较大。

② 基于网络监听的审计技术。基于网络监听的审计技术是通过将对数据存储系统的访问

学习笔记

流量镜像到交换机某一个端口，然后通过专用硬件设备对该端口流量进行分析和还原，从而实现对数据访问的审计。基于网络监听的审计技术最大的优点就是与现有数据存储系统无关，部署过程不会给数据库系统带来性能上的负担，即使出现故障也不会影响数据库系统的正常运行，具备易部署、无风险的特点；但是，其部署的实现原理决定了网络监听技术在针对加密协议时只能实现到会话级别审计。即可以审计到时间、源 IP、源端口、目的 IP、目的端口等信息，而无法对内容进行审计。

③ 基于网关的审计技术。该技术通过在数据存储系统前部署网关设备，在线截获并转发到数据存储系统的流量而实现审计。该技术起源于安全审计在互联网审计中的应用，在互联网环境中，审计过程除了记录以外，还需要关注控制，面对网络监听方式无法实现很好的控制效果，故多数互联网审计厂商选择通过串行的方式实现控制。在实际应用过程中，网关审计技术往往主要运用在对数据运维审计的情况下，不能完全覆盖所有对数据访问行为的审计。

（2）数据溯源技术。数据溯源是一个新兴的研究领域，诞生于 20 世纪 90 年代，普遍理解为追踪数据的起源和重现数据的历史状态，目前还没有公认的定义。在大数据应用领域，数据溯源就是对大数据应用周期的各个环节的操作进行标记和定位，在发生数据安全问题时，可以及时准确地定位到出现问题的环节和责任者，以便于对数据安全问题的解决。

目前学术界对数据溯源的理论研究主要基于数据集溯源的模型和方法展开，主要的方法有标注法和反向查询法，这些方法都是基于对数据操作记录的，对于恶意窃取非法访问者来说，很容易破坏数据溯源信息。大数据溯源系统都是在一个独立的系统内部实现溯源管理，数据如何在多个分布式系统之间转换或传播，没有统一的业界标准。随着云计算和大数据环境的不断发展，数据溯源问题变得越来越重要，逐渐成为研究的热点。

5.3 物联网与工控安全

随着德国工业 4.0、美国 GE 工业互联网以及中国智能制造战略如火如荼地推进，引发了以新一代信息技术与制造业深度融合为特点的全球性新一轮工业革命。工业互联网通过网络、平台、安全三大功能体系，实现人、机、物全面互联，形成智能化发展的新兴业态和应用模式，是新一轮工业革命的关键基础设施。

制造企业如果能抓住工业互联网发展机遇，构建安全、先进的工业互联网系统，可以很好地促进企业智能化转型升级。

5.3.1 第四次工业革命的兴起与工业互联网的重要性

当前，以数字化、网络化、智能化为本质特征的第四次工业革命正在兴起。工业互联网作为新一代信息技术与制造业深度融合的产物，通过对人、机、物的全面互联，构建起全要素、全产业链、全价值链全面连接的新型生产制造和服务体系，是数字化转型的实现途径，是实现新旧动能转换的关键力量。为抢抓新一轮科技革命和产业变革的重大历史机遇，世界主要国家和地区加强制造业数字化转型和工业互联网战略布局，全球领先企业积极行动，产业发展新格局正孕育形成。

党中央、国务院高度重视工业互联网发展。习近平总书记连续四年对推动工业互联网发展作出重要指示。2020 年 2 月 21 日，中央政治局会议再次强调，要推动工业互联网加快发展。2020 年 3 月 4 日，中央政治局常委会作出加快新型基础设施建设进度的重要部署，2020 年 3 月 6 日工业和信息化部发布的《工业和信息化部办公厅关于推动工业互联网加快发展的通知》（工信厅信管〔2020〕8 号）文件中明确提出加快新型基础设施建设、加快拓展融合创新应用、加快健全安全保障体系、加快壮大创新发展动能、加快完善产业生态布局、加大政策支持力度等 6 个方面 20 项具体举措。

为深入贯彻习近平总书记对工业互联网的一系列重要指示精神，落实党中央、国务院决策部署，进一步巩固提升发展成效，更好地谋划推进未来一个阶段发展工作，2020 年 12 月 22 日工业和信息化部关于印发《工业互联网创新发展行动计划（2021—2023 年）》的通知，2021—2023 年，网络领域继续着眼构筑支撑工业全要素、全产业链、全价值链互联互通的网络基础设施，加快企业外网和企业内网建设与改造，提升基础支撑能力。一是推动企业内网由“单环节改造”向“体系化互联”转变。推动工业生产装备和仪器仪表的数字化、网络化改造，让哑设备“活起来”；运用先进适用的网络技术建设 IT 和 OT 融合网络，把工业全流程都“连起来”；建立标准化的网络信息模型，让以前难交互、难集成的异构数据都“动起来”。二是推动企业外网由“建网”向“用网”转变。在继续强调提升高质量外网承载能力和互通水平的同时，进一步引导工业企业、工业互联网平台、标识解析节点等接入高质量外网，让企业外网真正“用起来”，提升企业外网应用效能。三是拓展“5G+ 工业互联网”发展新空间。持续实施“5G+ 工业互联网”512 工程，深化核心应用，推动应用领域从工业外围环节向生产制造核心环节拓展；优化应用模式，推动应用重心从单点孵化向 5G 全连接工厂拓展；强化产业支撑，加强 5G 工业模组研发、5G 工业互联网专用频率研究、5G 专网建设方案落地。四是探索央地协同发展新模式。

由此可见，在未来，我国将继续深化工业互联网的发展，推动制造业向智能化、网络化、数字化方向迈进，为我国经济的持续发展注入新的活力。工业互联网的发展也将助力我国实现新旧动能转换，推动我国经济迈向更高水平。

5.3.2 设备单机工作存在诸多安全问题

在工业互联网三大体系中，网络是基础，平台是核心，安全是保障。下面从制造企业视角介绍生产设备网络化的数据采集及工控安全。

以数控加工车间为例，随着数字化设备的增加，这些高、精、尖设备在生产中发挥了重要作用，但由于在程序传输、程序管理、设备管理等方面还停留在传统的工作方式，不仅影响了设备效率与产品质量，在工控安全方面也存在很大隐患：程序通信采用笔记本单机传输形式，频繁的热插、热拔，容易烧坏机床或计算机接口。有些企业采用 U 盘复制程序形式，U 盘的频繁使用增加了病毒、木马传播的概率。编程员缺少数值处理、模拟仿真、版本比较等数控编程专用软件知识，加工程序容易出错，可能发生撞刀、撞机等情况。程序分散在程序员手中，无

学习笔记

严格的流程签署管理，容易调用不正确的程序或版本，对产品加工质量及生产设备存在安全隐患。设备状态不能自动采集，出现设备故障、工人违规操作等情况，相关人员不能及时获知，快速响应处理，不仅影响正常生产，并且容易对设备造成更大的损害。

以上情况都会给工控设备带来各种安全风险。当前设备物联网系统都是基于十多年设备联网研发及实施经验，在600余家航空航天等成功案例的基础上，参考德国工业4.0及美国GE工业互联网等理念，为我国制造企业量身打造的设备智能化互联互通系统。本系统既包括传统意义上的DNC（机床联网）、MDC（机床监控与数据采集）等功能，也包含对热处理设备、机器人、AGV（自动导引运输车）、自动化立体仓库等各类数字化设备的智能化管控，是工业互联网在制造企业的具体应用，如图5-3所示。

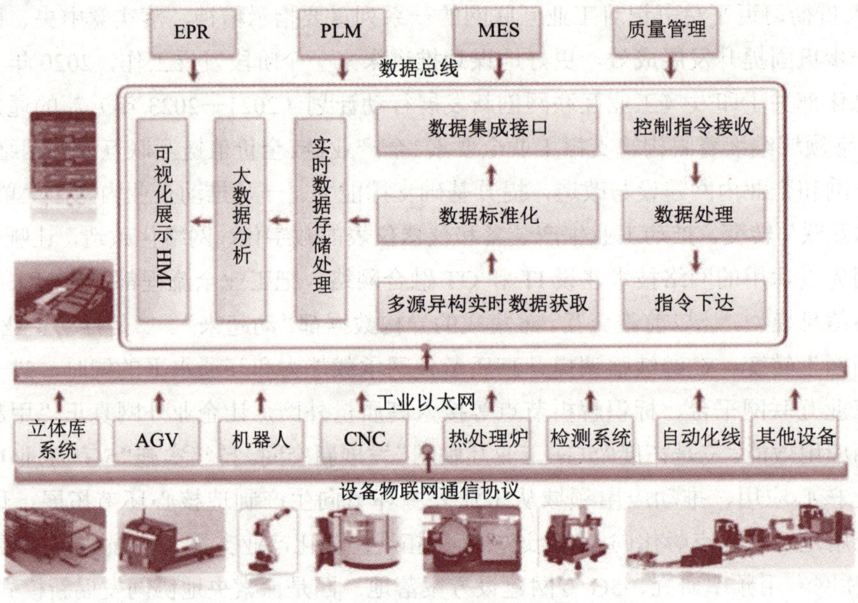

图 5-3　一般设备物联网系统

系统管理的主要对象为制造企业的各类数字化设备，如CNC数控机床、各类压铸等成型设备、机器人、热处理设备、AGV等，通过以太网卡、RS-232、RS-485等各类通信接口，另外还包括MODBUS、PROFINET、PROFIBUS、CC-LINK总线等不同接口形式，用一台服务器对这些生产设备进行互联互通，实现程序的集中管理、网络化传输、数据自动采集、大数据分析、可视化展现等功能，并通过连接底层各类设备、生产线与上端管理系统，实现软件-软件、软件-硬件、硬件-硬件三项集成。

通过实施设备物联网系统，不只是在生产效率与产品质量方面带来很大提升，在工控安全方面也会带来明显改善。

① 通过构建基于以太网的设备网络，实现设备的网络化集中管理与控制，从根本上杜绝了U盘、CF卡等传输不安全的工作方式。

② 专业的版本比较、程序仿真、数据处理等功能可把程序错误消除在虚拟环境中，确保工控设备的安全。

学习笔记

③完善的程序签署流程、精准的权限管理、方便的版本管理，从而有效地避免因调用程序错误而造成撞刀、撞机等情况的发生。

④设备状态的实时采集与分析，可及时了解设备状态、工人操作规范情况，确保设备自身安全。

⑤通过大数据分析功能，对设备进行历史故障查询、故障时间分布、故障概率分布、设备故障预测等，确保设备安全、健康地运行。

⑥设备实现网络化管控后，设备外设接口实行封禁，并在设备网络内部部署行为安全审计设备，既能降低外部移动存储工具对设备主板的损坏，又能防止涉密信息的泄露。

5.3.3　设备互联系统层面的安全隐患

设备物联网系统可以有效地解决单机设备的安全问题，但同时由于网络连接带来了系统层面的安全隐患。从安全角度来说，设备接入网络，就增加了被病毒或不法分子大面积攻击的可能，有可能给企业带来严重损失。

2010 年的“震网（Stuxnet）”病毒是非常具有代表性的工控安全事件。这是第一个专门定向攻击工业系统的蠕虫病毒，它利用 Windows 操作系统和西门子数据采集与监控系统的多个漏洞进行攻击，能够定向破坏工业关键设备。由于被“震网”病毒控制，伊朗布什尔核电站 20% 的离心机被损毁，纳坦兹核电站 8 000 台离心机中有 1 000 台也被先后换掉。专家估计，“震网”病毒使伊朗核工业技术水平倒退十年。

据北京天际友盟信息技术有限公司发布的《2023 工业控制系统安全报告》中数据显示，截至 2023 年 10 月，已经新增 367 个工控安全漏洞，相比 2022 年同期增长了 97 个漏洞。其中高危漏洞 211 个，中危漏洞 155 个，低危漏洞 1 个。由于工控设备常与能源、基础设施重点行业有关，当相关行业的工控设备存在安全漏洞并且被攻击者利用时，攻击所造成的危害往往较为严重。

近些年来，针对工控网络的攻击事件还有很多，例如：

2011 年，美国伊利诺伊州城市供水系统的 SCADA 控制系统遭到入侵，供水泵遭到破坏。

2014 年，全球上千座发电站遭到“超级电厂”病毒感染。该病毒可以控制受害企业的计算机设施与工业控制设备。

2017 年 5 月，全球范围内发生的大规模 WannaCry 勒索软件，导致了包括罗马尼亚汽车制造商达契亚、雷诺汽车部分地区、日产在英格兰桑德兰等工厂停产。

2017 年 12 月，一款针对工控系统的恶意软件——“TRITON”攻击了施耐德 Triconex 安全仪表控制系统，造成中东一家能源工厂停运。

2020 年 3 月，一家钢铁制造商在北美分支机构，包括加拿大和美国的钢铁生产厂均遭受了勒索软件 Ryuk 攻击，导致其在北美的分支机构瘫痪，大多数工厂停止生产。

2021 年 2 月初，有黑客入侵美国佛罗里达州奥尔德斯玛市的市政水处理系统，试图将氢氧化钠的浓度提高到极其危险的水平。氢氧化钠常见于家用清洁剂，一旦发生高浓度摄入很可能引发危险。

学习笔记

2023 年 5 月，丹麦关键基础设施遭遇了有史以来最大规模的网络攻击，威胁攻击者利用丹麦关键基础设施运营商使用的 Zyxel 防火墙中的零日漏洞，成功破坏了 22 家能源基础设施公司（11 家公司立即遭到网络威胁）。

病毒与黑客攻击造成的危害不仅仅是生产停产或工厂瘫痪，还可能让企业机密数据泄露。

2016 年，美国博思艾伦咨询公司针对全球 314 家工业控制系统进行调查，发现有 34% 的企业在一年内遭遇了两次以上数据泄露。现在，对工业控制的攻击与数据窃取已呈常态化、高频化。比如：

2020 年 5 月，瑞士一铁路机车制造商对外披露，其近期遭受了网络攻击，攻击者设法渗透其 IT 网络，并用恶意软件感染了部分计算机，很可能已经窃取到部分数据。未知攻击者试图勒索该公司巨额赎金，否则将会公开所盗取的数据。

2021 年 2 月，起亚汽车美国分公司遭受 DoopelPaymer 恶意团伙发动的勒索软件攻击，被开出 2 000 万美元天价赎金。如果拒绝支付，不仅锁定数据无法还原，失窃的起亚内部信息也将被公之于众。

2022 年 3 月，DENSO 发布公告，确认其德国商业计算机网络于 2022 年 3 月 10 日被未经授权的第三方访问，导致数据泄露。

2023 年 10 月下旬，波音公司遭遇 LockBit 勒索软件攻击，2023 年 10 月 27 日，LockBit 在数据泄露站点发消息声称窃取了波音的大量敏感数据，并以此胁迫波音公司。

5.3.4 国家及相关部门高度重视工控安全

在我国，由于大部分设备的控制系统是国外产品，很多 SCADA 等工控数据采集系统也是国外产品，在安全方面的隐患更为突出。

据工信部 2014 年统计，我国 22 个行业 900 套大型工业控制系统大部分由国外厂商提供，特别是可编程逻辑控制器（PLC），外商占据了 94% 以上的份额。

党中央、国务院高度重视信息安全问题，习近平总书记多次作出重要指示，强调安全和发展要同步推进。2016 年 4 月 19 日，习近平总书记在网络安全和信息化工作座谈会上的讲话中指出："网络安全和信息化是相辅相成的。安全是发展的前提，发展是安全的保障，安全和发展要同步推进。"

国家相关部委也针对工控产品安全问题进行了充分研究，并制定了相关制度与措施。

2011 年 9 月，工业和信息化部印发《关于加强工业控制系统信息安全管理的通知》，要求相关单位切实加强工业控制系统信息安全管理，保障工业生产运行安全、国家经济安全和人民生命财产安全。

2012 年 6 月 28 日，国务院颁布《关于大力推进信息化发展和切实保障信息安全的若干意见》（国发〔2012〕23 号），强调要"保障工业控制系统安全"及"定期开展安全检查和风险评估"。

2016 年 10 月，工业和信息化部发布《工业控制系统信息安全防护指南》，涵盖了工业控制系统设计、选型、建设、测试、运行、检修、废弃各阶段防护工作，提出了 11 项具体防护要求。

2017 年 12 月 29 日，工业和信息化部正式印发了《工业控制系统信息安全行动计划（2018—

2020）》，旨在深入落实国家安全战略，加快我国工业控制系统信息安全保障体系建设，提升工业企业工业控制系统信息安全防护能力，促进工业信息安全产业发展。

2021 年 9 月 1 日，中国《关键信息基础设施安全保护条例》正式施行，标志着国家关键信息基础设施已经被视为国家的重要战略资源，以立法形式保护关键信息基础设施安全，已成为当今世界各国网络空间安全制度建设的核心内容和基本实践。

2022 年 11 月 7 日，国家标准《信息安全技术　关键信息基础设施安全保护要求》（GB/T 39204—2022）发布，这是我国第一项关键信息基础设施安全保护的国家标准，于 2023 年 5 月 1 日起实施。该标准提出了以关键业务为核心的整体防控、以风险管理为导向的动态防护、以信息共享为基础的协同联防的关键信息基础设施安全保护三项基本原则，从分析识别、安全防护、检测评估、监测预警、主动防御、事件处置 6 方面提出了 111 条安全要求，为运营者开展关键信息基础设施保护工作提供了强有力的标准保障。

制造企业工业设备受工业控制系统的控制，如果这些系统被攻破或者损毁，将给企业带来不可想象的损失。企业的设备、产品、生产等信息如果被非法窃取，企业将无秘密可言。如果是军工等保密单位，造成国家秘密泄露，损失远远不止于经济方面，后果更为严重。

正如中国工程院倪光南院士强调的：“发展是硬道理，安全也是硬道理。自主可控不等于安全，但不自主可控一定不安全。”“自主可控意味着不存在后门，可以主动增强安全（能掌控源代码，能自己分析研究、增强安全），发现了漏洞可以主动打补丁等等，而不自主可控意味着丧失主动权，在网络攻击下完全处于被动挨打地位。所以应当将自主可控作为网络安全的必然要求，因为在此基础上才能构建安全可控的信息技术体系。”

制造企业在进行智能制造建设过程中，一定要树立工控安全意识，通过各种技术手段提升安全防护能力，并在可能的情况下，尽量选择自主可控的软硬件系统，从源头上规避工控安全的不确定性。

5.3.5　物联网系统工控安全实践

工业互联网系统除了具有强大、稳定、可靠的业务功能外，安全保密也是一个重要的衡量标准，不能只考虑系统的业务需求、系统性能、技术路线等因素而忽视系统自身的安全性。由于客户主要集中于军工、大型机械制造等高端企业，用户对安全性的要求非常严格，对应企业在工控安全方面进行了大量的研究与实践，并取得了较好的应用效果。以下是部分实践，分别从网络安全、设备安全、主机安全、应用安全、管理制度等方面进行分析。

1. 网络安全

网络是基础，网络安全是整个系统安全的前提。在网络安全方面采取的措施主要有：

（1）划分安全域。利用 VLAN、ACL 等技术按部门或职能划分成不同的安全域，通过权限分配控制访问等手段，保证系统的访问安全。

（2）隔离技术。在设备内网与企业高涉密办公网之间，通过防火墙、网闸、VPN 等各种安全隔离设备以及严格的访问控制，实现安全可靠的控制访问。

学习笔记

（3）识别审计。通过主机审计系统对于接入系统的终端进行身份识别认证和鉴别，防止非法设备接入网络。

（4）入侵防护。通过部署入侵防护系统，可自动对网络通信行为进行分析，实现对网络攻击的监测和分析。

（5）边界防护。按国家涉密等级划分，设备物联网/SCADA等系统为低密级工控网，应采用专用的物理网络以及有效的安全防护措施，确保各个安全区域有明晰的边界设定，并保障各区域边界安全。

（6）身份登录鉴别。用户名 + 口令是最常见但又最不安全的登录方式。如采用该方式要注意以下几个因素：用户口令不能以明文方式存储处理；登录具有唯一性，口令的长度、复杂度、更换周期要根据系统密级提出要求；设定口令登录错误尝试次数，对于超出口令登录次数阈值作出锁定或冻结处理。如果条件允许，可采用智能卡+PIN码、生物认证技术（如指纹、虹膜等）等更安全的登录方式。

2. 设备安全

作为设备物联网系统中的主体，设备自身的安全也非常重要。

（1）对设备数控系统进行严格防护。如Siemens、Mazak、Okuma及很多国产系统底层采用Windows操作系统，系统容易受到病毒、蠕虫攻击，需要有防范病毒的措施。

（2）禁用设备外设接口。设备联网后，除保留与服务器通信联网的接口外，其他接口需要进行封禁。

（3）设备端口绑定。将网络接入终端设备的MAC地址/IP地址与交换机端口进行绑定，防止非授权终端的接入。

3. 主机安全

对于主机及配套的外设硬件要关注以下五个方面：

（1）服务器和主机建议采用国产知名品牌设备，主机操作系统和数据库系统软件采用正版操作系统。

（2）关闭和禁用系统提供功能服务和网络服务以外的通信端口和服务功能项。

（3）在系统中部署主机安全审计系统，对产生的日志记录进行定期的备份和分析。

（4）对系统管理权限的口令管理采取最高级别的安全管理，如密码复杂度、定期更换、用户登录超时/超次自动锁定等安全手段。

（5）采用双机部署原则。一方面实现系统故障的快速高效切换，另一方面可实现数据的安全冗余备份和快速恢复功能。

4. 应用安全

在应用安全层面，要注意以下三个方面：

（1）用户的角色划分和权限分配管理。通过应用系统角色的权限管理功能，不同的人员设置不同的权限访问不同密级的资源，实现系统高效、有序、安全管理。

（2）系统数据库安全。对数据库访问管理权限进行严格划分，并有详细的操作日志记录。

（3）对于涉密企业的系统管理安全，遵循企业更为高级别的安全保密要求，实现三员分立管理，即系统管理员、系统保密员、系统审核员三员分立，各行其权。

5. 健全的管理制度

工控系统的安全保密是“三分靠技术，七分靠管理”。将技术、管理与标准规范制度结合起来，以安全保密策略和服务为支持，形成信息安全保密工作的能力体系。以防护、监测、响应、恢复为核心，对涉及安全保密的相关组织和个人进行工作考评，并结合标准化、流程化的方式加以持续改进，使企业信息安全保密能力不断提高，确保企业安全生产及工控系统的安全。

安全无小事。道高一尺，魔高一丈，工控安全是个不断完善、不断提高的过程，一定要引起我们的高度重视与积极行动，为工业互联网健康发展提供安全保障。

5.4 人工智能安全

5.4.1 人工智能五大安全问题对策

来自谷歌、斯坦福、加州大学伯克利分校和 Open AI 的研究人员发表论文“人工智能安全中的具体问题”以来，该论文依然是人工智能安全领域最重要的研究之一，涵盖了人工智能开发人员需要了解的各种安全问题。

在论文中，作者探讨了人工智能系统中的意外和有害行为，以及避免事故所应采取的不同策略。具体而言，作者提出的五大对策包括避免人工智能的副作用、设置奖励裁判、可扩展监督、安全探索以及分布式变化的可靠性（robustness to distributional change），并以办公室清洁机器人为例进行了说明，具体如下：

1. 避免人工智能的副作用

在设计 AI 系统的目标函数时，设计者指定目标但不指定系统要遵循的确切步骤。这使人工智能系统能够提出新颖而有效的战略来实现其目标。

但如果目标函数没有明确定义，AI 开发自己的策略的能力可能会导致意想不到的副作用。例如，一个机器人的目标功能是将盒子从一个房间移动到另一个房间。目标似乎很简单，但有很多方法可能会出错。例如，如果花瓶在机器人的路径中，机器人可能会将其击倒以完成目标。由于目标函数没有提到任何关于花瓶的东西，机器人不知道要避开它。人们认为这是常识，但人工智能系统并不具备我们对世界的认知。将目标表述为“完成任务 X”是不够的，设计者还需要制定完成任务的安全标准。

一个简单的解决方案就是每当它对“环境”产生影响时对机器人进行处罚（如敲击花瓶或刮擦木地板）。但是，这种策略可能会导致机器人无所适从动弹不得，因为所有操作都需要与环境进行某种程度的交互（从而影响环境）。更好的策略可以是定义允许 AI 系统影响环境的“预算”。这将有助于在不瘫痪 AI 系统的情况下最小化意外损害。此外，这种用“预算”策略非常通用，可以在很多人工智能应用任务中使用，从清洁、驾驶、金融交易乃至 AI 系统能

学习笔记

做的任何事情。

另一种方法是训练人工智能系统识别有害的副作用，使其能够自主避免可能产生副作用的行为。在这种情况下，人工智能代理将针对两个任务训练：由目标函数指定的原始任务和识别副作用的任务。这里的关键思想是，即使主要目标不同，甚至当它们在不同的环境中运行时，两个任务也可能产生非常类似的副作用。例如，房屋清洁机器人和房屋涂装机器人都不应该在工作时撞倒花瓶。类似的，清洁机器人不应损坏地板，无论其在工厂还是在房屋中操作都是如此。这种方法的主要优点是，一旦人工智能代理学会避免对一项任务的副作用，它就可以在训练另一项任务时携带这些知识。

虽然设计限制副作用的方法很有用，但这些策略本身并不充分。在现实环境中部署之前，AI 系统仍需要经过大量测试和关键评估。

2. 设置奖励裁判

AI 系统设计中有可能存在为了达到目标“不择手段”的漏洞，由于 AI 培训的目标是获得最多的奖励，因此 AI 往往会出人意料地寻找达成目标的漏洞和“快捷方式”。例如，假设办公室清洁机器人获得奖励的前提条件是在办公室看不到任何垃圾，那么机器人可能会发现一种“便捷方式”——关闭其视觉传感器的方法“达成目标”，而不是清理场所，但这显然是错误的“成功”。在更加复杂的人工智能系统中，AI 尝试利用“体制漏洞”的问题更加凸显，因为复杂人工智能系统的交互方式更多，目标更模糊，人工智能系统的自主裁量自由度更大。

防范 AI 系统“不择手段”的一种可能方法是设立“奖励代理”，任务是判断给学习代理的奖励是否有效。奖励代理确保学习代理（上述示例中的清洁机器人）不利用系统漏洞，而是完成所需的目标。在前面的示例中，人工设计师可以训练“奖励代理人”以检查房间是否有垃圾（比清洁房间更容易）。如果清洁机器人关闭其视觉传感器并要求高回报，则“奖励代理”将奖励标记为无效。然后，设计者可以查看标记为“无效”的奖励，并对目标函数进行必要的更改以修复漏洞。

3. 可扩展的监督

当人工智能代理学习执行复杂任务时，人工监督和反馈比仅从环境中获得奖励更有帮助。奖励通常被建模，以便它们传达任务完成的程度，但它们通常不会提供关于代理行动的安全影响的充分反馈。即使代理成功完成任务，它也可能无法仅从奖励中推断出其行为的副作用。在理想的环境中，每当代理执行一个动作时，人就会提供细粒度的监督和反馈。虽然这可以为代理人提供关于环境的更多信息，但这样的策略需要人类花费太多时间和精力。

解决这个问题的一个很有前景的研究方向是半监督学习，其中代理仍然在所有动作（或任务）上进行评估，但仅在这些动作（或任务）的一小部分样本中获得奖励。例如，清洁机器人将采取不同的行动来清洁房间。如果机器人执行有害行为（如损坏地板），它会对该特定动作产生负面回报。任务完成后，机器人将对其所有操作的整体效果进行评估，并且不会针对每个操作单独评估（如从楼层拾取物品），并根据整体性能给予奖励。

另一个有前景的研究方向是分层强化学习，在不同的学习代理之间建立层次结构。这个想

学习笔记

法可以通过以下方式应用于清洁机器人。将有一个主管机器人，其任务是将一些工作（如清洁一个特定房间的任务）分配给清洁机器人并向其提供反馈和奖励。主管机器人本身只需要很少的动作：为清洁机器人分配一个房间，检查房间是否干净并提供反馈，并且不需要大量的奖励数据进行有效训练。清洁机器人执行更复杂的清洁房间任务，并从主管机器人获得频繁的反馈。同一个主管机器人也可以进行多个清洁机器人的培训。例如，主管机器人可以将任务委派给各个清洁机器人，并直接向他们提供奖励 / 反馈。主管机器人本身只能采取少量的抽象动作，因此可以从稀疏的奖励中学习。

4. 安全探索

培训 AI 代理的一个重要部分是确保它探索和理解其环境。虽然在短期内探索环境似乎是一个糟糕的策略，但从长远来看，它可能是一个非常有效的策略。想象一下，清洁机器人已经学会识别垃圾。它捡起一块垃圾，走出房间，把它扔到外面的垃圾桶里，回到房间里，寻找另一块垃圾并重复。虽然这种策略有效，但可能还有另一种策略可以更好地运作。如果代理花时间探索其环境，可能会发现房间内有一个较小的垃圾箱。而不是一次一件地来回运作，代理商可以先将所有垃圾收集到较小的垃圾箱中，然后单程将垃圾扔进外面的垃圾箱。除非代理旨在探索其环境，否则它不会发现这些节省时间的策略。

然而，在探索时，代理人也可能采取一些可能会损害自身或环境的行动。例如，假设清洁机器人在地板上看到一些污渍。代理人决定尝试一些新策略，而不是用拖把擦洗污渍。它试图用钢丝刷刮掉污渍并在此过程中损坏地板。很难列出所有可能的故障模式并对代理进行硬编码以保护自己不受其影响。减少伤害的一种方法是在最糟糕的情况下优化学习代理的性能。在设计目标函数时，设计者不应假设代理将始终在最佳条件下运行。可以添加一些明确的奖励信号以确保代理不执行某些灾难性行为。

另一种解决方案可能是减少代理对模拟环境的探索或限制代理可以探索的程度。这是一种类似的预算代理影响的方法，以避免负面影响，但需要注意的是，现在我们要预算代理可以探索环境的程度。或者，AI 的设计者可以通过演示在不同场景下最佳行为的演示来避免探索的需要。

5. 分布式变化的可靠性

在现实环境中部署 AI 代理的一个复杂挑战是：代理可能会遇到以前从未经历过的情况。这种情况更难以处理，并可能导致代理人采取有害行动。请考虑以下情况：清洁机器人已经过培训，可以在处理所有先前的挑战时清洁办公空间。但今天，一名员工把一株小植物留在了办公室。由于清洁机器人以前没有看过任何植物，它可能会认为该植物是垃圾并将其丢弃。因为人工智能意识不到这是一个新情况，一切照旧。目前一个比较有前途的研究方向是判定人工智能代理何时遇到了新情况，并“意识到”犯错的概率大增。虽然这并没有完全解决 AI 系统对未预见环境的适应问题，但它有助于在错误发生之前发现问题。另一个值得关注的研究方向是强调将知识从熟悉的场景转移到新场景中。

简而言之，人工智能技术的总体趋势是增加系统的自主性，但是随着自主权的增加，出错

学习笔记

的可能性也在增加。与人工智能安全相关的问题更多出现在人工智能系统直接控制其物理和/或数字环境而无须人工介入的情况，如自动化工业流程、自动化金融交易算法、专家控制的人工智能社交媒体活动、自动驾驶汽车、清洁机器人等。挑战仍然是巨大的。

5.4.2 挑战与机遇

人工智能技术和应用飞速发展，推动经济社会创新发展的同时，也在重塑人类安全的未来。

1. 人工智能技术迅猛发展

军事历来是推动技术变革的主要力量之一，特别是在一些战略性领域，新技术与军事变革之间的互动，不仅推动了技术的发展，也影响了军事变革。算法上的突破、数据数量和质量的不断提升以及计算能力的增长为人工智能在军事领域的应用提供了无限的想象空间。

从现有的技术条件来看，人工智能至少可以在机器人、战场环境的分析和目标识别、后勤组织计划、情报分析、信息管理、信息行动等方面在一定程度上提升或改变原有对军事的认知。

人工智能的发展可以减少军人的伤亡程度、增强指挥决策、控制战争的杀伤范围方面改变未来的战争形态。

第一，当越来越多的无人驾驶飞机、坦克、汽车，以及自主决策武器开始走向战场，军人直接暴露在战场杀伤环境将会减少，军人的伤亡率较传统的战争也会下降。这会使得跟传统军人形象迥异，一群戴着眼镜，像在网吧中玩着网络游戏的新的职业军人和军事单元出现在战斗序列中。

第二，人工智能在辅助战场决策可以发挥重要作用，包括制订军事计划、后勤组织保障、战场环境实时信息获取与分析、目标图像的识别等方面可以大幅度提高战场的指挥决策能力。

第三，人工智能时代战争将更多是特种战争，而非全方位的战争。人工智能在网络战、信息战，以及类似的“斩首行动”“定点清除”等特种作战领域将会发挥重要的作用。这从很大程度上而言会改变战场的形态，人工智能领域的特种作战将会先于大规模冲突的爆发，改变人们传统上认为战争就是工业化时代的大规模飞机、坦克、军舰等武器之间直接对抗的印象。

鉴于人工智能在军事领域的重要作用，各国的军队和政府都高度重视从国防角度来看待人工智能，越来越多的国家开始发展和使用人工智能武器，制定人工智能国防领域的发展战略。

2016年2月，时任美国情报总监詹姆斯·克莱伯在参议院武装力量委员会的听证会上认为，人工智能系统的欺骗性和破坏性难以预测和理解，将会对国家安全和关键信息基础设施带来巨大风险。美国政府开始加大对人工智能国家战略的制定和资源的投入，美国国防部门的国防创新咨询委员会和国防科学委员会不遗余力地推动美国军方向人工智能转型，并且成立了国防部联合人工智能中心；近期，美国国防高级研究计划局（DARPA）作为美军重要的技术创新部门宣布对人工智能的投资增加20亿美元，用以布局下一代人工智能。

俄罗斯也高度重视人工智能在国防领域的发展。俄罗斯积极地开发人工智能武器，包括超级坦克、无人蜂群、无人导航水下航行器等。在美俄之外，包括中国、英国、澳大利亚、韩国、印度等越来越多的国家开始重视人工智能在军事领域的发展和应用。

2. 安全领域挑战不容小觑

人工智能拥有巨大潜能，但事情往往具有两面性，为了获取战略竞争优势，各国人工智能在国防领域的竞争，也带来了安全方面的风险——包括为了获取竞争优势而忽视人工智能的伦理问题、人工智能技术扩散，以及过度强调人工智能的国家安全属性对正常的技术发展和商业所带来的威胁挑战。

首先，致命性自主武器的伦理问题。致命性系统是一种直接或间接地对人类造成伤害或死亡的系统。现有系统（如装备了武器的无人机）就在某种程度上将自动化与致命性结合起来，但是这一系统需要人类的参与。完全自主的致命性自主武器系统还需要能够识别和选择目标，确定拟对目标施加的武力级别，并在特定范围的时间和空间内对目标实施规定的武力。半自主、全自主系统包括杀伤人员地雷、反舰雷达、各种精确制导导弹、鱼雷、巡航导弹、反卫星武器、空中和海上无人机、无人机群以及网络蠕虫。从不含情报的地雷到精确制导导弹以及依据地形的巡航导弹，这些系统中的情报数量差异巨大。

国际社会存在着很大的反对发展致命性自主武器的声音。如此众多的自主武器带来的问题是机器是否有权力去自主决定杀伤目标，以及由于算法黑箱或者自主武器失控而导致的误杀和误伤成为致命性自主武器发展必须要面临的伦理问题。虽然战争和伤亡是需要极力去避免的，但是由机器来决定伤亡则更加难以接受。不仅如此，人工智能的应用会在一定程度上降低战争的门槛，这会鼓励减少自我约束，采取进攻性的行动来达到相应的目的，但同时也会对国际安全形成新的不稳定因素。

其次，作为人工智能发展核心的算法和数据都存在着潜在安全问题，这会导致人工智能决策的风险。从编程的角度来看，任何代码都是由人编写，因此无法确保程序完全安全、可靠、可控、可信。从数据角度来看，人工智能依赖大数据，同时数据的质量也会影响算法的判断。军事数据质量获取、加工、存储和使用等环节都存在着一定的数据质量和安全风险，从而增加了军事领域使用人工智能的安全风险。

再次，人工智能技术扩散给全球安全带来威胁。伴随着人工智能武器的开发，国际社会面临的另一大难题就是反扩散问题，恐怖主义组织以及不负责任的国家获取人工智能武器，并威胁国际安全和平。人工智能从某种意义上而言，也是一种程序和软件，因此，它面临的扩散风险要远远大于常规武器。类似于美国国家安全局的网络武器库被黑客攻击，并且在暗网交易，最后被黑客开发为勒索病毒的案例，也有可能在人工智能武器领域重现。

最后，人工智能的军备竞赛会对技术逻辑和商业逻辑产生破坏。人工智能具有军民两用性质，其最初的目的是发展经济、增加社会福利。过度强调军事用途会对人工智能的全球研发体系和产业链造成严重威胁。近期，美国政府对《外国投资审查法案》进行修订，其中重点就是要阻止其他国家对美国人工智能初创企业的并购。法国政府也采取了相应做法提高外国企业对法国人工智能技术、人才的并购门槛。再加上出口管制和人才交流限制。人工智能技术尚未发展成熟，各种鸿沟已经在各国之间开始构筑，会严重影响正常的技术研发，并且破坏全球化的商业逻辑。

学习笔记

3. 治理机制构建刻不容缓

人工智能在军事领域的发展和应用已经成为很多国家的国家战略，相应治理工作应当在现有的国际安全架构开展。在日内瓦召开的联合国常规武器公约的讨论中，各方并未就制定禁止人工智能驱动的致命性完全自主武器的条约达成共识。全球约有 26 个国家支持全面禁止人工智能武器，而绝大多数国家还在观望。在规则不确定和大国战略竞争的背景下，人工智能在军事领域发展面临的风险和威胁在不断增加。加强人工智能的国际治理工作，降低军备竞赛风险则是当务之急。

经过 2014 年和 2015 年的两次非正式会议后，在 2016 年 12 月 16 日关于特定常规武器公约的联合国会议上成立了致命性自主武器系统（LAWS）政府专家组（GGE）。该小组的任务是研究致命性自主武器领域的新兴技术，评估其对国际和平与安全的影响，并为其国际治理提出建议。

人工智能引发的安全问题是专家组的一大重要分歧，技术强国与弱国之间存在截然不同的观点。技术弱国认为应当完全禁止致命性自主武器的开发使用，技术大国则持相反意见，认为开发致命性自主武器可以降低人员损伤，有利于打击恐怖主义和维护国家安全，并且很多系统已经在战场上进入实战。

军事是推动技术进步的重要因素，互联网就是由美国军方所发明，人工智能技术发展的背后也有军事因素的强力推动。但是，人工智能的科技竞赛也非技术之福，特别是致命性自主武器的扩散会造成更为严重的后果。因此，从联合国层面制定相应的规范，并且促成大国之间在发展致命性自主武器上达成一定的军控条约是当务之急。

联合国政府专家组应制定致命性自主武器系统和人工智能军事应用的目标。其中，最重要的一个目标是制定相应的国际法，在国际法不明确的情况下，各国应克制在军事领域使用人工智能武器。联合国政府专家组也应考虑对国际法此前未曾预见的情况追加法律限制，并以道德或伦理为由尽量减少对人和平民的伤害。更进一步的目标包括管理以下情况的操作风险，包括降低使用武力门槛、意外导致不应有的伤害、造成意外的螺旋式增长以及产生军备竞赛和扩散。

当然，从联合国角度来达成一项谈判可能需要十年甚至更长的时间，鉴于越来越多的风险，大国之间应当及早就人工智能在军事领域应用可能带来的潜在风险开展对话，及早启动相应的军控进程。短期内促成技术强国在谋求战略优势和国际安全体系稳定之间的妥协。

各国政府在制定人工智能在军事领域的战略时，还应当高度重视人工智能的治理工作。比如，无论是半自主和全自主的武器系统的设计，应允许指挥官和作战人员在使用武力方面作出适当的人为判断。为保证这一要求的实现，需要严格设计、对设计进行测试和评估、进行操作验证和测试、解决系统错误和故障的安全工程以及避免人为错误的认知工程。

在决定是否使用人工智能武器时，应当制定明确的规范和流程，避免造成不可预测的后果。同时，还应当加强对人工智能武器的安全性，避免信息泄露，或者是随意转让相关技术。无论是无意或者有意的扩散都会增加军备竞赛的风险，威胁国际安全体系。

扩展阅读

时代巨变，挑战和机遇无处不在，在IT和网络安全领域同样如此。为了抵御当前和未来的威胁迎接信息安全新世界，在当今的威胁环境中，攻击可能来自任意地点或是所有地点，包括组织内部和外部。

当前，随着5G、物联网等新一代信息技术的蓬勃兴起，我国信息化进入加速发展阶段，基于信息网络的应用融合、产业创新逐渐渗透政治、经济、科技、军事等各个领域，保障信息安全已成为促进经济发展、保障社会运行以及维护国家安全的重要战略任务。所谓信息安全，是指国家、企业、个人的信息空间、信息载体及信息资源不受来自内外的各种形式的危害，在国家发展、人民生活中占据着重要地位。习近平总书记在全国网络安全和信息化工作会议中多次强调要树立正确的网络安全观，加强网络信息安全统筹机制。党和国家高度重视信息安全策略的出台和实施，制定了《关于大力推进信息化发展和切实保障信息安全的若干意见》《中华人民共和国网络安全法》等一系列政策为引导和规范信息化健康有序发展、提高我国信息安全保障能力提供有力支持。

随着科学技术的高速发展，尤其是计算机信息技术的广泛应用，人们逐渐对于国家安全有了更深刻的认识。信息安全问题已经是我们面临的最大问题。此外，和它有联系的经济安全、政治安全、军事安全、科技和文化安全也都引起人们的关注。换句话说，现在只要把握了信息安全就相当于把握住了时代的制高点，随之而来可获取“制信息权”。正如我们所了解到的，21世纪作为信息爆炸的时代，信息安全问题成为最大问题。世界各国都在信息安全方面进行角逐，例如，建立在信息安全基础上的经济安全、政治安全、军事安全、社会安全、科技安全、文化安全的角逐日益激烈。在信息时代，谁把握了信息安全，谁就站在了该时代制高点。现代社会中，信息安全已上升到国家层面的战略地位。信息时代下，国家安全方面的重大课题又增加了信息主权、信息资源的争夺，等等。目前处于信息高速发展进步的时代，信息安全将对一个国家快速稳定发展起到重要的作用。鉴于此，信息安全的战略性地位和其与国防安全、政治安全和文化安全的重大联系，使得我们不得不强调信息安全的重要性和紧迫性。

我国2001年12月正式加入WTO后，之后经济高速发展，2010年成为世界第二大经济体，之后继续保持高增长低通胀的发展态势。2018年以来，国际贸易形势越发严峻，特别是“中兴事件”“华为断供事件”引发业界高度关注，国家安全、信息安全迎来新的挑战。关键核心技术是国之重器，越来越多的企业意识到独立开发芯片系统的重要性，只有将核心技术牢牢抓在自己手中，才不被“卡脖子”，不会始终受制于人。

每年全球信息计算终端市场规模近2万亿元，其中我国市场近4 000亿元。在此信息计算终端产业链上，我国企业仅在整机制造等价值量最低的环节具有优势，而其中利润率最高、产值最大的核心芯片（如CPU、GPU等）和操作系统（OS）、办公软件等市场均被Wintel（Windows-Intel）体系垄断，占据90%以上的份额。

2010年，伊朗核设施遭受“震网”攻击，病毒可以入侵工控系统进而对重要工业与国防基础设施造成严重物理破坏，引发世界高度关注；2013年，爆发的棱镜门事件，完全暴露了信息发达国家对其他国家信息安全肆无忌惮的侵犯能力；2017年，“永恒之蓝”事件告诉我们网络安全漏洞已经成为有组织且具有国家背景支持的黑客组织进行网络攻击的战略武器库；2018年，多个来源不同的具有国家、政府或情报机构资助的黑客军团对我国境内实施APT攻击；自主可控意味着不存在后门，可以主动增强安全（能掌控源代码，能自己分析研究、增强安全），发现了漏洞可以主动打补丁，等等；而不自主可控意味着丧失主动权，在网络攻击下完全处于被动挨打地位，信息安全防范刻不容缓。

我国自主可控行业发展是艰难的，起初有人认为自主研发不合算，国外企业花了上千亿美元研制出来的芯片，我们用千元人民币就能买到，何必再去研发呢；在自主可控的发展进程中，有的项目背离“核高基”的初衷，变相支持Wintel体系；甚至也有“汉芯事件”这样，让国人气愤、痛心疾首的事件发生，然而这些困难都没能阻止我国自主可控发展的步伐。我国自主可控从无到有，大体分为四个历史阶段。

第一阶段：核高基时代（1999—2013年）。1986年，863计划启动，我国开始布局发展芯片等底层基础技术；1999年，李德磊创办方舟科技公司，与倪光南院士一同发展CPU芯片，于2001年发布方舟1号芯片产品，但因缺乏系统生态而失败，于2003年放弃CPU业务；2006年，国务院发布《国家中长期科学和技术发展规划纲要（2006—2020年）》中16个重大科技我国信息安全自主可控面临的机遇与挑战专项，核高基（核心电子器件、高端通用芯片及基础软件产品）项目启动，将863成果导入产业，上升为国家战略。自主可控芯片雏形开始出现，基础软件、操作系统、应用软件等实现从零到有的突破。但缺少资金和配套的生态体系，使用体验较差，社会舆论上对是否要从头发展一条自主可控路线存在分歧。

第二阶段：去IOE浪潮（2013—2016年）。2013年6月，棱镜门事件爆发，我国更加重视国家信息安全。同期倪光南院士等提议开发基于共享软件架构的中国自主可控操作系统；浪潮天梭K1小型机系统上市，我国成为继美日之后全球第三个掌握新一代主机技术的国家；中国银保监会明确提出国产化安全可控要求，要求到2019年国产替代比例达到75%。次年，邮储银行自主可控核心IOE（IBM大型机、Oracle数据库、EMC存储）完成。从此自主可控理念深入人心，必要性和可行性得到验证，但自主可控底层核心产品能力不足，芯片、操作系统、基础软件能力落后，产品功能单一。

第三阶段：芯片半导体方兴未艾（2016—2018年）。2014年9月，国家半导体产业大基金成立，以投资拉动产业生态不断丰富。2015—2018年，我国一系列自主可控的底层芯片陆续发布或进行新一代升级，如飞腾首款ARM架构CPU——FT1500A，龙芯新一代CPU架构、龙芯MIPS架构3A2000，兆芯新一代KX-5000，中科海光X86架构CPU等，新一代操作系统（中标麒麟、银河麒麟、深之度等）、GPU（景嘉微JM7200 GPU产品）、存储（长江存储）等领域也陆续实现突破。国产底层芯片从无到有，从能用到好用，CPU、新一代操作系统、GPU、存储等领域陆续突破，关键芯片采用ARM、x86等国际主流架构，拥有广阔产业生态发展未来，产品达到可用级别，在早已性能过剩的计算终端市场完全能够满足关键用户的使用需求。

第四阶段：深度推广到全方位替代（2018—2021年）。2018年底以来，自主可控从规划和基础研发阶段进入正式的产业落地推进阶段。金融行业作为表率先锋，中国人民银行总行、建设银行等2019年上半年已经有一系列订单落地，2019年4月，建设银行的国产化办公自动化系统在境内外分支机构全面部署上线，基于飞腾中央处理器+麒麟操作系统为核心的自主安全可控平台，率先在国内金融业中实现了办公自动化系统的软硬件全国产化替代。其他行业正有序推进各自的自主可控进程。

近几年我国信息产业发展迅猛，众多科技企业在芯片研制上持续发力，华为、中兴、紫光等企业取得了一定成果。

业界普遍认为2012年是云计算落地元年，经过几年的发展，阿里云与AWS、Azure等世界巨头一同挤进全球云计算前五行列。2019年5月6日第二届数字中国建设峰会上，阿里发布了飞腾1500A和飞腾2000+构建的阿里云平台，腾讯也发布基于飞腾硬件平台的腾讯云TStack，天津麒麟则发布基于自主CPU的IaaS+PaaS全栈云平台解决方案。云计算时代正在到来，对全球IT基础架构将是一次颠覆式的重新洗礼，这正是国产自主可控基础软硬件和云计算架构实现弯道取直的一次重大机遇。

受制于目前科学能力、芯片技术的步伐已经放缓，想要提升计算能力，需要将通用计算变为异构计算。人工智能芯片是典型的异构计算，全世界有实力的企业都在研发自己的AI芯片，其中包括阿里、华为、百度等。此外，我国对人工智能、物联网、大数据、区块链、5G等新兴技术的研究均处于世界前列，在新的技术变革中，我国具有先发优势。

人工智能的发展促使GPU需求持续上升，相比于CPU，GPU则拥有一个专为同时处理多重任务而设计的数以千计更小、更高效的核心组成的大规模并行计算架构，更适合人工智能的计算需求，能够使从汽车、手机、平板电脑到机器人等平台的应用程序加速运行。GPU市场被Intel、AMD、NVIDIA三家企业垄断，Intel的PU基本为集成显卡芯片，代表显卡是HD系列，用于英特尔的主板和英特尔的CPU，占据了整个GPU市场70%左右的份额，单以集成显卡计算，Intel的市场份额更高。独立显卡方面，AMD和NVIDIA占据了绝大多数的市场份额。目前，我国仅有景嘉微一家企业可以自主研发出图形显示产品，且用于非民用领域。

实践证明关键核心技术是要不来、买不来、讨不来的。我国发展国产化自主可控堪称波澜壮阔之最伟大历程。从早期"863"计划、"核高基"时代科技界先驱筚路蓝缕的从0到1的突破，一代又一代的芯片、基础软硬件研发人员、企业家的长期坚持，再到国家半导体产业大基金用资本方式聚集力量，驱动产业加速发展，截至2021年底，我国自主可控已经走出实验室，从不好用到勉强能用，正在步入产业化发展，用户感知逐渐上升到好用愿用阶段。自主可控需要经受时间的检验和考验，随着信息安全形势的发展，对自主可控的要求也在提高，安全的自主可控体系需要贯穿其全生命周期；需要满足《网络安全法》关于信息防泄露的要求；需要满足"零信任"的网络安全发展趋势，等等。

坚定看好我国自主可控行业发展前景，越是在贸易摩擦不确定局面下，科技引进国际授权存在安全隐患的情况下，自主可控的价值越发彰显，不忘"核高基"重大专项的初心，响应国家号召，遵循我国职业素养教育以及生态文明教育，以改革创新为核心，立志肩负实现民族复兴的时代重任，定能长风破浪，横渡沧海。

学习笔记

小 结

本章介绍了大数据、物联网、人工智能、云计算四个领域中面临的安全威胁，对这四个领域的安全威胁进行了分析和梳理，对这些问题给出了一些可以应对的方法以及安全建设策略。

信息安全新世界面临着许多安全威胁和挑战。通过分析可以发现，导致这些安全问题产生的原因有传统IT环境下人力资源、业务连续性、针对加密密匙等方面的管理不善。

练 习

1. 可以实现无缝平滑的扩展，避免产生“存储孤岛”的架构是（　　）。
   A. DAS　　B. SAN　　C. Scale-out　　D. NAS
2. 工业互联网三大体系中，网络是(　　)，平台是(　　)，安全是(　　)。
   A. 基础、核心、保障　　B. 根本、前提、基本
   C. 基本、根本、前提　　D. 核心、基础、保障
3. （　　）是推动技术进步的重要因素。
   A. 科技　　B. 人类　　C. 军事　　D. 生存
4. 人工智能技术的总体趋势是增加系统的（　　）。
   A. 自主性　　B. 交互性　　C. 智能性　　D. 集成性
5. 需要人类花费太多时间和精力的是（　　）策略。
   A. 可教学的监督　　B. 可编辑的监督
   C. 可扩展的监督　　D. 可模仿的监督
6. 云计算面临哪些安全问题？应如何解决？
7. 简述大数据面临的安全威胁。如何解决以及防范？
8. 简述当前人工智能的机遇。

参考文献

[1] 符彦惟 . 计算机网络安全实用技术 [M]. 北京：清华大学出版社，2008.
[2] 陈忠平 . 网络安全 [M]. 北京：清华大学出版社，2011.
[3] 王文斌，王黎玲 . 计算机网络安全 [M]. 北京：清华大学出版社，2010.
[4] 贺思德 . 计算机网络信息安全与应用 [M]. 北京：清华大学出版社，2012.
[5] 吴辰文 . 网络安全教程及实践 [M]. 北京：清华大学出版社，2012.
[6] 邵丽萍 . 计算机安全技术 [M]. 北京：清华大学出版社，2012.
[7] 田庚林，田华，张少芳 . 计算机网络安全与管理 [M]. 北京：清华大学出版社，2013.
[8] 郝玉洁 . 信息安全概论 [M]. 北京：清华大学出版社，2013.
[9] 李锋，郭庚麒 . 网络技术基础与安全 [M]. 北京：清华大学出版社，2013.
[10] 张凯 . 物联网安全教程 [M]. 北京：清华大学出版社，2014.
[11] 朱海波 . 信息安全与技术 [M]. 北京：清华大学出版社，2014.
[12] 许伟，廖明武 . 网络安全基础教程 [M]. 北京：清华大学出版社，2009.
[13] 李拴保 . 信息安全基础 [M]. 北京：清华大学出版社，2014.
[14] 胡勇，吴少华 . 信息安全管理概论 [M]. 北京：清华大学出版社，2015.
[15] 朱建明，王秀利 . 信息安全导论 [M]. 北京：清华大学出版社，2015.
[16] 沈鑫剡 . 信息安全实用教程 [M]. 北京：清华大学出版社，2018.
[17] 刘永华，张秀洁，孙艳娟 . 计算机网络信息安全 [M]. 北京：清华大学出版社，2019.
[18] 廉龙颖 . 网络安全基础 [M]. 北京：清华大学出版社，2020.
[19] 杨东晓，张锋，陈世优 . 云计算及安全 [M]. 北京：清华大学出版社，2020.
[20] 宋志伟，陈建军 . 大学生安全教育 [M]. 北京：清华大学出版社，2020.
[21] 蒋建春 . 信息安全工程师教程 [M]. 北京：清华大学出版社，2020.
[22] 刘建伟 . 网络空间安全导论 [M]. 北京：清华大学出版社，2020.
[23] 舍马 .Web 应用漏洞侦测与防御 [M]. 齐宁，庞建民，张铮，等译 . 北京：机械工业出版社，2014.
[24] 哈里斯 . 灰帽攻击安全手册 [M]. 郭旭，译 . 北京：清华大学出版社，2007.
[25] 刘漩 . 白帽子讲 Web 扫描 [M]. 北京：电子工业出版社，2017.
[26] 李永钢，彭云锋 .Web 安全漏洞的研究 [J]. 科技视界，2014(32)：96.
[27] 郑彦平 . 网络设备安全措施与实现 [J]. 煤炭技术，2011，30（12）：206-207.
[28] 杨富国 . 网络设备安全与防火墙 [M]. 北京：清华大学出版社，2005.
[29] 高健 . 基于网络漏洞分析的安全设备部署设计研究 [J]. 网络安全技术与应用，2017（4）：37.
[30] 斯皮尔曼 . 经典密码学与现代密码学 [M]. 叶阮健，曹英，张长富，译 . 北京：清华大学出版社，2005.
[31] 埃尔，马哈茂德，普蒂尼 . 云计算：概念、技术与架构 [M]. 龚奕利，贺莲，胡创，译 . 北京：机械工业出版社，2017.
[32] 哈里斯，梅米 .CISSP 认证考试指南（第 7 版）[M]. 唐俊飞，陈峻，译 . 北京：清华大学出版社，2018.
[33] 张蓉泉 . 网络路由设备漏洞分析测试平台设计与实现 [D]. 成都：西南石油大学，2016.